# 高压电工
# 上岗考证视频教程

张伯虎　主编　　孟宏杰　副主编

U0387938

化学工业出版社

·北京·

## 内容简介

本书采用彩色图解与视频讲解结合的方式，紧密围绕高压电工考证相关标准和要求，全面介绍了高压电工考证、上岗应知应会的电工基础知识和各项实用技能。书中既介绍了高压电工日常工作需要掌握的电路识读、电力系统、仪器仪表的使用、电工绝缘等电工基础知识与技能，还清晰讲解了高压电器、仪用互感器的巡视与操作、绝缘检查与接线，高压继电保护回路、变电所的直流系统、高压柜与倒闸操作等供电系统电路的识图与高压电工安全操作注意事项，帮助读者轻松攻破高压电工考证的难点、重点，顺利取证上岗。

本书可供电工、电气技术人员以及电气维修人员阅读，也可供相关专业院校师生参考。

**图书在版编目（CIP）数据**

高压电工上岗考证视频教程/张伯虎主编. —北京：化学工业出版社，2022.6（2025.4重印）
ISBN 978-7-122-40861-7

Ⅰ.①高… Ⅱ.①张… Ⅲ.①高电压－电工－岗位培训－教材 Ⅳ.①TM8

中国版本图书馆 CIP 数据核字（2022）第 032142 号

责任编辑：刘丽宏
文字编辑：陈　锦　李亚楠　陈小滔
责任校对：宋　夏
装帧设计：刘丽华

出版发行：化学工业出版社
　　　　　（北京市东城区青年湖南街13号　邮政编码100011）
印　　装：涿州市殷润文化传播有限公司
710mm×1000mm　1/16　印张18½　字数381千字
2025年4月北京第1版第3次印刷

购书咨询：010-64518888
售后服务：010-64518899
网　　址：http://www.cip.com.cn
凡购买本书，如有缺损质量问题，本社销售中心负责调换。

定　　价：89.00元　　　　　　　　　　　版权所有　违者必究

近年来，随着工业的发展和电器产品的普及，电工从业人员不断增多。然而，电工操作具有一定危险性。尤其是高压电工，经常对 1kV 及以上的高压电气设备进行运行维护、安装、检修、改造、施工、调试等作业，这就要求从事电工作业的人员应达到较高的技术水平。为了帮助电工从业人员和初学者尽快学会和全面掌握高压电工工种所要求的各项知识和技能，更好地胜任电工岗位工作，我们编写了本书。

本书紧密结合高压电工上岗考证的相关标准与要求，全面介绍了高压电工实际工作与考证相关的各项基础知识和操作技能。

全书内容具有如下特点：

① 简明实用，高压电工上岗、取证知识和技能全覆盖：围绕高压电工考证相关标准和要求，结合高压电工现场工作实际，既有高压电工基础知识入门讲解，还有高压电工安全操作、绝缘测试、接线、检修技巧；

② 全彩印刷，视频讲解，直观易懂：电气巡检、电工工具仪表使用、供电电路识读等配合视频讲解，一看就懂；高压电工实操与考证试题清晰解析，如同亲临考场。

本书由张伯虎主编，由孟宏杰副主编，参加编写的还有王桂英、孔凡桂、张校铭、焦凤敏、张一涵、张振文、蔺书兰、赵书芬、曹祥、孔祥涛、张伯龙、张书敏等。

由于编者水平所限，书中不足之处难免，恳请广大读者批评指正（欢迎关注下方二维码咨询交流）。

编者

# 目录

## 第一章　高压电工基础

## 第二章　常用高压电器

# 第三章　电力变压器的原理、参数及应用

# 第四章　仪用互感器的结构、作用与应用

# 05 第五章　高压电气回路继电保护装置与保护措施

# 06 第六章　测量回路及控制回路

# 07 第七章　电气二次回路的安装调试与运行维护

## 第八章　电气控制回路实操

## 第九章　架空线路及电力电缆的安装、运行与故障处理

# 10 第十章　电力电容器

# 11 第十一章　接地、接零及防雷保护与操作

# 12 第十二章　高压电工操作技术

 电工证考试精选试题与答案解析

 参考文献

# 第一章 高压电工基础

## 第一节 电气回路识图

### 一、高低压电气图文符号及意义

为了表达二次回路的组成、功能及原理，二次回路接线图采用国际或国家标准的电气图形符号和文字符号绘制。因此，熟悉电气图形符号及文字符号是掌握二次回路识图的前提。

#### 1. 图形符号

二次回路中的电气设备，用反映该设备特征或含义的图形表示，称为图形符号。我国参照国际电工委员会（IEC）发布的图形符号标准，制订出国家标准《电气简图用图形符号》。表 1-1 列出了一些常见的图形符号。

表1-1　常见的图形符号

| 图形符号 | 说明 | 图形符号 | 说明 |
|---|---|---|---|
| 形式1<br><br>形式2 | 动合（常开）触点<br>注：本符号也可用作开关一般符号 | | 当操作器件被吸合时延时闭合的动合触点 |
| | | | 当操作器件被释放时延时断开的动合触点 |
| | 动断（常闭）触点 | | 当操作器件被释放时延时闭合的动断触点 |
| | 先断后合的转换触点 | | 当操作器件被吸合时延时断开的动断触点 |

| 图形符号 | 说明 | 图形符号 | 说明 |
|---|---|---|---|
|  | 中间断开的双向转换触点 |  | 当操作器件吸合时延时闭合，释放时延时断开的动合触点 |
|  | 信号继电器<br>机械保持的动合（常开）触点<br>机械保持的动断（常闭）触点 |  | 拉拔开关（不闭锁） |
|  | 单极六位开关 |  | 旋钮开关、旋转开关 |
|  | 单极四位开关 |  | 多极开关的一般符号单线表示 |
|  | 非电量触点<br>动合（常开）触点<br>动断（常闭）触点 |  | 多线表示 |
|  |  |  | 接触器（在非动作位置触点断开） |
|  | 热继电器动断（常闭）触点 |  | 接触器（在非动作位置触点闭合） |
|  | 位置开关，动合触点 |  | 断路器 |
|  | 位置开关，动断触点 |  | 隔离开关 |
|  | 手动操作开关，一般符号 |  | 具有中间断开位置的双向隔离开关 |
|  | 按钮开关（不闭锁） |  | 负荷开关（负荷隔离开关） |

续表

| 图形符号 | 说明 | 图形符号 | 说明 |
|---|---|---|---|
| 形式1 形式2 | 操作器件一般符号 | | 自动复归控制器或操作开关。箭头表示自动复归符号，黑点表示该位置时该触点接通 |
| | 缓慢释放（缓放）继电器的线圈 | | 熔断器一般符号 |
| | 缓慢吸合（缓吸）继电器的线圈 | | 跌落式熔断器 |
| ~ | 交流继电器的线圈 | | 熔断器式开关 |
| | 热继电器的驱动器件 | | 熔断器式隔离开关 |
| $U=0$ | 零电压继电器 | | 熔断器式负荷开关 |
| $I \leftarrow$ | 逆电流继电器 | | 火花间隙 |
| | 动力控制器。五根纵虚线表示此控制器有五个挡位，加黑点表示在此挡位时该触点处于接通状态。此图表示控制器共七个触点，其中五个装有灭弧装置 | | 避雷器 |
| | | Ⓐ | 仪表的电流线圈 |
| | | Ⓥ | 仪表的电压线圈 |
| | | Ⓐ | 电流表 |
| 控制器或操作开关。纵虚线表示开关的挡位，加黑点表示手柄位于此挡位时触点接通。复杂的控制开关可用触点闭合来表示，一个控制开关的各触点可不画在一起 | | Ⓦ | 有功功率表 |
| | | Ⓥ | 电压表 |
| | | Ⓐ $I\sin\varphi$ | 无功电流表 |

| 图形符号 | 说明 | 图形符号 | 说明 |
|---|---|---|---|
| var | 无功功率表 | ≥1 | "或"门 |
| cosφ | 功率因数表 | & | "与"门 |
| φ | 相位表 | | 输入逻辑非 |
| Hz | 频率计 | | 输出逻辑非 |
| 同步指示器 | 同步指示器 | =1 | 异或门 |
| 检流计 | 检流计 | 1 | "非"门反相器 |
| n | 转速表 | & | 3输入"与非"门 |
| Wh | 电能（度）表（瓦特小时计） | ≥1 | 3输入"或非"门 |
| varh | 无功电能表 | & ≥1 | "与或非"门 |
| ⊗ | 灯的一般符号 信号灯的一般符号 | S R | RS触发器 RS锁存器 |
| 电喇叭 | 电喇叭 | | 单稳单元（在输出脉冲期间可重复触发） |
| 电铃 | 电铃 | $t_1$ $t_2$ a b 当$t_1=t_2$时 a $t$ b | 延迟单元 |
| 蜂鸣器 | 蜂鸣器 | | |

续表

| 图形符号 | 说明 | 图形符号 | 说明 |
|---|---|---|---|
| ══ | 直流 |  | 插头和插座 |
| ∿ | 交流 | ● | 连接，连接点 |
| ≋ | 交直流 | ○ | 端子 |
| ∿ ‒ ‒ ‒ | 具有交流分量的整流电流（当需要与稳定直流相区别时使用） |  | 导线的连接 |
| N | 中性（中性线） | 形式1<br>形式2 | 导线的多线连接 |
| + | 正极性 |  | 导线或电缆的分支和合并 |
| − | 负极性 |  | |
| ⎍ | 正脉冲 |  | 导线的不连接（跨越） |
| ⎍ | 负脉冲 |  | |
| ⏚ | 接地，一般符号 | ○——○ | 导线直接连接<br>导线接头 |
| ⏛ | 保护接地 | ⊏━━⊐ | 接通的连接片 |
| 形式1<br><br>形式2 | 接机壳或接地板 | ╱ | 断开的连接片 |
| | | ╱ | 切换片 |
| ///<br><br>3 | 导线、导线组、电线、电缆、电路、线路、母线（总线）一般符号<br>注：当用单线表示一组导线时，若需示出导线数可加短斜线或画一条短斜线加数字表示，本示例表示三根导线 | ◁ | 电缆密封终端头（表示三芯电缆） |
| | | 3 ◇ 3 | 电缆直通接线盒<br>单线表示 |
| | | 优选形 ▭<br>其他形 ⌇ | 电阻器的一般符号 |
| ∿ | 柔软导线 | ▱ | 可变电阻器<br>可调电阻器 |

对于图形符号需要说明的是：

❶ 大部分图形符号可以根据二次回路图的布置需要旋转成任意方向，即布置方位一般为任意取向。如表 1-1 中，熔断器的符号既可以纵向布置，也可以横向布置，都不会改变其含义。但对一些重要的设备有特殊的规定，如开关类电器的辅助触点、继电器触点一般按纵向布置；当需要将其触点横向布置时，应把纵向布置的触点符号逆时针方向旋转 90°。

❷ 图形符号的状态：电气设备的可动部分（如断路器的辅助触点、继电器的触点等），一般是用不带电或不工作状态位置表示。例如：

a. 单稳态的机电设备为不带电状态，如继电器线圈在不带电状态时，表 1-1 中继电器动断触点是闭合的，而继电器动合触点是打开的。

b. 断路器在跳闸位置时，表 1-1 中的断路器动合触点是打开的。

c. 具有"停用"位置的手动转换开关，其图形符号用"停用"位置表示。

d. 可动部分的元器件动作方向规定，当二次回路横向布置时，元器件动作方向一律向上；当二次回路纵向布置时，元器件动作方向一律向右。

❸ 图形符号的表示方法：电气设备一般由多个元器件组成，由于每个元器件（如继电器的线圈与多对触点）所起的作用不同，所以它们的布置位置也不同。根据元器件的位置不同，电气设备的图形符号有下列几种表示方法，见图 1-1。

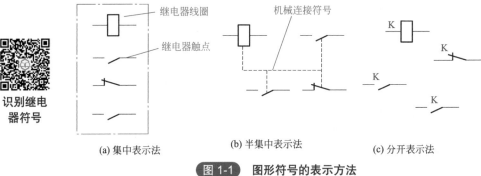

识别继电器符号

继电器线圈
继电器触点
机械连接符号

(a) 集中表示法　　　　　(b) 半集中表示法　　　　　(c) 分开表示法

图 1-1　图形符号的表示方法

a. 集中表示法。把一个电气设备中各组成部分的图形符号绘制在一起的方法。如图 1-1（a）所示，把继电器的线圈及多对触点绘制在一起，来表示继电器的图形符号。

b. 半集中表示法。把一个电气设备中各组成部分的图形符号分开布置，并用机械连接符号表示它们之间关系的一种表示方法。如图 1-1（b）所示，同一个继电器的线圈及多对触点分别绘制在不同位置，机械连线涉及的元器件均属于同一个继电器内部的元件。

c. 分开表示法。把一个电气设备中各组成部分的图形符号分开布置，仅用同一文字符号表示它们之间关系的一种方法。如图 1-1（c）所示，同一个继电器的线圈及多对触点分别绘制在不同位置，用相同的文字符号 K 表示它们之间的关系。

## 2. 文字符号

二次回路中，除了用图形符号表示电气设备外，还要在图形符号旁标注相应的文字符号，它表示电气设备名称、种类、功能、状态或特征。文字符号分为基本文字符号和辅助文字符号两种。

（1）基本文字符号　基本文字符号表示电气设备名称与种类，它分为单字母基本文字符号和双字母基本文字符号两种。

❶ 单字母基本文字符号　它把电气设备、电子元件等划分成 24 大类，每一大类用一个专用拉丁字母表示，如表 1-2 所示。由于拉丁字母"I"和"O"容易同阿拉伯数字"1"和"O"混淆，所以"I"和"O"不允许作为单字母基本文字符号使用。

表 1-2　单字母基本文字符号

| 字母符号 | 项目种类 | 举例 |
| --- | --- | --- |
| A | 组件<br>部件 | 分立元件放大器、磁放大器、激光器、微波激射器、印刷电路板等其他组件、部件 |
| B | 变换器（从非电量到电量或相反） | 热电式传感器、光电池、测功计、晶体换能器、送话器、拾音器、扬声器、耳机、自整角机、旋转变压器 |
| C | 电容器 | |
| D | 二进制单元延迟器件、存储器件 | 数字集成电路和器件、双稳态元件、单稳态元件、磁芯存储器、寄存器、磁带记录机、盘式记录机 |
| E | 杂项 | 光器件、热器件等 |
| F | 保护器件 | 熔断器、过电压放电器件、避雷器 |
| G | 发电机电源 | 旋转发电机、旋转变频机、电池、振荡器、石英晶体振荡器 |
| H | 信号器件 | 光指示器、声指示器 |
| J | 用于软件 | 程序单元、程序、模块 |
| K | 继电器 | 电流继电器、电压继电器、功率继电器、时间继电器等 |
| L | 电感器、电抗器 | 感应线圈、线路陷波器、电抗器 |
| M | 电动机 | 直流电动机、交流电动机、同步电动机 |
| N | 模拟集成电路 | |
| P | 测量设备 | 仪表、指示器件、记录器件 |
| Q | 电力电路的开关 | 断路器、隔离开关 |
| R | 电阻器 | 可变电阻器、电位器、变阻器、分流器、热敏电阻 |
| S | 控制电路的开关选择器 | 控制开关、按钮、限制开关、选择开关 |
| T | 变压器 | 变压器、电压互感器、电流互感器 |
| U | 调制器<br>变换器 | 鉴频器、解调器、变频器、编码器、逆变器、整流器、电报译码器、无功补偿器 |

| 字母符号 | 项目种类 | 举例 |
|---|---|---|
| V | 电真空器件、半导体器件 | 电子管、晶体管、晶闸管、二极管、三极管、半导体器件 |
| W | 传输通道波导、天线 | 导线、电缆、母线、波导、波导定向耦合器、偶极天线 |
| X | 端子、插头、插座 | 插头和插座、测试塞孔、端子板、焊接端子片、连接片、电缆封端和接头 |
| Y | 电气操作的机械装置 | 制动器、离合器、气阀、操作线圈 |
| Z | 终端设备、混合变压器、滤波器、均衡器、限幅器 | 电缆平衡网络、压缩扩展器、晶体滤波器、衰减器、阻波器 |

❷ 双字母基本文字符号　当单字母基本文字符号不能满足需求时，则采用双字母基本文字符号对 24 大类单字母基本文字符号进一步划分。双字母基本文字符号由一个表示设备种类的单字母基本文字符号与另一个表示设备功能、状态及特征的字母符号组成。如"Q"表示电力电路的开关器件，"F"表示具有保护器件功能，而"QF"组合则表示断路器。

（2）辅助文字符号　辅助文字符号位于基本文字符号的后面，它表示电气设备功能、状态及特征，如表 1-3 所示。如："ON"表示电路接通，"OFF"表示电路断开。另外，辅助文字符号既能用来表示基本文字符号，也能单独使用。

表 1-3　常用辅助文字符号

| 序号 | 文字符号 | 名称 | 序号 | 文字符号 | 名称 |
|---|---|---|---|---|---|
| 1 | A | 电流 | 16 | CCW | 逆时针 |
| 2 | A | 模拟 | 17 | D | 延时（延迟） |
| 3 | AC | 交流 | 18 | D | 差动 |
| 4 | AUT | 自动 | 19 | D | 数字 |
| 5 | ACC | 加速 | 20 | D | 降 |
| 6 | ADD | 附加 | 21 | DC | 直流 |
| 7 | ADJ | 可调 | 22 | DEC | 减 |
| 8 | AUX | 辅助 | 23 | E | 接地 |
| 9 | ASY | 异步 | 24 | EM | 紧急 |
| 10 | BRK | 制动 | 25 | F | 快速 |
| 11 | BK | 黑 | 26 | FB | 反馈 |
| 12 | BL | 蓝 | 27 | FM | 正，向前 |
| 13 | BW | 向后 | 28 | GN | 绿 |
| 14 | C | 控制 | 29 | H | 高 |
| 15 | CW | 顺时针 | 30 | IN | 输入 |

续表

| 序号 | 文字符号 | 名称 | 序号 | 文字符号 | 名称 |
|---|---|---|---|---|---|
| 31 | INC | 增 | 52 | R | 反 |
| 32 | IND | 感应 | 53 | RD | 红 |
| 33 | L | 左 | 54 | RST | 复位 |
| 34 | L | 限制 | 55 | RES | 备用 |
| 35 | L | 低 | 56 | RUN | 运转 |
| 36 | LA | 闭锁 | 57 | S | 信号 |
| 37 | M | 主 | 58 | ST | 启动 |
| 38 | M | 中 | 59 | SET | 置位，定位 |
| 39 | M | 中间线 | 60 | SAT | 饱和 |
| 40 | MAN | 手动 | 61 | STE | 步进 |
| 41 | N | 中性线 | 62 | STP | 停止 |
| 42 | OFF | 断开 | 63 | SYN | 同步 |
| 43 | ON | 闭合 | 64 | T | 温度 |
| 44 | OUT | 输出 | 65 | T | 时间 |
| 45 | P | 压力 | 66 | TE | 无噪声（防干扰）接地 |
| 46 | P | 保护 | 67 | V | 真空 |
| 47 | PE | 保护接地 | 68 | V | 速度 |
| 48 | PEN | 保护接地与中性线共用 | 69 | V | 电压 |
| 49 | PU | 不接地保护 | 70 | WH | 白 |
| 50 | R | 记录 | 71 | YE | 黄 |
| 51 | R | 右 | | | |

（3）一次回路的特定文字符号

❶ 交流一次回路的特定文字符号　对于三相交流电器，电源接线端子与特定导线（包括绝缘导线）相连接时有专门的标记方法。例如三相交流电器的接线端子若与相位有关，必须标以 U、V、W，并与三相交流导线的 L1、L2、L3 对应。各相电源和负荷的文字符号见表1-4。

表1-4　三相交流电器的电源和负荷接线端子的文字符号

| 类别与相别 | 电源侧的特定导线 | | | 负荷侧的元件 | | | 中性线 | 接地线 | 无噪声接地 |
|---|---|---|---|---|---|---|---|---|---|
| | 第一相 | 第二相 | 第三相 | 第一相 | 第二相 | 第三相 | | | |
| 符号 | L1 | L2 | L3 | U | V | W | N | E | TE |

当负荷为多台设备时，例如一台机床上有多台电动机时，负荷各相标为 U1、V1、W1，U2、V2、W2，U3、V3、W3 等。

❷ 直流主回路的文字符号　正电源导线用 L+ 表示，负电源导线用 L− 表示，中间线用 M 表示。

（4）小母线的文字符号

为了说明二次回路中各小母线的用途，在图纸和设备上都有用字母标注的小母线名称，表 1-5 列出了小母线的文字符号。

表1-5　小母线的文字符号

| 小母线名称 | | | 文字符号 |
|---|---|---|---|
| 控制回路电源小母线 | | | +WC，−WC |
| 信号回路电源小母线 | | | +WS，−WS |
| 直流控制和信号回路的电源及辅助小母线 | 事故音响信号小母线 | 用于配电装置内 | WAS |
| | | 用于不发遥远信号 | 1WAS |
| | | 用于发遥远信号 | 2WAS |
| | | 用于直流屏 | 3WAS |
| | 预报信号小母线 | 瞬时动作的信号 | 1WFS |
| | | | 2WFS |
| | | 延时动作的信号 | 3WFS |
| | | | 4WFS |
| | 直流屏上的预报信号小母线（延时动作的信号） | | 5WFS |
| | | | 6WFS |
| | 灯光信号小母线 | | WL |
| | 闪光信号小母线 | | WF |
| | 合闸小母线 | | WO |
| | "掉牌未复归"光字牌小母线 | | WSR |
| 交流电压同期和电源小母线 | 同期小母线 | 待并系统 | WOSu |
| | | | WOSw |
| | | 运行系统 | WOS′u |
| | | | WOS′w |
| | 电源小母线 | | WV |

## 二、回路标号

### 1. 主回路标号

（1）直流回路的回路标号　用标号中个位数字的奇偶区分回路的极性；用标号中十

位数字的顺序区分回路中不同的线段。例如，正极按 1、11、21、31……顺次标号，负极按 2、12、22、32……顺次标号。用标号中百位数字的顺序区分不同供电电源的回路。

（2）电力拖动设备的电气回路标号

❶ 交流主回路的电源标号用个位数字顺序区分回路的相别，用十位数字顺序区分回路的线段。例如 L11 为第一相的第一线段，L21 为第一相的第二线段；L12 为第二相的第一线段，L22 为第二相的第二线段；L13 为第三相的第一线段，L23 为第三相的第二线段。

❷ 电动机等用电器的标号从最后的用电器向电源侧编排。例如第一台电动机的接线端以 U1、V1、W1 标号，经过热继电器后编为 U11、V11、W11；第二台电动机的接线端以 U2、V2、W2 标号，经过热继电器后编为 U12、V12、W12。

❸ 控制电路一般是先把电源两侧的回路编号编好，然后从电源的一侧开始，顺序排列递增。如图 1-2 所示为一台电动机电路的接线图及其回路编号。

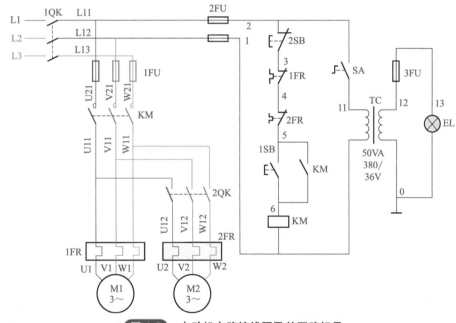

图 1-2　电动机电路接线图及其回路标号

在图 1-2 所示的电路图中，也可以按电源侧的回路标号来标记从三相电源到热继电器之间的各段回路。例如，熔断器与接触器之间可标记为 L21、L22、L23，而用电器的标号只用于电动机与热继电器之间的接线端。

## 2. 二次回路标号

（1）电气图二次回路标号的基本原则　为了便于安装施工和投入运行后维护检修，在电气二次回路图中需要对回路进行编号，称为回路编号或回路标号，也称为线号。由于其以数字为基础组成，所以又称为数字标号、数字编号。回路标号不仅在图纸上标明，在电气二次设备和元件上也要标注。基本应用原则如下。

❶ 二次回路标号一般由 3 位或 3 位以下的数字组成。

❷ 在垂直排列的电路图中，标号一般是从上开始向下顺序排；在水平排列的电路图中，标号一般是从左开始向右顺序排。

❸ 二次回路的标号按"等电位"原则进行，连接在同一点上的所有导线电位相等，所以应标相同的标号；线圈、绕组、各类开关、触点或电阻、电容等所间隔的线段则视为不同的线段，应标以不同的标号。

❹ 一般情况下，主要降压元件（如线圈、绕组、电阻等）的一侧全部用奇数标号，另一侧全部用偶数标号。

❺ 当行业和部门对某一方面有专门规定时，应按专门规定编排。

（2）控制回路和逻辑回路的回路标号 由于重要设备的控制回路和逻辑回路主要是直流回路，所以一般也称直流回路的回路标号，其标号方法如下。

❶ 个位数字代表相别，用个位数字的奇偶区分极性，一般正极用奇数，负极用偶数。极性以主要降压元件为区分点，不易区分的线段可任意选取奇偶数。

❷ 以标号中十位数字的顺序区分回路中的不同线段。例如回路标号 33，其中的个位数 3 表示线段在正电源侧，十位数 3 表示是回路中的跳闸线段；回路标号 03 表示正电源侧合闸回路的线段。

❸ 以标号中百位数字的顺序区分不同供电电源的回路。一般情况下，就是指不同的各组熔断器所属的回路。例如，回路标号为 101、102，其中的 01、02 分别表示正、负电源，百位数 1 表示第一组熔断器组成的控制回路。同理，201、202 和 301、302 分别表示第二组和第三组控制回路。而 203 表示第二组控制回路中的合闸回路中处于正电源侧的一个线段。如果只有一组熔断器，则百位数可以省略，例如可编为 01、02、03、33 等。表 1-6 是电力行业中使用较多的直流回路的回路标号。

表1-6 直流回路的回路标号

| 回路名称 | 数字标号组 | | | |
|---|---|---|---|---|
| | 一 | 二 | 三 | 四 |
| 正电源回路 | 101 | 201 | 301 | 401 |
| 负电源回路 | 102 | 202 | 302 | 402 |
| 合闸回路 | 103 ～ 131 | 203 ～ 231 | 303 ～ 331 | 403 ～ 431 |
| 绿灯或合闸回路监视继电器回路 | 103 | 203 | 303 | 403 |
| 跳闸回路 | 133 ～ 149 | 233 ～ 249 | 333 ～ 349 | 433 ～ 449 |
| | 1133、1233 | 2133、2233 | 3133、3233 | 4133、4233 |
| 备用电源自动合闸回路 | 150 ～ 169 | 250 ～ 269 | 350 ～ 369 | 450 ～ 469 |

续表

| 回路名称 | 数字标号组 | | | |
|---|---|---|---|---|
| | 一 | 二 | 三 | 四 |
| 开关设备的位置信号回路 | 170～189 | 270～289 | 370～389 | 470～489 |
| 事故跳闸音响信号回路 | 190～199 | 290～299 | 390～399 | 490～499 |
| 保护回路 | 001～099 | | | |
| 发电机励磁回路 | 601～699 | | | |
| 信号及其他回路 | 701～799 | | | |
| 断路器位置通信回路 | 801～809 | | | |
| 断路器合闸线圈或操动机构电动机回路 | 871～879 | | | |
| 隔离开关操作闭锁回路 | 881～889 | | | |
| 发电机调速电动机回路 | 991～999 | | | |
| 变压器零序保护共用电源回路 | 001、002、003 | | | |

（3）交流二次回路的回路标号　交流二次回路的回路标号是指交流电流回路（电流互感器二次回路）和电压回路（电压互感器二次回路）的回路标号。基本原则是采用 3 位数字并在前面加相别。电流回路的数字范围为 401～599；电压回路的数字范围为 601～799，见表 1-7。

表1-7　交流二次回路的回路标号

| 相别 | 第一相 | 第二相 | 第三相 | 中性线 |
|---|---|---|---|---|
| 电流回路 | U401～U499 | V401～V499 | W401～W499 | N401～N499 |
| | U501～U599 | V501～V599 | W501～W599 | N501～N599 |
| 电压回路 | U601～U699 | V601～V699 | W601～W699 | N601～N699 |
| | U701～U799 | V701～V799 | W701～W799 | N701～N799 |

（4）交流逻辑控制回路的回路标号　交流逻辑控制回路（包括保护装置和断路器的交流控制回路）的标号原则与直流控制回路基本相同，数字范围为 0～399。

## 三、识图的要求和方法

### 1. 识图的要求

❶ 电气二次回路图的图纸根据规定都有标准的大小尺寸，图内画法也有相关规

定,绘制电气图应符合国家标准的规定。在表1-1所列的图形符号中,有的给出两种图形符号,使用时应尽量采用简单的图形符号,同时要注意,在一套图中应使用相同的图形符号。

❷ 电气图的绘制规定中对采用垂直排列或水平排列方式未作出规定,绘制时可根据习惯情况确定。

❸ 表1-1中所列继电器触点、按钮、接触器触点、断路器辅助触点等的表示是按垂直排列布置的。如果绘制水平排列的图,应将图形符号按逆时针方向旋转90°绘制。即垂直排列时,触点和按钮向右侧为动作方向;水平排列时,触点和按钮向上侧为动作方向。

❹ 继电器线圈、测量仪表一类元件在采用水平排列时,也可以旋转90°,引线的位置也可以变更。

❺ 不论垂直排列还是水平排列,图中的文字符号是不能倒置的。

❻ 所有图形符号都是按无电状态和无外力驱动状态绘制的。例如断路器、继电器、隔离开关等在断开状态,按钮、限位开关等在自然状态。

❼ 文字符号都要用大写字母,不能用小写字母代替。

### 2.识图的基本思路

(1)基本途径

❶ 由于展开图最易于了解电路的整个动作过程,所以看电气二次回路图应先看其展开图,然后再看该电路的其他图就容易了。

❷ 看电气二次回路图的基本方法是:把一个整体二次回路按功能和层次分为几个环节(相当于几个小回路或支路)或几个层次,先逐一对几个环节分别进行分析,然后再综合起来看全图。例如在控制回路中,按功能可分为合闸回路、跳闸回路,再进一步分为手动合闸、自动合闸回路及手动跳闸、保护跳闸回路等。

(2)电气图中回路的分类

❶ 对于继电保护和控制回路,可以把二次回路图上的内容划分为一次回路、交流二次回路、逻辑控制回路、信号回路等几个大类。

❷ 对于调节装置,例如蓄电池的充电装置等,可以把图上的内容分为功率输送部分、控制调节部分、参数测量部分、电源部分等几个大类。

❸ 把每个大类中的内容进一步分为几个中类。交流二次回路可分为电压、电流回路,逻辑控制回路可分为控制设备启停部分、保护逻辑部分、自动装置逻辑部分(例如备用电源自动投入回路、开关之间的联锁回路、同期合闸回路)、信号部分和合闸部分等。

❹ 把每个种类再分成各小类,即小范围电路。如交流电压回路可分为保护电压回路、仪表电压回路、同期电压回路、监测电压回路等,交流电流回路可分为保护电流回路、仪表电流回路、其他电流回路(例如供断路器跳闸用的电流互感器电流回路),

逻辑控制回路可分为跳闸回路、合闸回路、监视信号回路等。

❺ 按哪个方面分类并不是固定的，如何划分要根据图中的内容确定。例如一个功能的电路（例如逻辑控制电路中的保护回路），在某一个图中占有较多的篇幅，就可划为一个种类，而在另一个电路图中只占有很少的篇幅就不必划为一个独立的种类（可归入跳闸回路中的一个分支）。另外，划分还可根据看图人员的习惯进行，如交流回路也可先分为保护交流回路和仪表交流回路。

（3）看图顺序

❶ 先明确该二次系统所控制的设备是哪种类型的一次设备。二次回路都是为一次系统和被控制的设备服务的，不同的设备有其基本的控制要求和控制方式。被控制设备基本类型有发电机、电动机（指单负荷电动机，如风机、水泵）、变压器、电力线路、整组电动机拖动的机电设备（包括机床、成型机械设备、运输起吊设备等）、其他动力（例如液压动力和空气动力）的机械设备等。其二次回路都有各自基本的控制方式和回路形式。

❷ 看图先要明确主设备（主系统，又称一次系统）电路，然后再看二次系统电路；先明确基本控制方式，再看具体电路。如果先看或只看局部电路，可能会出现误判断的情况。

❸ 看机电设备的电气控制图，很重要的一条就是要先明确机械本身的工作过程和工作流程之间的关系以及各相关部位（例如装限位开关的部位）的动作情况，然后再看电路图。

❹ 从事继电保护和安全自动装置运行与维护的人员，不但要掌握保护和自动装置本身的原理，还要对一次系统有充分的了解。

❺ 许多二次回路都有一些关键环节，有的二次回路中还有特殊环节，看图时要找出图中的特殊环节和关键环节，先明确这些环节的动作过程，再全面看电路图。例如采用LW2型万能开关的控制或信号回路，就要先明确该控制开关的性能，包括开关有几种转换状态（称为几个挡位）、在各个挡位分别有哪些触点闭合和断开、是否具有自复归功能等，下一步看图就容易了。在由电容器充放电使继电器动作的电路中，应先把这部分电路如何动作看明白，再进一步往下看。

**3. 转换开关和控制器的识图**

在电气控制回路中使用较多的转换开关有LW2、LW5型开关和一些主令控制器等。它们与按钮的不同之处有两点：一是大部分此类开关都有多对触点，由多节组成；二是有多个状态（按钮只有原始和按下两种状态），也就是有多个挡位。常用的表示方法有图形符号法和图表法。

（1）图形符号法　图形符号法就是直接在电气控制回路图（主要是展开图）上画图形符号。转换开关的图形符号如图1-3所示。

图中所展示的是一个LW2-Z-La、4、6a、40、20/F8型万能转换开关的触点通断情况。转换开关的图形符号圆圈下标注的数字 1、3 至 18、20 都分别表示一对触点，开关有 6 个挡位，用字母表示，各字母所表示的挡位见表 1-8。

表 1-8  LW2-Z-La、4、6a、40、20/F8 型万能转换开关挡位符号意义

| 挡位 | 预备合闸 | 合闸 | 合闸后 | 预备跳闸 | 跳闸 | 跳闸后 |
|------|----------|------|--------|----------|------|--------|
| 符号 | PC | C | CD | PT | T | TD |

图 1-3 中与每对触点在一条水平线上的黑点表示该触点在此位置接通。例如，触点 1、3 在预备合闸（PC）位置和合闸后（CD）位置接通，触点 6、7 只在跳闸（T）位置接通，触点 2、4 在预备跳闸（PT）和跳闸后（TD）位置接通等。这种表示方法的优点是直观且无需附加图表。

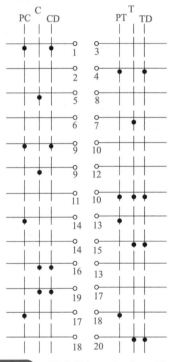

**图 1-3** LW2-Z-La、4、6a、40、20/F8 型万能转换开关的图形符号

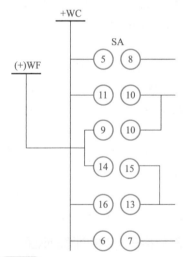

**图 1-4** LW2-Z-La、4、6a、40、20/F8 型万能转换开关图

（2）图表法  图表法是用触点通断表配合回路控制图表示的一种方法。如图 1-4 所示是 LW2-Z-La、4、6a、40、20/F8 型万能转换开关的部分触点在展开图中的一种表示方法，其他型号的控制开关和转换开关在电气二次回路图中也采用此表示方法。图中大数字的圆圈表示开关的触点。很明显，仅靠此图无法了解触点的通断情况，所以在控制回路图上都配有控制开关的触点表，见表 1-9。

表1-9 LW2-Z-La、4、6a、40、20/F8型万能转换开关触点表

| 在"跳闸后"位置的手柄(正面)的样式和触点盒(背面)的接线图 | 合 / 跳 | 1 2 3 4 | 6 5 8 7 | 9 10 12 11 | 13 14 16 15 | 18 17 19 20 |
|---|---|---|---|---|---|---|
| 手柄和触点盒型式 | F8 | La | 4 | 6a | 40 | 20 |
| 触点号 | — | 1—3 ／ 2—4 | 5—8 ／ 6—7 | 9—10 ／ 9—12 ／ 11—10 | 14—13 ／ 14—15 ／ 16—13 | 19—17 ／ 17—18 ／ 18—20 |

| 位置 | F8 | 1—3 | 2—4 | 5—8 | 6—7 | 9—10 | 9—12 | 11—10 | 14—13 | 14—15 | 16—13 | 19—17 | 17—18 | 18—20 |
|---|---|---|---|---|---|---|---|---|---|---|---|---|---|---|
| 跳闸后 | | — | • | — | — | — | — | • | — | • | — | — | — | • |
| 预备合闸 | | • | — | — | — | • | — | — | • | — | — | • | — | — |
| 合闸 | | — | — | • | — | • | — | — | • | — | — | • | — | — |
| 合闸后 | | • | — | — | — | — | • | — | — | • | — | — | • | — |
| 预备跳闸 | | — | • | — | — | — | — | • | — | • | — | — | — | • |
| 跳闸 | | — | — | — | • | — | — | • | — | — | • | — | — | • |

在表1-9中，黑点表示触点在该位置时接通，横线表示触点不接通。例如触点1—3是在"预备合闸"和"合闸后"的两个位置接通，在其他四个挡位都不接通。触点2—4是在"跳闸后"和"预备跳闸"挡位接通。触点5—8只在"合闸"挡位接通。触点6—7只在"跳闸"挡位接通。结合表1-9，就可在展开图中了解回路的动作情况。

## 四、低压电路识图实例

下面以电机正、反转电路为例说明低压电路识图过程。

### 1. 按钮联锁正、反转控制

按钮联锁的正、反转控制线路如图1-5所示。

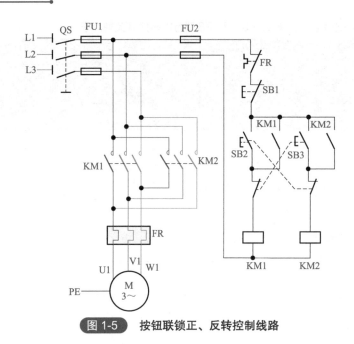

图 1-5　按钮联锁正、反转控制线路

控制板上的电器平面布置如图 1-6 所示。

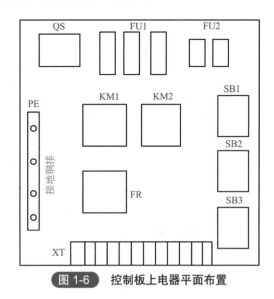

图 1-6　控制板上电器平面布置

按钮联锁的正、反转控制线路动作原理与图 1-7 所示的接触器联锁的正、反转控制线路大体相同，但是，由于图 1-5 中采用了复合按钮，当按下反转按钮 SB3 后，先是使接在正转控制线路中的反转按钮 SB3 的常闭触点分断，于是，正转接触器 KM1 的线圈断电，触点全部分断，电动机便断电做惯性运行；紧接着，反转按钮 SB3 的常开触点闭合，使反转接触器 KM2 的线圈通电，电动机立即反转启动。这样，既保证了正、反转接触器 KM1 和 KM2 不会同时通电，又可不按停止按钮 SB1 而直接按反转按钮 SB3 进行反转启动。同样，由反转运行转换成正转运行的情况，也只要直接按正转按钮 SB2 即可。

这种线路的优点是操作方便，缺点是易产生短路故障。

### 2. 接触器联锁的正、反转控制

接触器联锁的正、反转控制线路如图 1-7 所示。图中采用两个接触器，正转接触器 KM1 和反转接触器 KM2，当 KM1 的三个主触点接通时，三相电源按相序 L1-L2-L3 接入电动机；而当 KM2 的三个主触点接通时，三相电源按相序 L3-L2-L1 接入电动机。所以当两个接触器分别工作时，电动机的旋转方向相反。

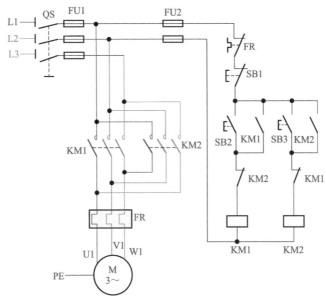

图 1-7　接触器联锁的正、反转控制线路

线路要求接触器 KM1 和 KM2 不能同时通电，不然它们的主触点同时闭合，会造成 L1、L3 两相电源短路，为此在接触器 KM1 与 KM2 线圈各自的支路中相互串联了对方的一个常闭辅助触点，以保证接触器 KM1 和 KM2 不会同时通电。KM1 与 KM2 的常闭辅助触点所起的作用称为联锁（或互锁）作用，这两个常闭触点就叫作联锁触点。

下面是接触器联锁正、反转控制线路动作原理。

❶ 合上 QS。

❷ 正转控制：

按 SB2 → KM1 线圈得电 ⎰ KM1 自锁触点闭合
　　　　　　　　　　　　⎱ KM1 主触点闭合→电动机 M 正转。
　　　　　　　　　　　　　 KM1 联锁触点分断

❸ 反转控制：

a. 先按 SB1 → KM1 线圈失电
$$\begin{cases} \text{KM1 自锁触点分断} \\ \text{KM1 主触点分断} \rightarrow \text{电动机 M 停转。} \\ \text{KM1 联锁触点闭合} \end{cases}$$

b. 再按 SB2 → KM2 线圈得电
$$\begin{cases} \text{KM2 自锁触点闭合} \\ \text{KM2 主触点闭合} \rightarrow \text{电动机 M 反转。} \\ \text{KM2 联锁触点分断} \end{cases}$$

该线路的缺点是操作不方便，因为要改变电动机的转向，必须先按停止按钮 SB1，再按反转按钮 SB2，才能使电动机反转。

**3. 按钮和接触器复合联锁的正反转控制**

如图 1-8 所示，这种线路具有上面两种电路的优点，且操作方便，安全可靠，为电力拖动设备中所常用，读者可自行分析其动作原理。

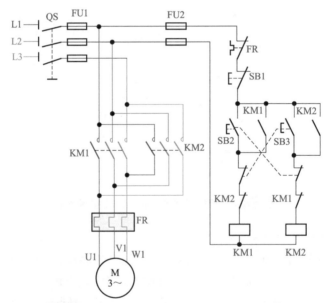

**图 1-8** 按钮和接触器复合联锁正反转控制线路

## 五、高压电路二次回路识图

### 1. 原理接线图

二次接线的原理接线图是用来表示二次回路各元件（二次设备）的电气连接及其工作原理的电气回路图，是二次回路设计的原始依据。

（1）原理接线图的特点

❶ 原理接线图是将所有的二次设备以整体的图形表示，并和一次设备画在一起，使整套装置的构成有一个整体的概念，可以清楚地了解各设备间的电气关系和动作原理。

❷ 所有的仪表、继电器和其他电器，都以整体的形式出现。

❸ 其相互连接的电流回路、电压回路和直流回路，都综合画在一起。

下面以图 1-9 所示的 6～10kV 线路的继电保护原理接线图为例加以说明。从图 1-9 中可知，整套保护装置包括时限速断保护（由电流继电器 KA1、KA2，时间继电器 KT1 及信号继电器 KS1，连接片 XB1 组成）和过电流保护（由电流电器 KA3、KA4，时间继电器 KT2，信号继电器 KS2，连接片 XB2 组成）。当线路发生 U（A）、V（B）两相短路时，其动作如下：

若故障点在时限速断及过电流保护的保护范围内，因 U（A）相装有电流互感器 TA1，其二次侧反映出短路电流，使时限速断保护的电流继电器 KA1 和过电流保护的电流继电器 KA3 均动作，KA1、KA3 的常开触点闭合，使时限速断保护时间继电器 KT1 和过电流保护时间继电器 KT2 的线圈均通以直流电源而开始计时，由于时限速断保护的动作时间小于过电流保护的动作时间，所以 KT1 的延时闭合的动合触点先闭合，并经信号继电器 KS1 及连接片 XB1 到断路器线圈，跳开断路器，切除故障。

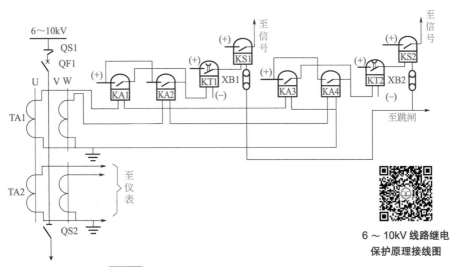

6～10kV 线路继电保护原理接线图

图 1-9　6～10kV 线路继电保护原理接线图

从图 1-9 中可以看出，一次设备（如 QF，TA 等）和二次设备（如 KA1、KT1、KS1 等）都以完整的图形符号表示出来，能使读图人员对整套继电保护装置的工作原理有一个整体概念。

（2）原理接线图的缺点

❶ 接线不清楚，没有绘出元件的内部接线。

❷ 没有元件引出端子的编号和回路编号。

❸ 没有绘出直流电源具体从哪组熔断器引来。

❹ 没有绘出信号的具体接线，故不便于阅读，更不便于指导施工。

**2. 展开接线图**

二次接线的展开接线图是根据原理接线图绘制的，展开图和原理图是一种接线的两种形式。如图 1-10 所示，展开接线图可以用来说明二次接线的动作原理，便于读图人员了解整个装置的动作程序和工作原理，它一般是以二次回路的每一个独立电源来划分单元进行编制的，根据这个原则，必须将属于同一个仪表或继电器的电流线圈、电压线圈以及触点，分别画在不同的路中。为了避免混淆，属于同一个仪表或继电器、触点的元件，都采用相同的文字符号。

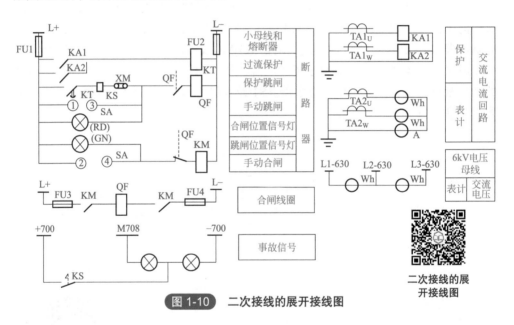

图 1-10　二次接线的展开接线图

（1）展开图的特点

❶ 直流电压母线或交流电压母线用相线条表示，以区别于其他回路的联络线。

❷ 继电器和每一个小的逻辑回路的作用都在展开图的右侧注明。

❸ 继电器和各种电气元件的文字符号和相应原理接线图中的文字符号一致。

❹ 继电器的触点和电气元件之间的连接线段都有数字编号（称为回路标号）。

❺ 继电器的文字符号与其本身触点的文字符号相同。

❻ 各种小母线和辅助小母线都有标号。

❼ 对于展开图中个别的继电器，或该继电器的触点在另一张图中表示，或在其他

安装单位中有表示，都要在图纸上说明去向，对任何引进的触点或回路也要说明来处。

⑧ 直流正极按奇数顺序标号，负极回路则按偶数顺序编号，回路经过元件（如线圈、电阻、电容等）后，其标号也随着改变。

⑨ 常用的回路都是固定的编号，如断路器的跳闸回路是 33，合闸回路是 3。

⑩ 交流回路的标号除用三位数外，前面加注文字符号，交流电流回路使用的数字范围是 400～599，电压回路为 600～790。其中个位数表示不同的回路，十位数表示互感器的组数（即电流互感器或电压互感器的组数）。回路使用的标号组，要与互感器文字符号后的数字序号相对应，如：U（A）相电流互感器 TA1 的回路标号是 U411～U419，U（A）相电压互感器 TV2 的回路标号为 U621～U629。

展开图上凡与屏外有联系的回路编号，均应在端子排图上占据一个位置，单纯看端子排图是看不出究竟的，它仅是一系列的数字和符号的集合，把它与展开图结合起来看，就知道它的连接回路了。

（2）展开图的绘制规律

❶ 按二次接线图的每个独立电源来绘图，一般分为交流电流回路、交流电压回路、直流回路、继电保护回路和信号回路等几个主要组成部分。

❷ 同一个电气元件的线圈和触点分别画在所属的回路内，但要采用相同的文字符号标出，若元件不止一个，还需加上数字序号，以示区别。属于同一回路的线圈和触点，按照电流通过的顺序依次从左向右连接，即形成图中的"各行按照元件动作先后，由上向下垂直排列，各行从左向右阅读，整个展开图从上向下阅读"。

❸ 在展开接线图的右侧，每一回路均有文字说明，便于阅读。

（3）展开图的阅读要求

❶ 首先要了解每个电气元件的简单结构及动作原理。

❷ 图中各电气元件都按国家统一规定的图形符号和文字符号标注，应熟悉其意义。

❸ 图中所示电气元件触点位置都是正常状态，即电气元件不通电时触点所处的状态，因此，常开触点是指电气元件不通电时，触点是断开的；常闭触点是指电气元件不通电时，触点是闭合的。另外还要注意，有的触点具有延时动作的性能，如时间继电器，它们的触点动作时，要经过一定的时间（一般几秒）才闭合或断开，这种触点的符号与一般瞬时动作的触点符号有区别，读图时要注意区分。

（4）展开图的优点

❶ 展开图的接线清晰，易于阅读。

❷ 便于读图人员掌握整套继电保护装置的动作过程和工作原理，特别是在复杂的继电保护装置的二次回路中，用展开图绘制，其优点更为突出。

### 3. 安装接线图

二次接线的安装接线图是制造厂加工制造和现场安装施工用的图纸，也是运行试

第一章
第二章
第三章
第四章
第五章
第六章
第七章
第八章
第九章
第十章
第十一章
第十二章

验、检修等的主要参考图纸，它是根据展开接线图绘制的，包括屏面布置图、屏背面接线图和端子排图几个组成部分。

（1）安装接线图的特点　安装接线图的特点是各电气元件及连接导线都是按照它们的实际图形、实际位置和连接关系绘制的，为了便于施工和检查，所有元件的端子和导线都加上走向标志。

（2）安装接线图的阅读方法和步骤　阅读安装接线图时，应对照展开图，根据展开图阅读顺序，全图从上到下、每行从左到右进行，导线的连接应该用"对面原则"来表示，阅读步骤如下。

❶ 对照展开图了解由哪些设备组成。

❷ 看交流回路，每相电流互感器连接到端子排试验端子上，其回路编号分别为U411、V411、W411，并分别接到电流继电器上，构成继电保护交流回路。

❸ 看直流回路，控制电源从屏顶直流小母线，经熔断器后分别接到端子排上，通过端子排与相应仪表连接构成不同的直流回路。

❹ 看信号回路，从屏顶小母线 +700、−700 引到端子排上，通过端子排与信号继电器连接，构成不同的信号回路。

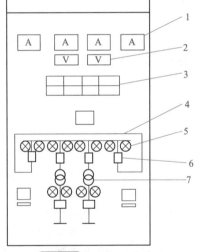

**图 1-11**　某屏面布置图

1—电流表；2—电压表；3—光字牌；4—一次母线；
5—指示灯；6—断路器；7—变压器

（3）屏面布置图　开关柜的屏面布置图是加工制造屏、盘和安装屏、盘上设备的依据，上面有各个元件的排列布置，都是根据运行操作的合理性，并考虑维护运行和施工的方便性而确定的，因此要按照一定的比例进行绘制，如图 1-11 所示。屏内的二次设备应按国家规定，按一定顺序布置和排列。

❶ 在电器屏上，一般把电流继电器、电压继电器放在屏的最上部，中部放置中间继电器和时间继电器，下部放置调试工作量较大的继电器、压板及试验部件。

❷ 在控制屏上，一般把电流表、电压表、周波表和功率表等放在屏的最上部，光字牌、指示灯、信号灯和控制开关放在屏的中部。

（4）屏背面接线图　屏背面接线图是以屏面布置图为基础，并以展开图为依据而绘制成的接线图，它是屏内元件相互连接的配线图纸，标明屏上各元件在屏背面的引出端子的连接情况，以及屏上元件与端子排的连接情况，如图 1-12 所示。为了配线方便，在这种接线图中，对各设备和端子排一般采用"对面原则"进行编号。

（5）端子排图

❶ 端子排的作用。端子是二次接线中不可缺少的配件，虽然屏内电气元件的连线

多数是直接相连，但屏内元件与屏外元件之间的连接，以及同一屏内元件接线需要经常断开时，一般是通过端子或电缆来实现的。许多接线端子的组合称为端子排。端子排图就是表示屏上需要装设的端子数目、类型、排列次序以及它与屏内元件和屏外设备连接情况的图纸，如图 1-13 所示。端子排的主要作用如下：

　　a. 利用端子排可以迅速可靠地将电气元件连接起来。

　　b. 端子排可以减少导线的交叉，便于分出支路。

　　c. 可以在不断开二次回路的情况下，对某些元件进行试验或检修。

端子排图

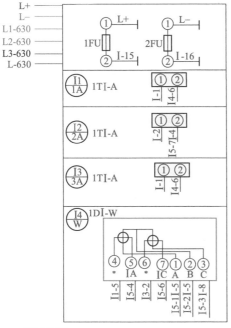

图 1-12　某控制屏的屏背面接线图

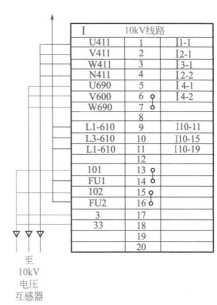

图 1-13　端子排图

　　❷ 端子排布置原则。每一个安装单位应有独立的端子排，垂直布置时，由上至下；水平布置时，由左至右，按下列回路分组顺序排列。

　　a. 交流电流回路（不包括自动调整励磁装置的电流回路），按每组电流互感器分组，同一保护方式的电流回路一般排在一起。

　　b. 交流电压回路，按每组电压互感器分组，同一保护方式的电压回路一般排在一起，其中又按数字大小排列，再按 U、V、W、N、L（A、B、C、N、L）排列。

　　c. 信号回路，按预告、指挥、位置及事故信号分组。

　　d. 控制回路，其中又按各组熔断器分组。

　　e. 其他回路，其中又按远动装置、助磁保护、自动调整励磁装置、电流电压回路、远方调整及联锁回路分组，每一回路又按极性、编号和相序顺序排列。

　　f. 转接回路，先排列本安装单位的转接端子，再安装别的安装单位的转接端子。

## 第二节 电力系统与电力网的安全运行

### 一、电力系统

电能不能大量存储，电能的生产、输送和使用必须同时进行。发电厂生产的电能，除供本厂和附近的电力用户使用外，绝大部分要经升压变压器将电压升高后，再由高压输电线路送至距离很远的负荷中心去，在那里由降压变压器降压后分配到电力用户。

为了提高供电的可靠性和经济性，将各发电厂通过电力网连接起来，并联运行，组成庞大的联合动力系统。将各种类型发电厂中的发电机、升压和降压变压器、电力线路（输电线路）及各种电力用户（用电设备）联系在一起组成的统一的整体就是电力系统，用以实现完整的发电、输电、变电、配电和用电。图 1-14 所示为电力系统示意图。图 1-15 所示为从发电厂到用户的送电过程示意图。

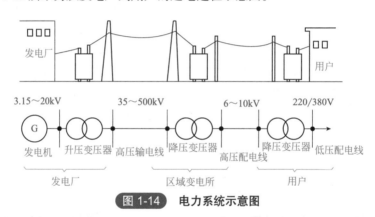

**图 1-14** 电力系统示意图

发电机生产的电能受发电机制造电压的限制，不能远距离输送，因此通常使发电机的电压经过升压达到 220 ~ 500kV，再通过超高压远距离输电网送往远离发电厂的区域或工业集中地区，通过那里的降压变电所将电压降到 35 ~ 110kV，然后再用 35 ~ 110kV 的高压输电线路，将电能送至工厂降压变电所（将电压降至 6 ~ 10kV 配电）或终端变电所。

常用的配电电压有 6 ~ 10kV 高压与 220/380V 低压两种。对于有些设备，如泵与风机等采用高压电动机带动，直接由高压配电电路供电。大容量的低压电气设备需要 220/380V 电压，由配电变压器进行第二次降压来供电。

电力用户是消耗电能的场所，将电能通过用电设备转换为满足用户需求的其他形式的电能。例如，电动机将电能转换为机械能，电热设备将电能转换为热能，照明设备将电能转换为光能等。根据供电电压不同，电力用户分为额定电压在 1kV 以上的高压用户和额定电压为 380/220V 的低压用户。

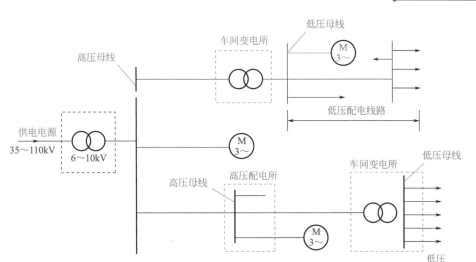

图 1-15 从发电厂到用户的送电过程示意图

电力系统中的各级电压线路及其联系的变配电所，叫作电力网，简称电网。由此可见，电网只是电力系统的一部分，它与电力系统的区别在于电网不包括发电厂和电能用户。

## 二、变电所与配电所

变电所的任务是接收电能、变换电压和分配电能，是联系发电厂和用户的中间环节；而配电所只担负接收电能和分配电能的任务。

两者区别是：变电所比配电所多了变换电压的任务，因此变电所有电力变压器，而配电所除了有自用电变压器外没有其他电力变压器。

两者的相同之处：都担负接收电能和分配电能的任务；电气线路中都有引入线（架空线或电缆线）、各种开关电器（如隔离开关、刀开关、高低压断路器）、母线、互感器、避雷器和引出线等。

变电所有升压和降压之分，升压变电所多建在发电厂内，把电能电压升高后，再进行长距离输送；降压变电所多设在用电区域，将高压电能适当降低电压后，向某地区或用户供电。降压变电所又可分为以下三类。

（1）地区降压变电所 地区降压变电所又称为一次变电站，位于一个大用电区域，如一个大城市附近，从 220 ～ 500kV 的超高压输电网或发电厂直接受电，通过变压器把电压降为 35 ～ 110kV，供给该地区或大型工厂用电。其供电范围较大，若全地区降压变电所停电，将使该地区中断供电。

（2）终端变电所 终端变电所又称为二次变电站，多位于用电的负荷中心，高压侧从地区降压变电所受电,通过变压器把电压降为 6～10kV,向某个市区或农村城镇供电。其供电范围较小,若全终端降压变电所停电,只使该部分用户供电中断。

(3)工厂降压变电所及车间变电所 工厂降压变电所又称工厂总降压变电所,与终端变电所类似,是对企业内部输送电能的中心枢纽。车间变电所接收工厂降压变电所提供的电能,将电压降为 220/380V,给车间设备直接供电。

## 三、电力网

电力系统中各级电压的电力线路及与其连接的变电所总称为电力网,简称电网。电力网是电力系统的一部分,是输电线路和配电线路的统称,是输送电能和分配电能的通道。电力网是把发电厂、变电所和电能用户联系起来的纽带。

电网由各种不同电压等级和不同结构的线路组成,按电压的高低可将电网分为低压网、中压网、高压网和超高压网等。电压在 1kV 以下的称为低压网,1～10kV 的称为中压网,高于 10kV 低于 330kV 的称为高压网,330kV 及以上的称为超高压网。电网按电压高低和供电范围大小可分为区域电网和地方电网,区域电网供电范围大,电压一般在 220kV 以上;地方电网供电范围小,电压一般在 35～110kV。电网也往往按电压等级来称呼,如说 10kV 电网或 10kV 系统,就是指相互连接的整个 10kV 电压的电力线路。根据供电地区的不同,有时也将电网称为城市电网和农村电网。

## 四、三相交流电网和电力设备的额定电压

额定电压 $U_N$ 通常指电气设备铭牌上标出的线电压,是指在规定条件下,保证电网、电气设备正常工作而且具有最佳经济效果的电压。电气设备都是按照指定的电压和频率设计制造的。这个指定的电压和频率称为电气设备的额定电压和额定频率,当电气设备在该电压和频率下运行时,能获得最佳的技术性能和经济效果。

为了成批生产和实现设备互换,各国都制定有标准系列的额定电压和额定频率。我国规定工业用标准额定频率为 50Hz(俗称工频);国家标准中,交流电力网和电力设备的额定电压等级较多,但考虑设备制造的标准化、系列化,电力系统额定电压等级不宜过多,具体规定见表 1-10。

表1-10 我国交流电力网和电力设备的额定电压 $U_N$

| 类别 | 电力网和用电设备额定电压 | 发电机额定电压 | 电力变压器额定电压 | |
|---|---|---|---|---|
| | | | 一次侧绕组 | 二次侧绕组 |
| 低压配电网 /V | 220/127<br>380/220 | 230<br>400 | 200/127<br>380/220 | 230/133<br>400/230 |

续表

| 类别 | 电力网和用电设备额定电压 | 发电机额定电压 | 电力变压器额定电压 | |
|---|---|---|---|---|
| | | | 一次侧绕组 | 二次侧绕组 |
| 中压配电网 /kV | 3<br>6<br>10<br>— | 3.15<br>6.3<br>10.5<br>13.8，15.75，18，20 | 3 及 3.15<br>6 及 6.3<br>10 及 10.5<br>13.8，15.75，18，20 | 3.15 及 3.3<br>6.3 及 6.6<br>10.5 及 11<br>— |
| 高压配电网 /kV | 35<br>63<br>110<br>220 | —<br>—<br>—<br>— | 35<br>63<br>110<br>220 | 38.5<br>69<br>121<br>242 |
| 输电网 /kV | 330<br>500<br>750 | —<br>—<br>— | 330<br>500<br>750 | 363<br>550<br>— |

## 五、电力系统的中性点运行方式

在电力系统中，当变压器或发电机的三相绕组为星形连接时，其中性点有两种运行方式：中性点接地和中性点不接地。中性点直接接地系统常称为大电流接地系统，中性点不接地和中性点经消弧线圈（或电阻）接地的系统称为小电流接地系统。

中性点运行方式的选择主要取决于单相接地时电气设备的绝缘要求及供电可靠性。图 1-16 所示为常用的电力系统中性点运行方式，图中电容 C 为输电线路对地分布电容。

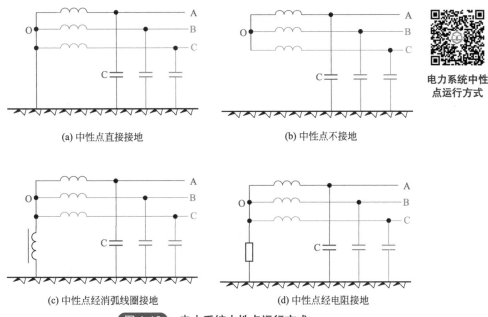

电力系统中性点运行方式

(a) 中性点直接接地

(b) 中性点不接地

(c) 中性点经消弧线圈接地

(d) 中性点经电阻接地

**图 1-16　电力系统中性点运行方式**

## 1. 中性点直接接地方式

中性点直接接地方式发生一相对地绝缘破坏时，就构成单相短路，供电中断，可靠性会降低。但是，这种方式下的非故障相对地电压不变，电气设备绝缘水平按相电压考虑，降低设备要求。此外，在中性点直接接地低压配电系统中，如为三相四线制供电，可提供 380V 或 220V 两种电压，供电方式更为灵活。

## 2. 中性点不接地方式

在正常运行时，各相对地分布电容相同，三相对地电容电流对称且其和为零，各相对地电压为相电压。这种系统中发生一相接地故障时，线电压不变，非故障相对地电压升高到原来相电压的 $\sqrt{3}$ 倍，故障相电流增大到原来的 3 倍。因此对中性点不接地的电力系统，注意电气设备的绝缘要按照线电压来选择。

目前，在我国电力系统中，110kV 以上高压系统，为降低绝缘设备要求，多采用中性点直接接地运行方式；6 ～ 35kV 中压系统中，为提高供电可靠性，首选中性点不接地运行方式。当接地系统不能满足要求时，可采用中性点经消弧线圈或电阻接地的运行方式；低于 1kV 的低压配电系统中，考虑到单相负荷的使用，通常采用中性点直接接地的运行方式。

## ■ 六、电源中性点直接接地的低压配电系统

电源中性点直接接地的三相低压配电系统中，从电源中性点引出中性线（代号 N）、保护线（代号 PE）或保护中性线（代号 PEN）。

### 1. 低压电力网接地形式分类及字母含义

（1）低压电力网接地形式分类　电源中性点直接接地的三相四线制低压配电系统可分成 3 类，TN 系统、TT 系统和 IT 系统。其中 TN 系统又分为 TN-S 系统、TN-C 系统和 TN-C-S 系统 3 类。

TN 系统和 TT 系统都是中性点直接接地系统，且都引出中性线（N 线），因此都称为"三相四线制系统"。但 TN 系统中的设备外露可导电部分（如电动机、变压器的外壳，高压开关柜、低压配电柜的门及框架等）均采取与公共的保护线（PE 线）或保护中性线（PEN 线）相连的保护方式，如图 1-17 所示；而 TT 系统中的设备外露可导电部分则采取经各自的 PE 线直接接地的保护方式，如图 1-18 所示。IT 系统的中性点不接地或经电阻（约 1000Ω）接地，且通常不引出中性线，因它一般为三相三线制系统，其中设备的外露可导电部分与 TT 系统一样，也是经各自的 PE 线直接接地，如图 1-19 所示。

所谓外露可导电部分是指电气装置中能被触及的导电部分。它在正常情况时不带电，但在故障情况下可能带电，一般是指金属外壳，如高低压柜（屏）的框架、电机机座、变压器或高压多油开关的箱体及电缆的金属外护层等。装置外导电部分也称

为外部导电部分。它并不属于电气装置，但也可能引入电位（一般是地电位），如水、暖、煤气、空调等的金属管道及建筑物的金属结构。

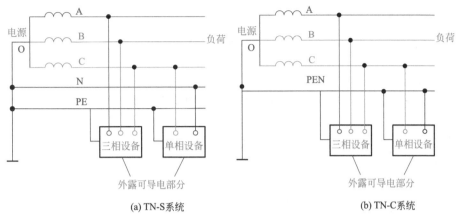

(a) TN-S系统　　　　　　　　　　　(b) TN-C系统

低压配电的
TN 系统

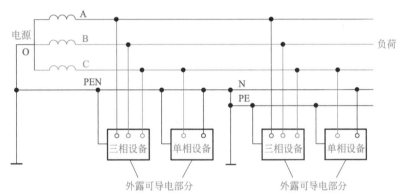

(c) TN-C-S系统

图 1-17　低压配电的 TN 系统

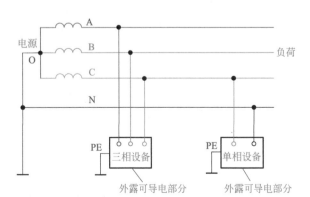

低压配电的
TT 系统

图 1-18　低压配电的 TT 系统

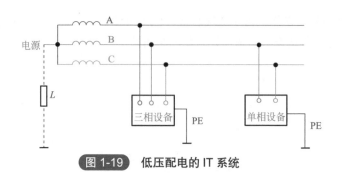

图 1-19　低压配电的 IT 系统

中性线（N 线）是与电力系统中性点相连，能起到传导电能作用的导体，其主要作用是：

❶ 通过三相系统中的不平衡电流（包括谐波电流）；

❷ 便于连接单相负载（提供单相电气设备的相电压和电流回路）及测量相电压；

❸ 减小负荷中性点电位偏移，保持 3 个相电压平衡。

因此，N 线是不容许断开的，在 TN 系统的 N 线上不得装设熔断器或开关。

保护线（PE 线）与用电设备外露的可导电部分（指在正常工作状态下不带电，在发生绝缘损坏故障时有可能带电，而且极有可能被操作人员触及的金属表面）可靠连接，其作用是在发生单相绝缘损坏对地短路时，一是使电气设备带电的外露可导电部分与大地同电位，可有效避免触电事故的发生，保证人身安全；二是通过保护线与地之间的有效连接，能迅速形成单相对地短路，使相关的低压保护设备动作，快速切除短路故障。

保护中性线（PEN 线）兼有 PE 线和 N 线的功能，用于保护性和功能性结合在一起的场合，如图 1-17（b）所示的 TN-C 系统，但首先必须满足保护性措施的要求，PEN 线不用于由剩余电流动作保护装置（RCD）保护的线路内。

（2）接地系统字母符号含义

❶ 第一个字母表示电源端与地的关系：

T——电源端有一点（一般为配电变压器低压侧中性点或发电机中性点）直接接地；

I——电源端所有带电部分均不接地，或有一点（一般为中性点）通过阻抗接地。

❷ 第二个字母表示电气设备（装置）正常不带电的外露可导电部分与地的关系：

T——电气设备外露可导电部分独立直接接地，此接地点与电源端接地点在电气上不相连接；

N——电气设备外露可导电部分与电源端的接地点有用导线所构成的直接电气连接。

❸ "-"（半横线）后面的字母表示中性导体（中性线）与保护导体的组合情况：

S——中性导体与保护导体是分开的；

C——中性导体与保护导体是合一的。

### 2. TN 系统

TN 系统是指在电源中性点直接接地的运行方式下，电气设备外露可导电部分用公共保护线（PE 线）或保护中性线（PEN 线）与系统中性点 O 相连接的三相低压配电系统。TN 系统又分 3 种形式。

（1）TN-S 系统　整个供电系统中，保护线 PE 与中性线 N 完全独立分开，如图 1-17（a）所示。正常情况下，PE 线中无电流通过，因此对连接 PE 线的设备不会产生电磁干扰。而且该系统可采用剩余电流保护，安全性较高。TN-S 系统现已广泛应用在对安全要求及抗电磁干扰要求较高的场所，如重要办公楼、实验楼和居民住宅楼等民用建筑。

（2）TN-C 系统　整个供电系统中，N 线与 PE 线是同一条线（也称为保护中性线 PEN，简称 PEN 线），如图 1-17（b）所示。PEN 线中可能有不平衡电流流过，因此可能对有些设备产生电磁干扰，且该系统不能采用灵敏度高的剩余电流保护来防止人员遭受电击。因此，TN-C 系统不适用于对抗电磁干扰和安全要求较高的场所。

（3）TN-C-S 系统　在供电系统中的前一部分，保护线 PE 与中性线 N 合为一根 PEN 线，构成 TN-C 系统，而后面有一部分保护线 PE 与中性线 N 分开，构成 TN-S 系统，如图 1-17（c）所示。此系统比较灵活，对安全要求及抗电磁干扰要求较高的场所采用 TN-S 系统配电，而其他场所则采用较经济的 TN-C 系统。

不难看出，在 TN 系统中，由于电气设备的外露可导电部分与 PE 线或 PEN 线连接，在发生电气设备一相绝缘损坏，造成外露可导电部分带电时，该相电源经 PE 线或 PEN 线形成单相短路回路，导致大电流的产生，引起过电流保护装置动作，切断供电电源。

### 3. TT 系统

TT 系统是指在电源中性点直接接地的运行方式下，电气设备的外露可导电部分与跟电源引出线无关的各自独立接地体连接后，进行直接接地的三相四线制低压配电系统，如图 1-18 所示。由于各设备的 PE 线之间无电气联系，因此相互之间无电磁干扰。此系统适用于安全要求及抗电磁干扰要求较高的场所。

在 TT 系统中，若电气设备发生单相绝缘损坏，外露可导电部分带电，该相电源经接地体、大地与电源中性点形成接地短路回路，产生的单相故障电流不大，一般需装设高灵敏度的接地保护装置。

### 4. IT 系统

IT 系统的电源中性点不接地或经电阻（约 1000Ω）接地，其中所有电气设备的外露可导电部分也都各自经 PE 线单独接地，如图 1-19 所示。此系统主要用于对供电连续性要求较高及易燃易爆的危险场所，如医院手术室、矿井下等。

## 七、电力负荷的分级及对供电电源的要求

负荷是指电网提供给用户的电力，负荷的大小用电气设备（发电机、变压器、电动机和线路）中通过的功率线电流来表示。

### 1. 电力负荷分级

电力负荷按其对供电可靠性的要求和意外中断供电所造成的损失和影响，分为一级负荷、二级负荷和三级负荷。

（1）一级负荷　一级负荷是指发生意外中断供电事故后，将造成人员伤亡或者在经济上造成重大损失，使重大设备损坏、重要产品报废，需要长时期才能恢复生产，或者在政治上造成重大不良影响等后果的电力负荷。

一级负荷电力用户的主要类型有：重要交通枢纽、重要通信枢纽、国民经济重点企业中的重大设备和连续生产线、重要宾馆、政治和外事活动中心等。

在一级负荷中，中断供电将使实时处理计算机及计算机网络正常工作中断，或中断供电后将发生中毒、爆炸和火灾等情况的负荷，以及特别重要场所不允许中断供电的负荷，应视为特别重要负荷。

（2）二级负荷　二级负荷是指发生意外中断供电事故，将在经济上造成如主要设备损坏、大量产品报废、短期无法恢复生产等较大损失，或者会影响重要单位的正常工作，或者会产生社会公共秩序混乱等后果的电力负荷。

二级负荷电力用户的主要类型有：交通枢纽、通信枢纽、重要企业的重点设备、大型影剧院及大型商场等大型公共场所。普通办公楼、高层普通住宅楼、百货商场等用户中的客梯电力负荷、主要通道照明等用电设备也为二级负荷设备。

（3）三级负荷　三级负荷是指除一、二级负荷外的其他电力负荷。三级负荷应符合发生短时意外中断供电不至于产生严重后果的特征。

### 2. 各级电力负荷对供电电源的要求

（1）一级负荷的供电要求　一级负荷应由两个独立电源供电，有特殊要求的一级负荷还要求其两个独立电源来自不同的地点。"独立电源"是指不受其他任一电源故障的影响，不会与其他任一电源同时发生故障的电源。两个电源分别来自不同的发电厂；两个电源分别来自不同的地区变电所；两个电源中一个来自地区变电所，另一个为自备发电机组，便可视为两个独立电源。

一级负荷中的特别重要负荷，除需满足两个独立电源供电的一般要求外，有时还需要设置应急电源。应急电源仅供该一级负荷使用，不可与其他负荷共享，并且应采取防止与正常电源之间并列运行的措施。常用的应急电源有：独立于正常电源之外的自备发电机组，独立于正常工作电源的专用供电线路，蓄电池电源等。

（2）二级负荷的供电要求　二级负荷的电力用户一般应当采用两台变压器或两回路供电，要求当其中任一变压器或供电回路发生故障时，另一变压器或供电回路不应

同时发生故障。对于负荷较小或地区供电条件困难的且难以设置两回路的，也可由一回路 10（6）kV 及以上的专用架空线路供电。

（3）三级负荷的供电要求　三级负荷属于一般电力用户，对供电方式无特殊要求。当用户以三级负荷为主，但有少量一级负荷时，其第二电源可采用自备应急发电机组或逆变器作为一级负荷的备用电源。

## 第三节　高压电工常用工具与仪表

### 一、通用验电器及多用验电器的使用

#### 1. 低压验电器的组成与结构

低压验电器分笔式、旋具式和电子式三种。其中前两种内部结构基本相同，其结构主要由笔尖、氖泡、笔身等组成；而电子式验电器主要由笔尖、显示屏、直接测试按钮及感应断点测试按钮、感应电路板、电池组成。其结构如图 1-20 所示。

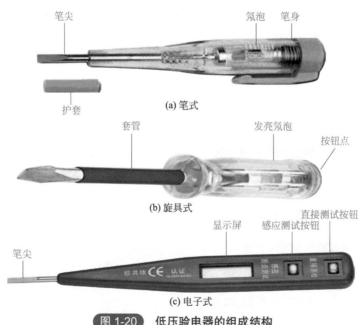

图 1-20　低压验电器的组成结构

#### 2. 氖泡验电器的使用方法

验电器是一种检验导线和设备是否带电的常用工具。

（1）工作原理　当用验电器测试带电体时，带电体经验电器、人体到大地形成通

电回路，只要带电体与大地之间的电位差超过一定数值，验电器中的氖泡就能发出一定的辉光。

笔式和旋具式验电器的使用方法：测量时手指握住验电器笔身，食指触及笔身金属体，验电器的小窗口朝向自己的眼睛。如图 1-21 所示。图（a）所示为正确使用验电器的方法，而图（b）所示是一种不正确使用验电器的握法。

(a) 正确             (b) 错误

图 1-21　氖泡验电器的正确握法

在使用验电器时，只要带电体与地之间有至少 60V 的电压，验电器的氖管就可以发光。高于 500V 的电压则不能用普通验电器来测量。

（2）低压验电器的使用注意事项

❶ 使用验电器之前，首先要检查验电器内有无安全电阻，然后检查验电器是否损坏、有无受潮和进水，检查合格方可使用。

❷ 在使用验电器正式测量电气设备是否带电之前，应先要检查氖泡能否正常发光。

❸ 验电器使用完毕后要保持洁净，并放置在干燥处，严防摔碰。

### 3. 普通电子式验电器的使用方法

普通电子式验电器原理是利用电子线圈感应，经电子线路放大后通过液晶显示所测电压大小。

普通电子式验电器使用方法如图 1-22 所示。

(a) 直接检测             (b) 感应检测

图 1-22　普通电子式验电器使用方法

❶ 按住直接测试电极 A 可直接测量交流电压。

❷ 按住感应测试电极 B 可感应测量交流电压或者断点。

❸ 测量不带电导体。如判断电线、日光灯、电容、变压器、电动机线圈等两端是否断路，用验电器触头触碰一端，按住感应测试电极 B，用手握住另一端，若通路则指示灯亮，断路则指示灯不亮。

### 4. 电工专用多功能验电笔的使用

（1）电工专用多功能验电笔外形　如图 1-23 所示。

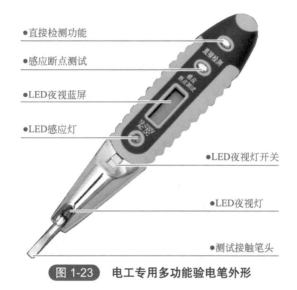

- 直接检测功能
- 感应断点测试
- LED夜视蓝屏
- LED感应灯
- LED夜视灯开关
- LED夜视灯
- 测试接触笔头

**图 1-23**　**电工专用多功能验电笔外形**

（2）多功能验电笔的使用方法　多功能验电笔适用于检测 12 ～ 220V 的交流直流电，间接检测交流电的零线、火线和断点，检测不带电导体的通断。其火线测试、零线测试、地线测试、电场感应测试、断点测试、线路通断测试分别如图 1-24 ～ 图 1-29 所示。

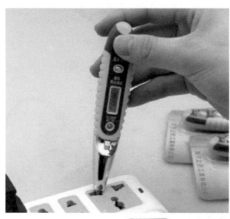

**火线测试**
手指碰触直接测试按钮，笔头插入火线内与铜芯接触，蓝色灯亮，屏幕上显示数值为：
12V 35V 55V 110V 220V

**图 1-24**　**火线测试**

零线测试
手指触碰直接测试按钮，
笔头插入零线内与铜芯接
触，蓝色灯微亮，屏幕显
示数值为：
12V(存在外部电场时显示
或不显示数值只有灯亮)

图 1-25　零线测试

地线测试
手指触碰直接测试按钮，
笔头插入零线内与铜芯
接触，蓝色灯微亮，屏
幕显示数值为：
12V

图 1-26　地线测试

电场感应测试
一手拿着验电笔，如图所示
靠近电线或者电场、电脑电
源等，指示灯会因为感应到
电场存在而发亮，同时，在
潮湿环境或者近海地区，由
于空气含有大量带电粒子，
指示灯也会发亮

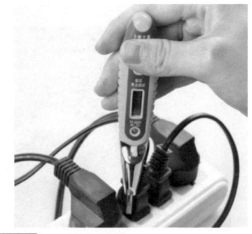

图 1-27　电场感应测试

**断点测试**

手按着感应断点测试按钮，笔头接近电线，会出现带电符号。一直沿着电线移动笔头，当带电符号消失时，此处即为断点

图 1-28　**断点测试**

**线路通断测试**

一手按着线路的电器插头的一端，另一只手按着直接测试按钮，笔头触碰插头的另一端，灯亮表示线路是通畅的，不亮表示线路断路，需要使用断点测试按钮查出断点

图 1-29　**线路通断测试**

## 二、高压验电器的使用

### 1. 认识高压验电器

高压验电器是通过检测流过验电器对地杂散电容中的电流检验设备、线路是否带电的装置。

高压验电器一般都是由检测部分（探头、验电器头）、绝缘部分、握手部分等组成。绝缘部分是指自指示器下部金属衔接螺钉起至罩护环以上的部分，握手部分是指罩护环以下的部分。其中绝缘部分、握手部分根据电压等级的不同，其长度也不相同。

高压验电器按照适用电压等级可分为：0.1 ～ 10kV 验电器、6 ～ 10kV 验电器、35 ～ 66kV 验电器、110 ～ 220kV 验电器、500kV 验电器。我们常用的是 0.1 ～ 10kV 验电器。

高压声光伸缩棒式验电器和声光语音双重提示验电器如图 1-30 所示。

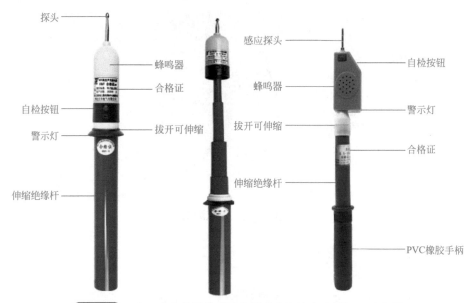

探头
蜂鸣器
合格证
自检按钮
警示灯
拔开可伸缩
伸缩绝缘杆

感应探头
蜂鸣器
拔开可伸缩
伸缩绝缘杆

自检按钮
警示灯
合格证
PVC橡胶手柄

图 1-30　高压声光伸缩棒式验电器和声光语音双重提示验电器

高压验电器使用前必须先自检，自检正常后方能使用。自检方法是：

按图 1-31 中红色或者蓝色按钮，检查验电器是否正常工作。验电器提示方法包括声音警示、灯光警示、语言提醒三种。

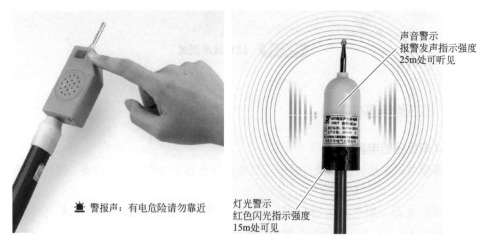

警报声：有电危险请勿靠近

声音警示
报警发声指示强度
25m处可听见

灯光警示
红色闪光指示强度
15m处可见

图 1-31　高压验电器使用前自检方法

## 2.高压验电器的正确使用

❶ 在使用前必须进行自检，方法是用手指按动自检按钮。指示灯有间断闪光，验电器散发出间断报警声，说明该仪器正常。

❷ 进行 10kV 以上验电作业时，必须戴上符合要求的绝缘手套，穿好绝缘鞋并保证对带电设备的安全距离，10kV 高压的安全距离为 0.7m 以上。室外使用时，天气必须良好，雨、雪、雾及湿度较大的天气中不宜使用普通类型的绝缘杆，以防发生危险。

❸ 电工作业人员在使用时，要手握绝缘杆最下边部分，以确保绝缘杆的有效长度，并根据《电业安全工作规程》的规定，先在有电设施上进行检验，验证验电器确实性能完好，方能使用。

❹ 高压验电器应定期做绝缘耐压试验、启动试验。间隔时间为潮湿地方三个月，干燥地方半年。如发现该产品不可靠应停止使用。

❺ 牢记使用范围。额定频率：50Hz。电压等级：6kV、10kV、35kV、110kV、220kV、330kV、500kV 交流电压。作直接接触式验电用。

❻ 验电器应存放在干燥、通风、无腐蚀气体的场所。

高压验电器使用如图 1-32 所示。

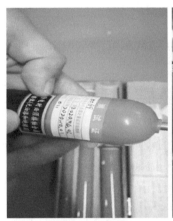
(a) 检查有效期

(b) 佩戴好防护用品

(c) 按测试按钮进行自检测试

(d) 保持安全距离验电

图 1-32  高压验电器使用

## 三、手摇兆欧表的使用

### 1. 电工常用手摇兆欧表

（1）手摇兆欧表的结构　手摇兆欧表由一个手摇发电机、表头和三个接线柱（即 L 线路端、E 接地端、G 屏蔽端）组成，G（即屏蔽端）也叫保护环。其结构如图 1-33 所示。

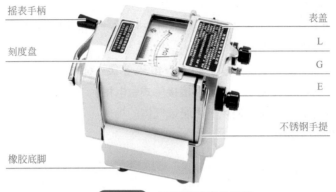

摇表手柄
表盖
刻度盘
L
G
E
不锈钢手提
橡胶底脚

图 1-33　手摇兆欧表的结构

（2）手摇兆欧表选择　作为一名电工，我们应该按照额定电压等级来对兆欧表进行选择：高压电气设备须选用电压高的兆欧表进行测试；低压电气设备为保证设备安全，应选择电压低的兆欧表。

一般情况下，额定电压在 500V 以下的设备，应选用 500V 或 1000V 的兆欧表；额定电压在 500V 以上的设备，选用 1000 ～ 2500V 的兆欧表。

电阻量程范围的选择：选择兆欧表的原则是不使测量范围过多地超出被测绝缘电阻的数值，以免因刻度较粗而产生较大的读数误差。另外还要注意有些兆欧表的起始刻度不是零，而是 1MΩ 或 2MΩ，这种兆欧表不宜测量处于潮湿环境中的低压电气设备的绝缘电阻，因为在这种环境中的设备绝缘电阻较小，有可能小于 1MΩ，在仪表上读不到读数，容易误认为绝缘电阻为 1MΩ 或为零值。兆欧表的表盘刻度线上有两个小黑点，小黑点之间的区域为准确测量区域，如图 1-34 所示。所以在选用兆欧表时应使被测设备的绝缘电阻值在准确测量区域内。

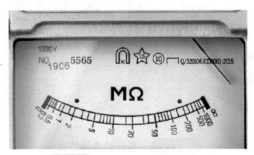

图 1-34　兆欧表准确测量区域

## 2. 手摇兆欧表使用前的检查方法

### (1) 开路检测 (图 1-35)

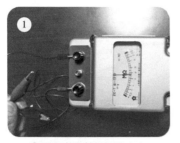 

①开路时顺时针以120r/min　　　　②指针指向无穷大(∞)的位置
匀速摇动手柄

**图 1-35** 兆欧表使用前开路检测

### (2) 短路检测 (图 1-36)

①E端L端连接，进行短接　　②顺时针摇动手柄　　③指针迅速归零，代表仪表
　　　　　　　　　　　　　　　　　　　　　　　　　　完好，可以开始检测

**图 1-36** 兆欧表使用前短路检测

### 3. 用手摇兆欧表测量输电线路对地绝缘

手摇兆欧表测量输电线路对地绝缘，要根据线路等级选择兆欧表。10kV 以下通常使用 1000V 的兆欧表，测量时，将线路端接线搭在被测线路上，另一端接地。被测量输电线路如是新架设的，阻值不应小于 20MΩ；正在运行的线路，阻值不能低于 1MΩ。

测量时，首先停电、放电 、验电，断开接地线，然后用兆欧表测量输电线路对地绝缘，如图 1-37 所示。

### 4. 用手摇兆欧表测量电动机对地绝缘

一般用兆欧表测量电动机的绝缘电阻值，要测量每两相绕组和每相绕组与机壳之间的绝缘电阻值，以判断电动机的绝缘性能好坏。使用兆欧表测量绝缘电阻时，通常对 500V 以下电压的电动机用 500V 兆欧表测量；对 500 ～ 1000V 电压的电动机用 1000V 兆欧表测量；对 1000V 以上电压的电动机用 2500V 兆欧表测量。

输电线路对地绝缘

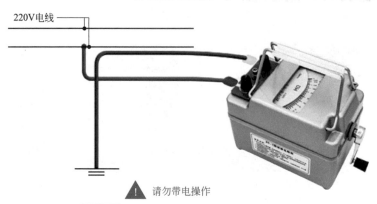

220V电线

! 请勿带电操作

图 1-37　用兆欧表测量输电线路对地绝缘

电动机绝缘电阻测量步骤如下：

❶ 将电动机接线盒内 6 个端头的联片拆开。

❷ 把兆欧表放平，先不接线，摇动兆欧表，对兆欧表进行检查，表针应指向"∞"处；再将表上有"1"（线路）和"e"（接地）的两接线柱用带线的测试夹短接，慢慢摇动手柄，表针应指向"0"处。

❸ 测量电动机三相绕组之间的电阻。将两测试夹分别接到任意两相绕组的任一端头上，平放摇表，以 120r/min 的速度匀速摇动兆欧表 1min 后，读取表针稳定的指示值，如图 1-38 所示 。

电机对地绝缘

! 请勿带电操作

图 1-38　手摇兆欧表测量电动机对地绝缘

❹ 用同样方法，依次测量每相绕组与机壳的绝缘电阻值。但应注意，表上标有"e"或"接地"的接线柱，应接到机壳上无绝缘的地方。

用兆欧表测量电动机对地电阻时电动机绝缘阻值都要求在 0.5MΩ 以上。

电动机接地电阻是地线的专有检测项，要求在 4Ω 以下，要用接地电阻测试仪检测。

### 5. 用手摇兆欧表测量变压器对地绝缘电阻和相间绝缘电阻

❶ 用兆欧表测量变压器对地绝缘电阻应根据变压器的电压等级选择相应量程的兆欧表，测量时应该高低压分别测量。将兆欧表一端接绕组，另一端接地，然后用 120r/min 的速度匀速摇动手柄，就可以测出绝缘阻值，测量时为保持精确，需要对三相绕组分别测量。国标没有规定变压器高低压的对地绝缘电阻值，规定了干式变压器铁芯对地的绝缘电阻值是 200MΩ，如图 1-39 所示。

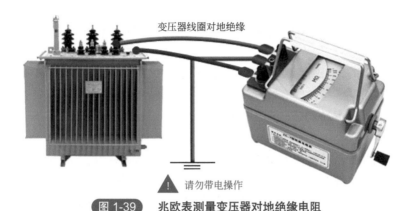

变压器线圈对地绝缘

！ 请勿带电操作

图 1-39　兆欧表测量变压器对地绝缘电阻

❷ 用兆欧表测量变压器相间绝缘电阻应根据变压器的电压等级选择相应量程的兆欧表，测量时应该高低压分别测量。将兆欧表测试夹分别接到任意两相绕组的任一端头上，然后用 120r/min 的速度匀速摇动手柄，就可以测出绝缘阻值，测量时为保持精确，需要对三相绕组分别测量，如图 1-40 所示。

❸ 新安装或检修后和长期停用（三周）的变压器投入运行前应测量绝缘电阻。电压等级为 1000V 以上的高压绕组使用 2500V 兆欧表，1000V 以下的低压绕组使用 1000V 兆欧表。电阻值规定（20℃）：3 ～ 10kV 为 300MΩ、20 ～ 35kV 为 400MΩ、63 ～ 220kV 为 800MΩ、500kV 为 3000MΩ。

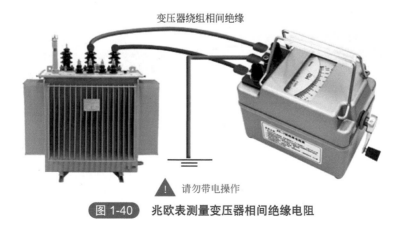

变压器绕组相间绝缘

！ 请勿带电操作

图 1-40　兆欧表测量变压器相间绝缘电阻

### 6. 用手摇兆欧表测量低压电缆相间绝缘电阻

作为一名电工，在测量低压电缆相间绝缘电阻时要注意，电力电缆各缆芯与外皮均有较大的电容。因此，对电力电缆绝缘电阻的测量，应首先断开电缆的电源及负荷，并经充分放电之后才能测量。测量时应在干燥的气候条件下进行，测量的方法如下。

❶ 首先我们要按照电力电缆的额定电压值选择合适的兆欧表。要求 500V 电缆选用 500V 或 1000V 兆欧表。

❷ 在对电缆绝缘电阻测量前我们要对兆欧表进行开路试验和短路试验，确保兆欧表完好性。

❸ 在测量电缆对地的绝缘电阻时，就要使用"G"端，并将"G"端接屏蔽层或外壳。线路接好后，可按顺时针方向转动摇把，摇动的速度应由慢而快，当转速达到 120r/min 左右时，保持匀速转动，1min 后读数，并且要边摇边读数，不能停下来读数，如图 1-41 所示。

❹ 当我们取得测量结果后，首先将电缆芯线的连接导线取下，再停止摇动兆欧表手柄，并立即对电缆芯线放电，然后再测量电缆的另一相芯线的绝缘电阻。

❺ 切记：测量完毕后，需要对电缆芯线进行充分放电，以防触电。

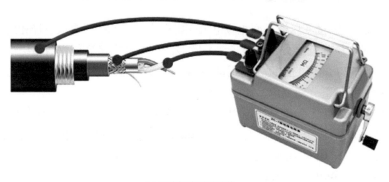

(a) 电缆护套对地绝缘

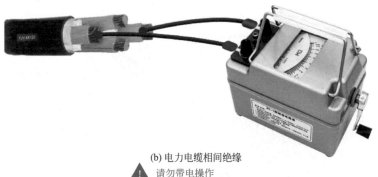

(b) 电力电缆相间绝缘

⚠ 请勿带电操作

图 1-41　兆欧表测量低压电缆相间绝缘电阻

### 7. 用手摇兆欧表测量接地电阻

接地电阻测量仪（接地摇表）是用于接地电阻测量的专用仪表。常用的接地电阻测量仪主要有 ZC-8 型和 ZC-29 型等几种。

ZC-8 型测量仪由手摇发电机、电流互感器、滑线电阻及检流计等组成，全部机构都装在铝合金铸造的便携式外壳内，由于外形与普通手摇兆欧表相似，所以一般又称为接地摇表。

（1）测量接地电阻前的准备工作及正确接线　接地电阻测量仪有三个接线端子和四个接线端子两种，它的附件包括两支接地探测针、三条导线（其中 5m 长的用于接地板，20m 长的用于电位探测针，40m 长的用于电流探测针）。

测量前做机械调零和短路试验。将接线端子全部短路，慢摇摇把，调整测量标度盘，使指针返回零位，这时指针盘零线、表盘零线大体重合，则说明仪表是好的，按图 1-42 接好测量线。

（2）摇测方法

❶ 选择合适的倍率。

❷ 以 120r/min 的速度均匀地摇动仪表的摇把，旋转刻度盘，使指针指向表盘零位。

❸ 读数，接地电阻值为刻度盘读数乘以倍率。

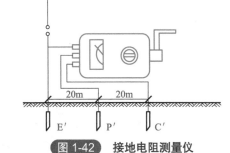

图 1-42　接地电阻测量仪

### 8. 用手摇兆欧表测量绝缘电阻注意事项

❶ 摇测过程中，被测设备上不能有人工作。

❷ 兆欧表未停止转动之前或被测设备未放电之前，严禁用手触碰。拆线时，也不要触及引线的金属部分。

❸ 兆欧表线不能绞在一起，要分开。

❹ 测量结束时，大电容设备要放电。

❺ 兆欧表接线柱引出的测量软线绝缘应良好，两根导线之间和导线与地之间应保持适当距离，以免影响测量精度。

❻ 为了防止被测设备表面泄漏电阻，使用兆欧表时，应将被测设备的中间层（如电缆壳芯之间的内层绝缘物）接于保护环。

❼ 禁止在雷电时或高压设备附近测量绝缘电阻，只能在设备不带电，也没有感应电的情况下测量。

## 四、数字兆欧表的使用

现代生活日新月异，人们一刻也离不开电。在用电过程中存在着用电安全问题，为了避免事故发生，就要求经常测量各种电气设备的绝缘电阻，判断其绝缘程度是否满足设备需要。数字兆欧表是测量绝缘电阻最常用的仪表。

### 1. 数字兆欧表的原理

数字兆欧表由中大规模集成电路组成，采用低损耗、高变比电感储能，使直流电压变换器将 9V 电压变换成 250V、500V、1000V 后，变换产生的直流高压由 E 极输出经被测试品到达 L 极，从而产生一个从 E 极到 L 极的电流（机型不同，电流方向不同），再经过运算直接将被测的绝缘电阻值由 LCD 显示屏显示出来。

### 2. 数字兆欧表各部分说明

以胜利绝缘电阻测试仪 VC60B+ 和优利德数字兆欧表为例，对数字兆欧表各部分进行说明，如图 1-43 所示。

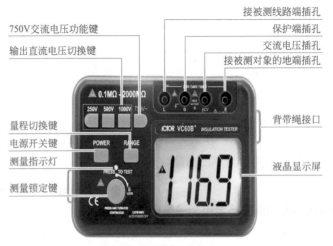

(a) 胜利绝缘电阻测试仪VC60B+

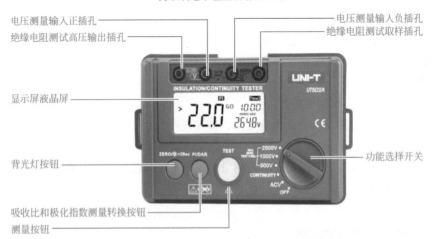

(b) 优利德数字兆欧表

图 1-43　数字兆欧表各部分说明

### 3.胜利绝缘电阻测试仪 VC60B+ 在电压测量和绝缘电阻测量中的接线

胜利绝缘电阻测试仪 VC60B+ 在电压测量和绝缘电阻测量中的接线如图 1-44 所示。

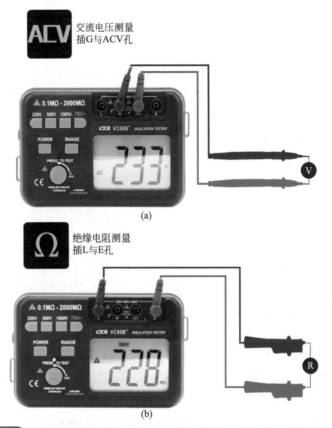

图 1-44 绝缘电阻测试仪 VC60B+ 在电压测量和绝缘电阻测量中的接线

### 4.绝缘电阻测试仪使用方法

❶ 将电源开关 POWER 键按下。

❷ 根据测量需要,选择测试电压 250V/500V/1000V/AC750V。

❸ 根据测量需要选择量程开关 RANGE。

❹ 将被测对象的电极接本仪表相应插孔。

❺ 测试电缆时,插孔 G 接保护环。

❻ 按下测试开关,测试即进行,向右侧旋转,可锁定按键开关,当显示值稳定后即可读数。

❼ 将输入线 E 接至被测对象地端,L 接至被测线路端,要求 L 引向尽量悬空。

❽ 如果仅最高位显示"1",表示超量程。

VC60B+绝缘电阻测试仪测量电路操作方法见图1-45~图1-48。

电机外壳绝缘电阻测试

图 1-45　电机外壳绝缘电阻测量

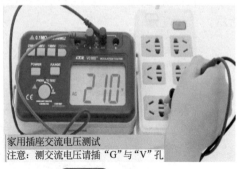

家用插座交流电压测试
注意：测交流电压请插"G"与"V"孔

图 1-46　交流电压测量

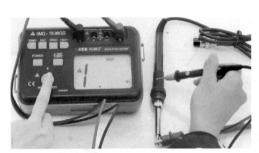

图 1-47　电烙铁绝缘电阻测量

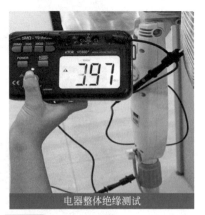

电器整体绝缘测试

图 1-48　电风扇电源线绝缘电阻测量

## 5. 优利德绝缘电阻测试仪在电压测量、绝缘电阻测量中的接线

（1）交流电压测量（图 1-49）　功能旋钮指向 ACV 处进行交流电压测量。

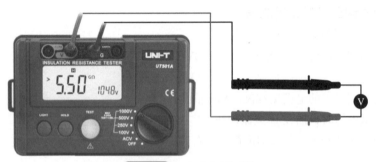

图 1-49　交流电压测量

❶ 将红测试线插入"V"输入端口，黑测试线插入"G"输入端口。

❷ 将功能旋钮打向 AVC 功能位即可进行交流电压测量。

（2）绝缘电阻测量（图 1-50）　按功能旋钮选择测试的电压（100V/250V/500V/1000V 中之一）。

❶ 在测量绝缘电阻前，待测电路必须完全放电，并且与电源电路完全隔离。

❷ 将红测试线插入"LINE"输入端口，黑测试线插入"EARTH"输入端口。

❸ 将红、黑鳄鱼夹接入被测电路，正极电压是从 LINE 端输出的。

### 6. 优利德绝缘电阻测试仪实际使用方法

（1）用万用表测量优利德绝缘电阻测试仪的输出电压如图 1-51 ～图 1-53 所示。

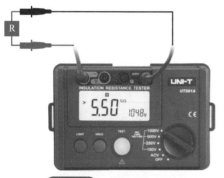

图 1-50　绝缘电阻测量

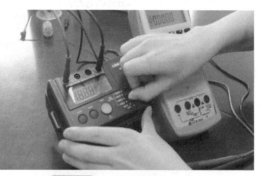

图 1-51　选择测试电压挡位

图 1-52　用拇指按动测试按钮

图 1-53　万用表显示该挡位输出电压

（2）用优利德绝缘电阻测试仪测量电机外壳到绕组间的绝缘阻值，如图 1-54 所示。

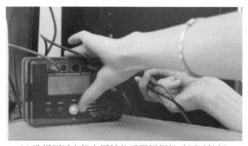

(a) 选择测试电机电压挡位后用拇指按动测试按钮

(b) 测量电机外壳到绕组间绝缘阻值输出

图 1-54　绝缘电阻测试仪测量电机外壳到绕组间的绝缘电阻

第一章　第二章　第三章　第四章　第五章　第六章　第七章　第八章　第九章　第十章　第十一章　第十二章

### 五、接地电阻测量仪的使用

#### 1. 认识接地电阻测量仪

HT2571 数字式接地电阻测试仪是专为现场测量接地电阻而精心设计制造的，采用最新数字及微处理技术，3 线或 2 线法测量接地电阻，具有独特的线阻校验功能、抗干扰能力和环境适应能力，确保长年测量的高精度、高稳定性和可靠性。其广泛应用于电力、电信、气象、油田、建筑、防雷及工业电气设备等的接地电阻测量。其外形如图 1-55 所示。

#### 2. 接地电阻测量仪的使用方法

（1）接地电阻测量（图 1-56）

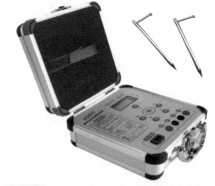

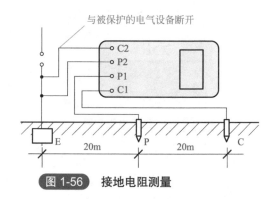

图 1-55 　HT2571 数字式接地电阻测试仪

图 1-56 　接地电阻测量

❶ 被测接地极 E（C2、P2）和电位探针 P1 及电流探针 C1，依直线彼此相距 20m，使电位探针 P 处于 E、C 中间位置，按要求将探针插入大地。

❷ 用专用导线将地阻仪端子 E（C2、P2）、P1、C1 与探针所在位置对应连接。开启地阻仪电源开关"ON"，选择合适挡位轻按一下，该挡指示灯亮，表头 LCD 显示的数值即为被测得的接地电阻。

（2）土壤电阻率测量（图 1-57）

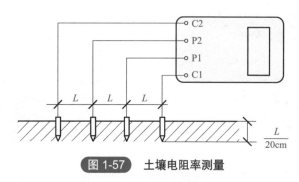

图 1-57 　土壤电阻率测量

❶测量时在被测的土壤中沿直线插入四根探针，并使各探针间距相等，各间距的距离为 $L$，要求探针入地深度为 $L=20cm$，用导线分别将 C1、P1、P2、C2 各端子与四根探针相连接。若地阻仪测出电阻值为 $R$，则土壤电阻率按下式计算：

$$\Phi=2\pi RL$$

式中　$\Phi$——土壤电阻率，$\Omega \cdot cm$；

　　　$L$——探针与探针之间的距离，cm；

　　　$R$——地阻仪的读数，$\Omega$。

用此法测得的土壤电阻率可近似认为是被埋入探针区域内的平均土壤电阻率。

❷测量电阻、土壤电阻率所用的探针一般用直径 25mm，长 0.5 ～ 1m 的铝合金管或圆钢。

（3）导体电阻测量（图 1-58）

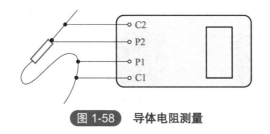

**图 1-58**　**导体电阻测量**

在测量导体电阻时，按照图中接线，显示值即为导体电阻值。

（4）地电压测量

测量接线如图 1-56 所示，拔掉 C1 插头，E、P1 间的插头保留，启动地电压（EV）挡，指示灯亮，读取表头数值即为 E、P1 间的交流地电压值。

测量完毕按一下电源"OFF"键，仪表关机。

**3. 接地电阻测量仪使用注意事项**

❶测量保护接地电阻时，一定要断开电气设备与电源连接点。在测量小于 $1\Omega$ 的接地电阻时，应分别用专用导线连在接地体上，C2 在外侧，P2 在内侧。

❷用 HT2571 数字式接地电阻测试仪测量接地电阻时，最好反复在不同的方向测量 3 ～ 4 次，取其平均值。

❸测量大型接地电网接地电阻时，不能按一般接线方式测量，可参照电流表、电压表测量法中的规定选定埋插点。

❹若测试回路不通或超量程时，表头显示"1"说明溢出，应检查测试回路是否连接好或是否超量程。

❺当该数字式接地电阻测试仪表头内的电池电压低于 7.2V 时，表头显示欠压符号，表示电池电压不足，此时应插上电源线由交流电源供电或打开仪器后盖板更换干电池。

⑥ 当使用可充电电池时，可直接插上电源线利用本机充电，充电时间一般不低于 8h。

⑦ 存放保管本数字式接地电阻测试仪时，应注意环境温度和湿度，放在干燥通风的地方，避免受潮，应远离酸碱及腐蚀气体，不得雨淋、暴晒、跌落。

## 六、压线钳、电工安全带、万用表等的正确使用

压线钳的使用

导线手压线钳的
接线使用方法

电工安全带
的使用

安全绳的使用

登高脚扣的使用

指针万用表
的使用

数字万用表
的使用

常用电工工具
的使用

钳形电流表
的使用

## 第四节 高压电工安全操作与注意事项

### 一、高压电工安全操作规程

❶ 电工人员接到停电通知后，拉下有关刀闸开关，收下熔断器，并在操作把手上加锁，同时挂警告牌，对尚未停电的设备周围加放保护遮栏。

❷ 高低压断电后，在工作前必须首先进行验电。

❸ 高压验电时，应使用相应电压等级的验电器。验电时。必须穿戴试验合格的高压绝缘手套，先在带电设备上试验，确实好用后，方能用其进行验电。

❹ 验电工作应在施工设备进出线两侧进行，规定室外配电设备的验电工作应在干

燥天气进行。

❺ 在验明确实无电后，将施工设备接地并将三相短路是防止突然来电、保护工作人员的基本可靠的安全措施。

❻ 应在施工设备各可能送电的方向皆安装接地线。对于双回路供电单位，在检修某一母线刀闸或隔离开关、负荷开关时，不但应该同时将两母线刀闸拉开，而且应该在施工刀闸两端都同时挂接地线。

❼ 装设接地线应先行接地，后挂接地线，拆接地线时其顺序与此相反。

❽ 接地线应挂在工作人员随时可见的地方，并在接地线处挂"有人工作"警告牌，工作监护人应经常巡查接地线是否保持完好。

❾ 把施工设备各方面的开关完全断开，必须拉开刀闸或隔离开关，使各方面至少有一个明显的断开点，禁止在只断开油开关的设备上工作，同时必须注意由低压侧经过变压器高压侧反送电的可能。所以必须把与施工设备有关的变压器从高压两侧同时断开。

❿ 工作中如遇中间停顿后再复工时，应重新检查所有安全措施，一切正常后，方可重新开始工作。全部离开现场时，室内应上锁，室外应派人看守。

⓫ 电气操作人员应思想集中，电气线路在未经测验电器确定无电前，应一律视为"有电"，不可用手触摸，不可绝对相信绝缘体，应认为是有电操作。

⓬ 工作前应详细检查自己所用工具是否安全可靠，穿戴好必需的防护用品，以防工作时发生意外。

⓭ 维修线路要采取必要的措施，在开关把手上或线路上悬挂"有人工作、禁止合闸"的警告牌，防止他人中途送电。

⓮ 使用测验电器时要注意测试电压范围，禁止超出范围使用，电工人员一般使用的测电笔只许在 500V 以下电压使用。

⓯ 工作中所有拆除的电线要处理好，带电线头包好，以防发生触电。

⓰ 所用导线及熔断器，其容量大小必须合乎规定标准，选择开关时必须大于所控制设备的总容量。

⓱ 工作完毕后，必须拆除临时地线，并检查是否有工具等物漏忘在电杆上。

⓲ 检查完工后，送电前必须认真检查，确定合乎要求并和有关人员联系好，方能送电。

⓳ 发生火灾时，应立即切断电源，用四氯化碳粉质灭火器或黄沙扑救，严禁用水扑救。

⓴ 工作结束后，必须使全部工作人员撤离工作地段，拆除警告牌，所有材料、工具、仪表等随之撤离，原有防护装置随之安装好。

㉑ 操作地段清理后，操作人员要亲自检查，如要送电试验一定要和有关人员联系好，以免发生意外。

㉒ 值班电工按规定进行培训，合格后取得相应的操作证，必须熟悉供电系统和配

电室各种设备的性能和操作方法，并具备在异常情况下采取安全措施的能力。

㉓ 高压设备符合下列条件者，可由单人值班：

a. 室内高压设备的隔离室设有遮栏，遮栏的高度在 1.7m 以上，安装牢固并加锁。

b. 室内高压开关的操作机构用墙或金属板与该开关隔离，或装有远方操作机构。

㉔ 允许单独巡视高压设备及担任监护人员的，必须是具备相应的操作技术和持证的专职电工，单人值班不得单独从事修理工作。

㉕ 值班电工要有高度的工作责任性，严格执行值班巡视制度、倒闸操作制度、工作票制度、交接班制度、安全用具消防设备管理制度和出入制度等各项制度规定。

㉖ 不论高压设备带电与否，值班人员不得单人移开或越过遮栏进行工作，若有必要移开遮栏时必须有监护人在场，并符合设备不停电时的安全规定。设备不停电时的安全距离为 1m 以上。

㉗ 值班工巡视监护人员都必须穿绝缘鞋。巡视配电装置，进出高压配电室，必须随手将门窗锁好。

㉘ 电气设备停电后，在未拉开刀闸和采取安全措施以前应视为有电，不得进入遮栏和触及设备，以防突然来电。

㉙ 施工和检修要停电时，值班人员应按照工作要求做好安全措施，包括停电、验电、装设临时接地线、装设遮栏和悬挂标志牌，会同作业负责人现场检查确认无电安全后方可操作。

㉚ 停电时，必须切断各回路可来电的电源，不能只拉开油开关进行工作，而必须拉开刀闸，使回路至少有明显的断开点。

## 二、倒闸操作的技术要求

倒闸操作主要是指拉开或合上断路器或隔离开关，拉开或合上直流操作回路，拆除和装设临时接地线及检查设备绝缘等。它直接改变电气设备的运行方式，是一项重要而又复杂的工作。如果发生错误操作，就会导致发生事故或危及人身安全。

倒闸操作就是将电气设备由一种状态转换到另一种状态，即接通或断开断路器、隔离开关、直流操作回路，推入或拉出小车断路器，投入或退出继电保护，给上或取下二次插件以及安装和拆除临时接地线等操作。

倒闸操作的安全要求有以下几点：

❶ 倒闸操作应由两人进行，一人操作，一人监护。特别重要和复杂的倒闸操作，应由变电所负责人监护。高压倒闸操作应戴绝缘手套，室外操作应穿绝缘靴、戴绝缘手套。

② 重要的或复杂的倒闸操作，值班人员操作时，应由值班负责人监护。

③ 倒闸操作前，应根据操作票的顺序在模拟板上进行核对性操作。操作时，应先核对设备名称、编号，并检查断路设备或隔离开关的原位置、合位置与操作票所写的是否相符。操作中，应认真监护、复诵，每操作完一步即应由监护人在操作项目前划"√"。

④ 操作中产生疑问时，必须向调度员或电气负责人报告，弄清楚后再进行操作。不准擅自更改操作票。

⑤ 操作电气设备的人员与带电导体应保持规定的安全距离，同时应穿防护工作服和绝缘靴，并根据操作任务采取相应的安全措施。

a. 如逢雨、雪、大雾天气在室外操作，无特殊装置的绝缘棒及绝缘夹钳禁止使用，雷电时禁止室外操作。

b. 装卸高压熔断器时，应戴防护镜和绝缘手套，必要时使用绝缘夹钳并站在绝缘垫或绝缘台上。

⑥ 在封闭式配电室内操作时，对开关设备每一项操作均应检查其位置指示装置是否正确，发现位置指示有错误或有疑问时，应立即停止操作，查明原因，排除故障后方可继续操作。

⑦ 停送电操作顺序要求如下：

a. 送电时应从电源侧逐向负荷侧，即先合电源侧的开关设备，后合负荷侧的开关设备。

b. 停电时应从负荷侧逐向电源侧，即先拉负荷侧的开关设备，后拉电源侧的开关设备。

c. 严禁带负荷拉、合隔离开关，停电操作应按先分断断路器，后分断隔离开关，先断负荷侧隔离开关，后断电源侧隔离开关的顺序进行；送电操作的顺序与此相反。

d. 变压器两侧断路器的操作顺序为：停电时，先停负荷侧断路器，后停电源侧断路器；送电时顺序相反。变压器并列操作中应先并合电源侧断路器，后并合负荷侧断路器；解列操作顺序相反。

⑧ 双路电源供电的非调度用户，严禁并路倒闸。

⑨ 倒闸操作中，应注意防止通过电压互感器、所用变压器、微机、UPS等电源的二次侧返送电源到高压侧。

## 三、电气设备运行状态的定义

电气设备运行状态有四种。为了安全管理，四种状态有明确的定义，四种状态开关位置如图 1-59 所示。

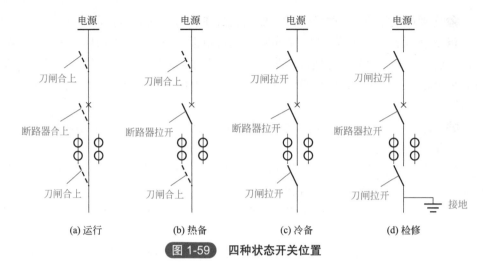

图 1-59　四种状态开关位置

（1）**运行状态**　是指某个电路中的一次设备（隔离开关和断路器）均处于合闸位置，电源至受电端的电路得以接通而呈运行状态。

（2）**热备状态**　是指某电路中的断路器已断开，而隔离开关（隔离电器）仍处于合闸位置。

（3）**冷备状态**　是指某电路中的断路器及隔离开关（隔离电器）均处于断开位置。

（4）**检修状态**　是指某电路中的断路器及隔离开关均已断开，同时按照保证安全的技术措施的规定悬挂了临时接地线（或合上了接地刀闸），并悬挂标示牌和装设好临时遮栏，处于停电检修的状态。

## 四、倒闸操作票的填写内容及执行操作方法

### 1. 倒闸操作票应填写的内容

❶ 分、合断路器；

❷ 分、合隔离开关；

❸ 断路器小车的拉出、推入；

❹ 检查开关和刀闸的位置；

❺ 检查带电显示装置指示；

❻ 投入或解除自投装置；

❼ 检验是否确无电压；

❽ 检查接地线是否装设或拆除；

❾ 装、拆临时接地线；

❿ 挂、摘标示牌；

⑪ 检查负荷分配；

⑫ 安装或拆卸控制回路或电压互感器回路的熔断器；

⑬ 切换保护回路；

⑭ 检查电压是否正常。

### 2. 供电系统中的倒闸操作

供电系统各式各样，但倒闸操作的原则是一样的。

❶ 停电操作时，按电源分应先停低压，后停高压；按开关分应先拉开断路器，然后拉开隔离开关。如断路器两侧各装一组隔离开关，当拉开断路器后，应先拉开负荷侧（线路侧）隔离开关，再拉开电源侧隔离开关。合闸送电时，操作顺序与此相反。

❷ 拉开三相单极隔离开关或配电变压器高压跌落式熔断器时，应先拉开中相，然后拉开处于下方的边相，最后再拉开另一边相。合三相单级隔离开关或配电变压器高压跌落式熔断器时，操作顺序与此相反。

❸ 在装设临时携带型接地线时，经检验确实无电压后应先接接地端，后接导体端。拆除时，应先拆导体端，后拆接地端。

❹ 配电变压器停送电操作顺序：停电时先停负荷侧，然后停电源侧；送电时先送电源侧，再送负荷侧。

❺ 低压停电时应先停补偿电容器组，再停低压负荷，以防止在电容器组没有退出的情况下负荷已经减下，出现过补偿现象。

### 3. 执行倒闸操作的方法

在执行倒闸操作时，值班人员接到倒闸操作的命令且经复述无误后，应按下列步骤，顺序进行：

❶ 操作准备，必要时应与调度联系，明确操作目的、任务和范围，商议操作方案，草拟操作票，准备安全用具等；

❷ 正值班员传达命令，正确记录并复述核对；

❸ 操作人填写操作票；

❹ 监护人审查操作票；

❺ 操作人、监护人签字；

❻ 操作前，应根据操作票内容和顺序在模拟图板上进行核对性模拟操作，监护人在操作票的操作项目右侧内打蓝色"√"；

❼ 按操作项目、顺序逐项核对设备的编号及设备位置；

❽ 监护人下达操作命令；

❾ 操作人复述操作命令；

❿ 监护人下达"准备执行"命令；

⑪ 操作人按操作票的操作顺序进行倒闸操作；

⑫ 共同检查操作电气设备的结果，如断路器、刀闸的开闭状态，信号及仪表变

化等；

⑬ 监护人在该操作项目左端格内打红色"√"；

⑭ 整个操作项目全部完成后，向调度回"已执行"令；

⑮ 按工作票指令时间开始操作，按实际完成时间填写操作终了时间；

⑯ 值班负责人、值班人签字并在操作票上盖"已执行"令印；

⑰ 操作票编号、存档；

⑱ 清理现场。

**4. 调度操作编号的作用**

为了便于倒闸操作，避免对设备理解错误，防止误操作事故的发生，凡属变、配电所的变压器、高压断路器、高压隔离开关、自动开关、母线等电气设备，均应进行统一调度操作编号。调度操作编号有母线编号、断路器编号、隔离开关编号、特殊设备编号几部分。

**（1）母线编号**

❶ 单母线不分段为3#母线，如图1-60所示。

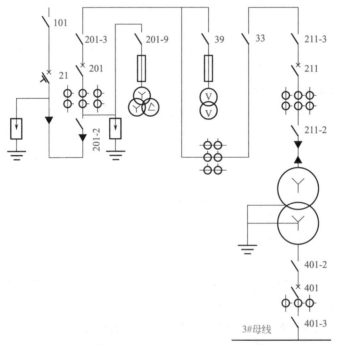

图 1-60　单母线不分段为 3# 母线

❷ 单母线分段或双母线为4#母线和5#母线，如图1-61所示。

母线的段是指供电线段，不分段母线是由一个电源供电，分段母线是由两个电源供电，4#母线为一号电源供电，5#母线为二号电源供电。

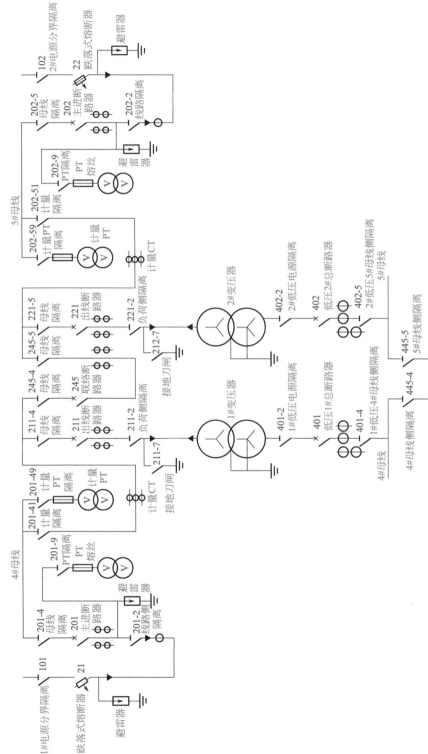

图 1-61 单母线分段或双母线为 4# 母线和 5# 母线

第一章
第二章
第三章
第四章
第五章
第六章
第七章
第八章
第九章
第十章
第十一章
第十二章

（2）**断路器编号**　用三个数字表示断路器的位置和功能。

❶ 10kV，字头为 2。进线或变压器开关为 01、2、03……（如 201 为 10kV 的 1 路进线开关或 1# 变压器总开关）。出线开关为 11、12、13……（如 211 为 10kV 的 4# 母线上的出线开关）；21、22、23……（如 222 为 10kV 5# 母线上的第 2 个出线开关）。

❷ 6kV，字头为 6。进线或变压器开关为 01、02、03……（如 601 为 6kV 的 1 路进线开关或 1# 变压器总开关）。出线开关为 11、12、13……（如 611 为 6kV 的 4# 母线上的第 1 台开关）；21、22、23……（如 621 为 6kV 的 5# 母线上的第 1 台开关）。

❸ 0.4kV，字头为 4。进线或变压器开关为 01、02、03……（如 401 为 0.4kV 的 1 路进线开关或 1# 变压器总开关）。出线开关为 11、12、13……（如 411 为 0.4kV 的 4# 母线上的开关）；21、22、23……（如 423 为 0.4kV 的 5# 母线上的第 3 个开关）。

❹ 联络开关，字头与各级电压的代号相同，后面两个数字为母线号，如：
- 10kV 的 4# 和 5# 母线之间的联络开关为 245；
- 6kV 的 4# 和 5# 母线之间的联络开关为 645；
- 0.4kV 的 4# 和 5# 母线之间的联络开关为 445。

（3）**隔离开关编号**

❶ 线路侧和变压器侧为 2，如 201-2、211-2、401-2……

❷ 母线侧随母线号，如 201-4、211-4、221-5、402-5……

❸ 电压互感器隔离开关为 9，前面加母线号或断路器号。如：201-49 为 4# 母线上的电压互感器隔离开关（旧标为 49）；201-9 为 201 开关线路侧电压互感器隔离开关。

❹ 避雷器隔离开关为 8，原则与电压互感器隔离开关相同。

❺ 电压互感器与避雷器合用一组隔离开关时，编号与电压互感器隔离开关相同。

❻ 所用变压器隔离开关为 0，前面加母线号或开关号。如 40 为 4# 母线上所用变压器的隔离开关。

❼ 线路接地隔离开关为 7，前面加断路器号，如 211-7 为出线开关 211 线路侧接地隔离开关。

（4）**特殊设备编号**

❶ 与供电局线路衔接处的第一断路隔离开关（位于供电局与用户产权分界电杆上方），在 10kV 系统中编号为 101、102、103……

❷ 跌落式熔断器在 10kV 系统中编号为 21、22、23……

❸ 10kV 系统中的计量柜上装有隔离开关一台或两台，编号要参考以下原则。

接通与断开本段母线用的隔离开关在 4# 母线上的为 201-41（旧标为 44）；在 5# 母线上的为 202-51（旧标为 55）；3# 母线上的为 201-31（旧标为 33）。

计量柜中电压互感器隔离开关直接连接母线上的为 201-39、201-49、202-59。

（5）**高压负荷开关的编号**　高压负荷开关在系统中用于变压器的通断控制，其编号与断路器相同。

（6）移开式高压开关柜、抽出式低压配电柜的调度操作编号命名规定

❶ 10kV 移开式高压开关柜中断路器两侧的高压一次隔离触点相当于固定高压开关柜母线侧、线路侧的高压隔离开关，但不再编号。而进线的隔离触点仍应编号，开关编号同前。

❷ 抽出式低压配电柜的馈出路采用一次隔离触点，而无刀开关，应以纵向排列顺序编号，面向柜体从电源侧向负荷侧顺序编号，如 4# 母线的 1# 柜，从上到下依次为 411-1、411-2、411-3……，其余类似。

（7）供电局开闭站开关操作编号　现在越来越多的 10kV 用户变电站都采用电缆进户方式，电源前方为供电局开闭站。作为运行值班人员，应对开闭站的操作编号规律有所了解。

电源进线开关：1-1、2-1、3-1。

出线开关：第一路电源出线 1-2、1-3、1-4、1-5；第二路电源出线 2-2、2-3、2-4、2-5。

## 5. 填写操作票的用语

操作票的用语不可以随意使用，应使用标准术语，操作任务采用调度操作编号下令，操作票每一个项目栏只准填写一个操作内容。

（1）固定式高压开关柜倒闸操作标准术语

❶ 高压隔离开关的拉合

合上：［例］合上 201-2（操作时应检查操作质量，但不填票）；

拉开：［例］拉开 201-2（操作时应检查操作质量，但不填票）。

❷ 高压断路器拉合

合上：分为两个序号项目栏填写，［例］a. 合上 201；b. 检查 201 应合上；

拉开：发为两个序号项目栏填写，［例］a. 拉开 201；b. 检查 201 应拉开。

❸ 全站由支地转检修的验电、挂地线的具体位置以隔离开关位置为准（图 1-62），称"线路侧""断路器侧""母线侧""主变侧"。

［例］在 201-2 线路侧验电确无电压；

在 201-2 线路侧挂 1# 接地线。

❹ 全站由检修转运行时拆地线。

［例］拆 201-2 线路侧 1# 接地线；

检查待恢复供电范围内接地线，短路线已拆除。

❺ 出线开关由运行转检修验电、挂地线。

［例］在 211-4 开关侧验电应无电；

在 211-4 开关侧挂 1# 接地线；

在 211-2 开关侧验电应无电；

在 211-2 开关侧挂 2# 接地线；

第一章
第二章
第三章
第四章
第五章
第六章
第七章
第八章
第九章
第十章
第十一章
第十二章

取下 211 操作熔断器；

取下 211 合闸熔断器（CDIO）。

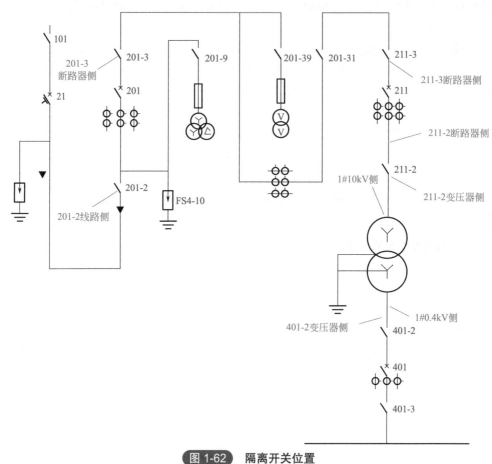

图 1-62　隔离开关位置

❻ 出线开关由检修转运行时拆地线。

［例］拆 211-4 开关侧 1# 接地线；

拆 211-2 开关侧 2# 接地线；

检查待恢复供电范围内接地线，短路线已拆除；

给上 211 操作熔断器；

给上 211 合闸熔断器（CDIO）。

❼ 配电变压器由运行转检修验电、挂地线。

［例］在 1T10kV 侧验电应无电；

在 1T10kV 侧挂 1# 接地线；

在 1T0.4kV 侧验电应无电；

在 1T0.4kV 侧挂 2# 接地线。

⑧ 配电变压器由检修转运行拆地线。

[例] 拆 1T10kV 侧 1# 接地线；

拆 1T0.4kV 侧 2# 接地线；

检查待恢复供电范围内接地线，短路线已拆除。

（2）手车式高压开关柜倒闸操作标准术语

❶ 手车式开关柜的三个工况位置

工作位置：指小车上、下侧的插头已经插入插嘴（相当于高压隔离开关合好），开关拉开，称为热备用，开关合上，称为运行。

试验位置：指小车上、下插头离开插嘴，但小车未全部拉至柜外，二次回路仍保持接通状态，称为冷备用。

检修位置：指小车已全部拉至柜外，一次回路和二次回路全部切断。

❷ 手车式断路器操作术语——"推入""拉至"

[例] 将 211 小车推入试验位置；

将 211 小车推入工作位置；

将 211 小车拉至试验位置；

将 211 小车拉至检修位置。

❸ 手车式断路器二次插件种类及操作术语

二次插件种类：当采用 CD 型直流操作机构时，有控制插件、合闸插件、TA 插件；当采用 CT 型交流操作机构时，有控制插件、TA 插件。

操作术语："给上""取下"。

## 五、高压开关柜倒闸操作票

### 1. 固定式开关柜

固定式开关柜的型号是 GG-1A（F），这种固定式高压开关柜柜体宽敞，内部空间大，间隙合理、安全，具有安装、维修方便和运行可靠等特点，主回路方案完整，可以满足各种供配电系统的需要。固定式高压开关柜其特点是有上下隔离开关，断路器固定在柜子中间，体积大，有观察设备状态的窗口，隔离开关与断路器之间装有联锁机构；合闸时先合上隔离开关，再合下隔离开关，最后合断路器。拉闸时先拉断路器，再拉下隔离开关，最后拉上隔离开关。

GG-1A（F）型固定式高压开关柜是 GG-1A 型高压开关柜的改型产品，具有"五防"功能。高压开关柜适用于三相 50Hz、额定电压 3.6～12kV 的单母线系统，作为接收和分配电能之用，高压开关柜内主开关为真空断路器和少油断路器。GG-1A 开关柜外形如图 1-63 所示，KYN28 五防联锁开关柜外形如图 1-64 所示。

图 1-63　GG-1A 开关柜外形

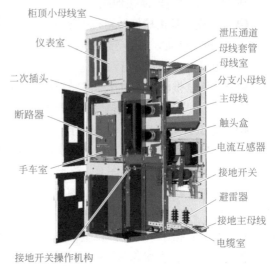

柜顶小母线室
仪表室
二次插头
断路器
手车室
接地开关操作机构

泄压通道
母线套管
母线室
分支小母线
主母线
触头盒
电流互感器
接地开关
避雷器
接地主母线
电缆室

图 1-64　KYN28 五防联锁开关柜外形

## 2.10kV 固定式开关柜倒闸操作票

以图 1-65 为例的 10kV 双电源单母线分段固定式开关柜一次系统常用操作票为例介绍如下。

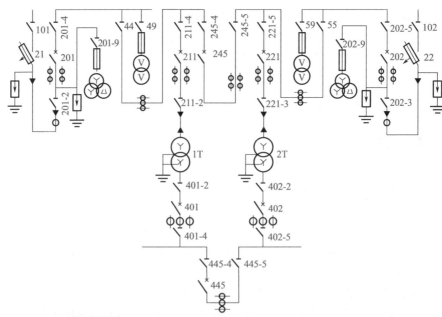

图 1-65　10kV 双电源单母线分段固定式开关柜一次系统图

操作任务：全站送电操作（冷备用）。

运行方式：1# 电源带 1T 运行，2# 电源带 2T 运行。

如图 1-66 所示为操作票（表 1-11）操作后的运行状态，操作前的状态可参见图 1-61。

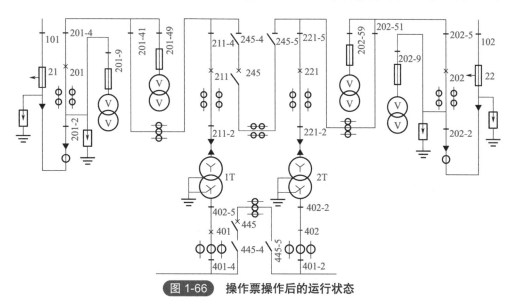

图 1-66 操作票操作后的运行状态

表1-11 操作票

| √ | 操作顺序 | 操作项目 | √ | 操作顺序 | 操作项目 |
|---|---|---|---|---|---|
| | 1 | 查 201、211、245、221、202 确在断开位置 | | 22 | 合上 202-2 |
| | 2 | 合上 21 | | 23 | 合上 202-9 |
| | 3 | 合上 201-2 | | 24 | 查 2# 电源 10kV 电压正常 |
| | 4 | 合上 201-9 | | 25 | 合上 202-5 |
| | 5 | 查 1# 电源 10kV 电压正常 | | 26 | 合上 202 开关 |
| | 6 | 合上 201-4 | | 27 | 查 202 确已合上 |
| | 7 | 合上 201 开关 | | 28 | 合上 221-5 |
| | 8 | 查 201 确已合上 | | 29 | 合上 221-2 |
| | 9 | 合上 211-4 | | 30 | 查 402 确在断开位置 |
| | 10 | 合上 211-2 | | 31 | 合上 221 开关 |
| | 11 | 查 401、445 确在断开位置 | | 32 | 查 221 确已合上 |
| | 12 | 合上 211 开关 | | 33 | 听 2T 变压器声音，充电 3min |
| | 13 | 查 211 确已合上 | | 34 | 合上 402-2 |
| | 14 | 听 1T 变压器声音，充电 3min | | 35 | 查 2T 0.4kV 电压正常 |
| | 15 | 合上 401-2 | | 36 | 合上 402-5 |
| | 16 | 查 1T0.4kV 电压正常 | | 37 | 合上 402 开关 |
| | 17 | 合上 401-4 | | 38 | 查 402 确已合上 |
| | 18 | 合上 401 开关 | | 39 | 合上低压 5# 母线侧负荷 |
| | 19 | 查 401 确已合上 | | 40 | 全面检查操作质量，操作完毕 |
| | 20 | 合上低压 4# 母线侧负荷 | | 41 | |
| | 21 | 合上 22 | | 42 | |
| 操作人 | | | 监护人 | | |

**要点：**

❶ 全站停电（冷备用）时户外跌落式熔断器是拉开的；

❷ 注意运行方式为分列运行，1# 电源带 1T 即 201、211、401 合上，2# 电源带 2T 即 202、221、402 合上，245、445 应拉开；

❸ 送电时注意检查电源电压是否正常。

## 六、高压变电室倒闸操作票

### 1. 预装式变电站

预装式变电站俗称箱式变电站，是由高压配电装置、变压器及低压配电装置连接而成，分成三个功能隔室，即高压室、变压器室和低压室，高、低压室功能齐全。高压侧一次供电系统，可布置成多种供电方式。高压多采用环网柜控制方式（图 1-67），

配有主进柜、计量柜（图 1-68），装有高压计量元件，满足高压计量的要求。出线柜（图 1-69）的变压器室可选择 S7、S9 以及其他低损耗油浸式变压器和干式变压器；变压器室设有自启动强迫风冷系统及照明系统，低压室根据用户要求可采用面板或柜式结构组成用户所需供电方案，有动力配电、照明配电、无功功率补偿、电能计量和电量测量等多种功能。

图 1-67　10kV 预装式变电站

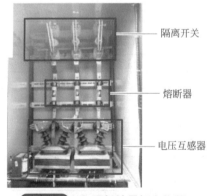

图 1-68　环网柜计量柜实物图

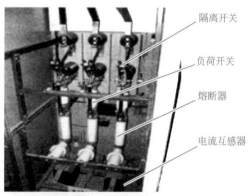

图 1-69　环网柜出线柜实物图

高压室结构紧凑合理，并具有全面防误操作联锁功能，各室均有自动照明装置。预装式变电站采用自然通风和强迫通风两种方式，使通风冷却良好，变压器室和

低压室均有通风道，排风扇有温控装置，按整定温度能自动启动和关闭，保证变压器满负荷运行。

预装式变电站的高压配电装置采用环网柜作为高压控制元件，柜内装有真空负荷开关或六氟化硫负荷开关，出线柜配有熔断器作为变压器的保护元件，为了便于监视运行，开关柜装有三相带电显示装置，出线柜内的负荷开关为双投刀闸，当变压器检修时将刀闸扳向接地状态。负荷开关作为一个操作机构，有三个位置，即接地—拉开—合闸，能有效地防止误操作的发生。

### 2. 环网柜的操作与其他开关柜操作的差别

环网柜的操作与其他开关柜不同，是由手动操作分合闸控制，而且是用一个可以插按的操作手柄完成合闸、分闸、接地的操作。

操作挡板只有当断路器分闸时才可以打开，送电操作时把操作手柄插入隔离开关操作孔内，向上扳动使隔离开关合上，合上后拔出操作手柄再插入下面的负荷开关操作孔，向下用力扳动即可合上负荷开关，分合指示窗口内的字牌翻向合，负荷开关合上后操作挡板立即弹回，挡住隔离开关操作孔以防止误操作。

分闸时，按动分闸钮，负荷开关分闸，分闸钮上有锁孔，插入锁销可禁止分闸操作，负荷开关分闸后操作挡板才自动打开，插入操作手柄向下扳动隔离开关分闸，需要接地操作时，将操作手柄拔出再插入上一个操作孔，再向下用力扳动即可将隔离开关负荷侧接地。

### 3. 预装式变电站系统图的特点

预装式变电站（箱式变电站）系统图如图 1-70 所示。主进柜 201 电压侧装有三相带电显示器监视线路电源，主进柜只有负荷开关，不装熔断器。计量柜为直通式，计量柜上的电压互感器为电能表和监视用电压表提供电压。出线柜 211 负荷侧装有熔断器、接地刀闸、三相互锁操作机构。

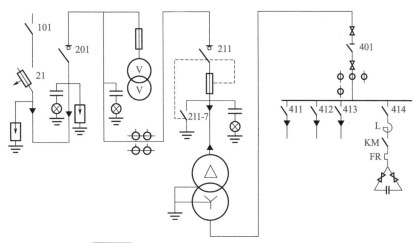

图 1-70　预装式变电站（箱式变电站）系统图

第一章
第二章
第三章
第四章
第五章
第六章
第七章
第八章
第九章
第十章
第十一章
第十二章

预装式变电站系统操作票如表 1-12 和表 1-13 所示。

表1-12 预装式变电站系统操作票（一）

| 发令人 | | 下令时间 | 年 月 日 时 分 |
| --- | --- | --- | --- |
| | | 操作开始 | 年 月 日 时 分 |
| 受令人 | | 操作终了 | 年 月 日 时 分 |

操作任务：全站送电操作
运行方式为：201 受电带 3# 母线，211、401 合上

| √ | 操作顺序 | 操作项目 | √ | 操作顺序 | 操作项目 |
| --- | --- | --- | --- | --- | --- |
| | 1 | 查201、211、401 应在断开位置 | | 14 | 合上低压各出线开关 |
| | 2 | 合上 21 | | 15 | 合上低压电容器组开关 |
| | 3 | 查 201 柜三相带电指示器灯亮 | | 16 | 全面检查工作质量，操作完毕 |
| | 4 | 合上 201 | | 17 | |
| | 5 | 查 201 确已合上 | | 18 | |
| | 6 | 查计量柜三相带电指示器灯亮 | | 19 | |
| | 7 | 合上 211 | | 20 | |
| | 8 | 查 211 确已合上 | | 21 | |
| | 9 | 查 211 柜三相带电指示器灯亮 | | 22 | |
| | 10 | 听变压器声音，充电 3min | | 23 | |
| | 11 | 查变压器低压侧应电压正常 | | 24 | |
| | 12 | 合上 401 | | 25 | |
| | 13 | 查 401 确已合上 | | 26 | |

表1-13 预装式变电站系统操作票（二）

| 发令人 | | 下令时间 | 年 月 日 时 分 |
| --- | --- | --- | --- |
| | | 操作开始 | 年 月 日 时 分 |
| 受令人 | | 操作终了 | 年 月 日 时 分 |

操作任务：全站停电操作
运行方式为：201 受电带 3# 母线，211、401 合上

续表

| √ | 操作顺序 | 操作项目 | √ | 操作顺序 | 操作项目 |
|---|---|---|---|---|---|
| | 1 | 拉开低压各出线开关 | | 14 | |
| | 2 | 拉开低压电容器组开关 | | 15 | |
| | 3 | 拉开 401 | | 16 | |
| | 4 | 查 401 确已拉开 | | 17 | |
| | 5 | 拉开 211 | | 18 | |
| | 6 | 查 211 确已拉开 | | 19 | |
| | 7 | 查 211 柜三相带电指示器灯应灭 | | 20 | |
| | 8 | 拉开 201 | | 21 | |
| | 9 | 查 201 确已拉开 | | 22 | |
| | 10 | 查计量柜三相带电指示器灯应灭 | | 23 | |
| | 11 | 拉开 21 | | 24 | |
| | 12 | 查 201 柜三相带电指示器灯应灭 | | 25 | |
| | 13 | 全面检查工作质量，操作完毕 | | 26 | |
| 操作人 | | | 监护人 | | |

# 第二章 常用高压电器

Chapter

## 第一节 高压隔离开关

### 一、高压隔离开关结构

进行介绍常用的高压隔离开关有 GNl9-10、GNl9-10C，相对应类似的老产品有 GN6-10、GN8-10。以 GN6-10T 为例进行介绍，如图 2-1 所示，主要有下述部分。

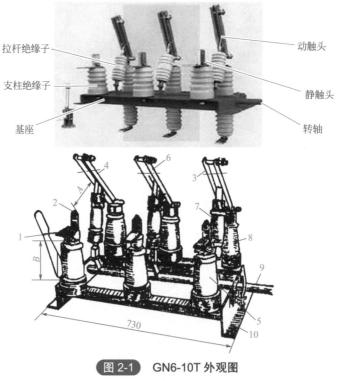

图 2-1 GN6-10T 外观图

1—连接板；2—静触头；3—接触条；4—夹紧弹簧；5—套管瓷瓶；
6—镀锌钢片；7—传动绝缘子；8—支持瓷瓶；9—传动主轴；10—底架

（1）导电部分　由一条弯成直角的铜板构成静触头（零件2），其有孔的一端可通过螺钉和母线相连接，叫连接板（零件1），另一端较短，合闸时它与动力片（动触头）相接触。

两条铜板组成接触条（零件3），又称为动触头，可绕轴转动一定的角度，合闸时它吸合静触头。两条铜板之间有夹紧弹簧（零件4）用以调节动、静触头间的接触压力，同时两条铜板在流过相同方向的电流时，它们之间产生相互吸引的电磁力，这就增大了接触压力，提高了运行可靠性。在接触条两端安装的镀锌钢片（零件6）叫磁锁，它保证在流过短路故障电流时，磁锁磁化后产生相互吸引的力量，增大触头的接触压力，来提高隔离开关的动、热稳定性。

（2）绝缘部分　动、静触头分别固定在支持瓷瓶（零件8）或套管瓷瓶（零件5）上。为了能够使动触头与金属的、接地的传动部分绝缘，采用了瓷质绝缘的拉杆绝缘子（零件7）。

（3）传动部分　有主轴、拐臂、拉杆绝缘子等。

（4）底座部分　由钢架组成。支持瓷瓶或套管瓷瓶以及传动主轴都固定在底座上。底座应接地。

总之，隔离开关结构简单，无灭弧装置，处于断开位置时有明显的断开点，其分、合状态很直观。

## ■ 二、高压隔离开关的型号及技术数据

隔离开关的型号，如 GN6-10T/400，由六个部分组成。从左至右：第一位，代表该设备的名称，G 代表隔离开关。第二位，代表该设备的使用环境，W 代表户外，N 代表户内。第三位，是设计序号，有 6、8、19 等。横线后的为第四位，代表工作电压等级，以 kV 为单位，工作电压等级用数字表示。第五位，表示其他特征，G——改进型，T——统一设计，D——带接地刀闸，K——快分式，C——瓷套管出线。第六位，是额定电流，以 A 为单位。

例如，GN19-10C/400 表示：隔离开关，户内型，设计序号为 19，工作电压10kV，瓷套管出线，额定电流 400A。GW9-10/600 代表：隔离开关，户外型，设计序号为 9，工作电压为 10kV，额定电流为 600A。这种开关一般装设在供电部门与用电单位的分界杆上，称为第一断路隔离开关。

隔离开关的技术数据，见表 2-1。

表2-1　常用高压隔离开关主要技术数据

| 型号 | 额定电压/kV | 额定电流/kA | 极限通过电流/kA | | 5s 热稳定电流/kA |
| --- | --- | --- | --- | --- | --- |
| | | | 峰值 | 有效值 | |
| GN6-10T/400<br>GN8-10T/400 | 10 | 400 | 52 | 30 | 14 |

续表

| 型号 | 额定电压 /kV | 额定电流 /kA | 极限通过电流 /kA | | 5s 热稳定电流 /kA |
|---|---|---|---|---|---|
| | | | 峰值 | 有效值 | |
| GN19–10/400<br>GN19–10C/400 | 10 | 400 | 52 | 30 | 20 |
| GW1–10/400 | 10 | 400 | 25 | 15 | 14 |
| GW9–10/400 | 10 | 400 | 25 | 15 | 14 |

## 三、高压隔离开关的技术性能

隔离开关没有灭弧装置，不可以带负荷进行操作。

对于 10kV 的隔离开关，在正常情况下，它允许的操作范围是：

❶ 分、合母线的充电电流。

❷ 分、合电压互感器和避雷器。

❸ 分、合一定容量的变压器或一定长度的架空、电缆线路的空载电流（详见有关的运行规程）。

## 四、高压隔离开关的用途

户外型的隔离开关包括单极隔离开关以及三极隔离开关，常用作把供电线路与用户分开的第一断路隔离开关；户内型的隔离开关往往与高压断路器串联连接，配套使用，用以保证停电的可靠性。

此外，在高压成套配电设备装置中，隔离开关往往用作电压互感器、避雷器、配电所用变压器及计量柜的高压控制电器。

## 五、高压隔离开关的安装

户外型的隔离开关，露天安装时应水平安装，使带有瓷裙的支持瓷瓶确实能起到防雨作用；户内型的隔离开关，在垂直安装时，静触头在上方，带有套管的可以倾斜一定角度安装。一般情况下，静触头接电源，动触头按负荷；但安装在受电柜里的隔离开关，采用电缆进线时，电源在动触头侧，这种接法俗称"倒进火"。

隔离开关两侧与母线及电缆的连接应牢固，如有铜、铝导体，接触时，应采用铜铝过渡接头，以防电化学腐蚀。

隔离开关的动、静触头应对准，否则合闸时就会出现旁击现象，使合闸后动、静触头接触面压力不均匀，导致接触不良。

隔离开关的操作机构、传动机械应调整好，使分、合闸操作能正常进行，没有抗劲现象。还要满足三相同期的要求，即分、合闸时三相动触头同时动作，不同期的偏差应小于 3mm。此外，处于合闸位置时，动触头要有足够的切入深度，以保证接触面积符合要求；但又不能合过头，要求动触头距静触头底座有 3 ~ 5mm 的空隙，否则合闸过猛时将敲碎静触头的支持瓷瓶。处于拉开位置时，动、静触头间要有足够的拉开距离，以便有效地隔离带电部分，这个距离应不小于 160mm，或者动触头与静触头之间拉开的角度不应小于 65°。

## 六、高压隔离开关的操作与运行

隔离开关都配有手力操动机构，一般采用 CS6-1 型。操作时要先拔出定位销，分、合闸动作要果断、迅速，终了时注意不可用力过猛，操作完毕一定要用定位销锁住，并目测其动触头位置是否符合要求。

用绝缘杆操作单极隔离开关时，合闸应先合两边相，后合中相；分闸时，顺序与此相反。

必须强调，不管合闸还是分闸的操作，都应在不带负荷或负荷在隔离开关允许的操作范围之内时才能进行。为此，操作隔离开关之前，必须先检查与之串联的断路器，应确定处于断开位置。如隔离开关带的负荷是规定容量范围内的变压器，则必须先停掉变压器的全部低压负荷，令其空载之后再拉开该隔离开关，送电时，先检查变压器低压侧主开关确在断开位置，才能合隔离开关。

如果发生了带负荷分或合隔离开关的误操作，则应冷静地避免可能发生的另一种反方向的误操作。即已发现带负荷误合闸后，不得再立即拉开；当发现带负荷分闸时，若已拉开，不得再合（若刚拉开一点，发觉有火花产生时，可立即合上）。

对运行中的隔离开关应进行巡视。在有人值班的配电所中应每班一次，在无人值班的配电所中，每周至少一次。日常巡视的内容主要是，观察有关的电流表，其运行电流应在正常范围内。其次，根据隔离开关的结构，检查，其导电部分接触应良好，无过热变色，绝缘部分应完好，无闪络放电痕迹，传动部分应无异常（无扭曲变形、销轴脱落等）。

## 七、高压隔离开关的检修

隔离开关连接板的连接点过热变色，说明接触不良，接触电阻大，检修时应打开连接点，将接触面锉平再用砂纸打光（但开关连接板上镀的锌不要去除），然后将螺钉拧紧，并要用弹簧垫片防松。

动触头存在旁击现象时，可旋动固定触头的螺钉，或稍微移动支持绝缘子的位置，以消除旁击；三相不同期，则可调整拉杆绝缘子两端的螺钉，通过改变其有效长度来克服。

触头间的接触压力可通过调整夹紧弹簧来实现，而夹紧的程度可用塞尺来检查。

第一章
第二章
第三章
第四章
第五章
第六章
第七章
第八章
第九章
第十章
第十一章
第十二章

触头间一般可涂中性凡士林以减少摩擦阻力，延长使用寿命，还可防止触头氧化。

隔离开关处于断开位置时，触头间拉开的角度或其拉开距离不符合规定时，应通过拉杆绝缘子来调整。

## 第二节 高压负荷开关

### 一、负荷开关的结构及工作原理

负荷开关主要有 FN2-10 及 FN3-10 两种。图 2-2 所示是 FN2-10 型高压负荷开关外形图。

现就 FN2-10 的结构及工作原理简介如下。

（1）导电部分　出线连接板、静主触头及动主触头接通时，流过大部分电流，而与之并联的静弧触头与动弧触头则流过小部分电流；动弧触头及静弧触头的主要任务是在分、合闸时保护主触头，使它们不被电弧烧坏。因此，合闸时弧触头先接触，然后主触头才闭合，分闸时主触头先断开，这时弧触头尚未断开，电路尚未切断，不会有电弧。待主触头完全断开后，弧触头才断开，这时才燃起电弧。然而动、静弧触头已迅速拉开，且又有灭弧装置的配合，电弧很快熄灭，电路被彻底切断。

**图 2-2** FN2-10 型高压负荷开关外形图

（2）灭弧装置　气缸、活塞、喷口等。

（3）绝缘部分　支持瓷瓶，借以支持动触头；气缸绝缘子，借以支持静触头并作为灭弧装置的一部分。

（4）传动部分　主轴、拐臂、分闸弹簧、传动机构、绝缘拉杆、分闸缓冲器等。

（5）底座　钢制框架。

总之，负荷开关的结构虽比隔离开关要复杂，但仍比较简单，且断开时有明显的断开点。由于它具有简易的灭弧装置，因而有一定的断流能力。

现在再简要地分析一下其分闸过程。分闸时，通过操动机构，使主轴转 90°，在分闸弹簧迅速收缩复原的爆发力作用下，主轴的这一转动完成得非常快，主轴转动带动传动机构，使绝缘拉杆向上运动，推动动主触头与静主触头分出，此后，绝缘拉杆继续向上运动，又使动弧触头迅速与静弧触头分离，这是主轴做分闸转动引起的一部分联动动作。同时，还有另一部分联动动作：主轴转动，通过连杆使活塞向上运动，从而使气缸内的空气被压缩，缸内压力增大，当动弧触头脱开静弧触头引燃电弧时，气缸内强有力的压缩空气从喷嘴急速喷出，使电弧很快熄灭，弧触头之间分离速度快，压缩空气吹弧力量强，使燃弧持续时间不超过 0.03s。

## 二、负荷开关的型号及技术数据

负荷开关的型号，如 FN2-10RS/400，由七个部分组成。从左至右：第一位，是该设备的名称，F 代表负荷开关。第二位，表示该设备的使用环境，W 代表户外，N 代表户内。第三位，是设计序号，有 1、2、3 型，其中 1 型是老产品，目前常用的是 2 型及 3 型，3 型的外观图如图 2-3 所示。横线后的第四位代表该设备的额定工作电压，以 kV 为单位。第五位表示是否带高压熔断器，用 R 表示带有熔断器，不带熔断器的就不注。第六位是进一步表明带熔断器的负荷开关，其熔断器是装在负荷开关的上面还是下面，S 表示装在上面，如装在下面就不注。第七位，表示其规格，即额定电流，以 A 为单位。

[例] FN2-10R/400 的含义是：负荷开关，户内型，设计序号为 2，额定电压为 10kV，带熔断器（装在负荷开关下方），额定电流为 400A。

负荷开关的技术数据列于表 2-2 中。

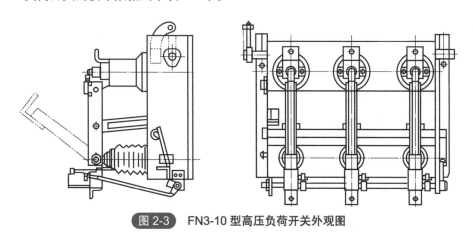

图 2-3　FN3-10 型高压负荷开关外观图

表2-2　高压负荷开关技术数据

| 型号 | 额定电压 /kV | 额定电流 /A | 10kV 最大开断电流 /A | 极限通过电流峰值 /kA | 10s 热稳定电流，有效值 /kA |
|---|---|---|---|---|---|
| FN2-10/400<br>FN2-10R/400 | 10 | 400 | 1200 | 25 | 4 |

### 三、负荷开关的用途

负荷开关可分、合额定电流及小于额定值的负荷电流，可以分断不大的过负荷电流。因此可用来操作一般负荷电流、变压器空载电流、长距离架空线路的空载电流、电缆线路及电容器组的电容电流。配有熔断器的负荷开关，可分开短路电流，对中、小型用户来说可作为断流能力有限的断路器使用。

此外，负荷开关在断开位置时，像隔离开关一样无显著的断开点，因此也能起到隔离开关的隔离作用。

### 四、负荷开关的维护

根据分断电流的大小及分合次数来确定负荷开关的检修周期。工作条件差、操作任务重的负荷开关静弧触头及喷嘴容易烧坏，烧损较重的应予更换，而烧损轻微者可以修整再用。

## 第三节 高压熔断器

### 一、户内型高压熔断器

高压熔断器是一种保护电器，当系统或电气设备发生过负荷或短路时，故障电流使熔断器内的熔体发热熔断，切断电路，起到保护作用。本小节只介绍户内型高压熔断器。

#### 1. 结构及工作原理

户内型高压熔断器又称作限流式熔断器，它的结构主要是由四部分组成，如图 2-4 所示。

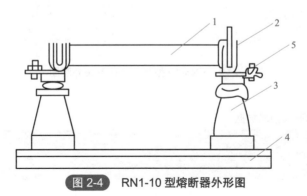

**图 2-4　RN1-10 型熔断器外形图**

1—熔管；2—触头座；3—支持绝缘子；4—底板；5—接线座

（1）熔管　其构造如图 2-5 所示。

7.5A 以下的熔体往往绕在截面为六角形的陶瓷骨架上，7.5A 以上的熔体则可以不用骨架。采用紫铜作为熔体材料，熔体为变截面的，在截面变化处焊上锡球或搪一层锡。

保护电压互感器专用的熔体，其引线采用镍铬线，以便造成 100Ω 左右的限流电阻。

熔管的外壳为瓷管，管内充填石英砂，以获得灭弧性能。

（2）触头座　熔管插接在触头座内，方便更换熔管。触头座上有接线板，以便于与电路相连接。

（3）绝缘子　是基本绝缘，用它支持触头座。

（4）底板　钢制框架。

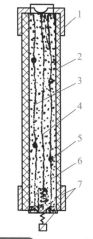

图 2-5　RN1 型熔断器熔管剖面图

1—管帽；2—瓷管；3—工作熔件；4—指示熔件；5—锡球；6—石英砂填料；7—熔断指示器

它的工作原理是，当过电流使熔体发热以至熔断时，整根熔体熔化，金属微粒喷向四周，钻入石英砂的间隙中，由于石英砂对电弧的冷却作用和去游离作用，使电弧很快熄灭。由于其灭弧能力强，能在短路电流达到最大值之前，就熄灭电弧，因此可限制短路电流的数值，特别是专门用于保护电压互感器的熔断器内的限流电阻，其限流效果非常明显。熔体熔断后，指示器即弹出，显示熔体"已熔断"。

变截面的熔体、石英砂充填、限流电阻、很强的灭弧能力，这都是普通熔管所不具备的，因而不得用普通熔管来代替 RN 型熔管。

### 2. 户内型高压熔断器的型号及技术数据

高压熔断器的型号，如 RN1-10 20/10 由六部分组成，从左起：第一位，设备名称，R 代表熔断器；第二位，使用环境，N 代表户内型；第三位，设计序号，以数字表示，"1"是老产品；"3"是改进的新产品；第四位（横线之后），额定工作电压，用数字表示，单位是 kV；第五位（空格后，斜线前），熔断器的额定电流，以数字表示，单位是 A；第六位（斜线后），熔体的额定电流，用数字表示，以 A 为单位。

如，RN1-10 20/10 代表：熔断器，户内型，设计序号为 1，额定工作电压为10kV，熔断器额定电流为 20A，熔体额定电流为 10A。

表 2-3 列出了 RN1-10 及 RN3-10 型熔管容量及熔体额定电流，可供选配。

**表2-3　RN1-10型及RN3-10型熔管规格表**

| 熔断器容量 /A | 熔体额定电流 /A | 熔断器容量 /A | 熔体额定电流 /A |
| --- | --- | --- | --- |
| 20 | 2、3、5、7、7.5、10、15、20 | 150 | 150 |
| 50 | 30、40、50 | 200 | 200 |
| 10 | 75、100 | | |

RN2-10 型高压熔断器是为保护电压互感器而专门安装的熔断器，其熔体只有额定电流为 0.5A 的一种，其熔体引线为镍铬丝，限流电阻约为 $100\Omega$，起限制故障电流的作用。

RN 型高压熔断器的技术数据详见表 2-4。

表2-4　RN型高压熔断器的技术数据

| 型号 | 额定电压 /kV | 额定电流 /A | 最大分断电流有效值 /kA | 最小分断电流额定电流倍数 | 最大三相断流容量 /MV·A |
|---|---|---|---|---|---|
| RN1-10 | 10 | 20<br>50<br>100<br>150<br>200 | 12 | 不规定<br><br>1.3 | 200 |
| RN2-10 | 10 | 0.5 | 50 | 0.6 ～ 1.8A<br>1min 内熔断 | 100 |

### 3. 户内型高压熔断器的用途

RNl-10 及 RN3-10 型高压熔断器，用于 10kV 配电线路和电气设备（如所用变压器、电容器等）作过载以及短路保护。

RN2-10 及 RN4-10 型高压熔断器，为电压互感器专用熔断器。

## ■▪ 二、户外型高压熔断器的结构及工作原理

户外型高压熔断器又称为跌落式熔断器。目前常用的是 RW3-10 型和 RW4-10 型两种。图 2-6 和图 2-7 所示是它们的外形图。

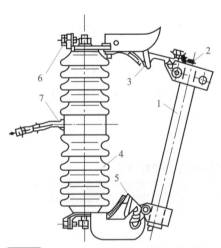

图 2-6　RW3-10 型跌落式熔断器外形图

1—熔管；2—熔体元件；3—上触头；4—绝缘瓷套管；5—下触头；6—端部螺栓；7—紧固板

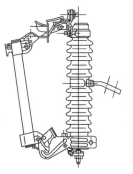

图 2-7　RW4-10 型跌落式熔断器外形图

它们的结构大同小异，一般由以下几个部分组成。

（1）导电部分　上、下接线板串联接于被保护电路中；上静触头、下静触头，用来分别与熔管两端的上、下动触头相接触进行合闸，接通被保护的主电路，下静触头与轴架组装在一起。

（2）熔管　由外管、熔体、管帽、操作环、上动触头、下动触头、短轴等组成。熔管外层为酚醛纸管或环氧玻璃布管，管内壁套以消弧管，消弧管的材质是石棉，它的作用是防止熔体熔断时产生的高温电弧烧坏熔管，另一作用是方便灭弧。熔管的结构如图 2-8 所示。熔体在中间，两端多股软裸铜绞线作为引线，拉紧两端的引线，通过螺钉分别压按在熔管两端的动触头接线端上。短轴可嵌入下静触头部分的轴架内，使熔管绕轴转动自如。操作环用来进行分、合闸操作。

图 2-8　RW-10 型熔断器的熔管外形图

1—熔体；2—套圈；3—绞线

（3）绝缘部分　绝缘瓷瓶。

（4）固定部分　在绝缘瓷瓶的腰部有固定安装板。跌落式熔断器的工作原理是：将熔体穿入熔管内，两端拧紧，并使熔体位于熔管中间偏上的地方，上动触头会因为熔体拉紧的张力而垂直于熔管向上翘起，用绝缘拉杆将上动触头推入上静触头内，形成闭合状态（合闸状态）并保持这一状态。

当被保护线路发生故障，故障电流使熔体熔断时，形成电弧，消弧管在电弧高温作用下分解出大量气体，使管内压力急剧增大，气体向外高速喷出，对电弧形成强有力的纵向吹弧，使电弧迅速拉长而熄灭。与此同时，由于熔体熔断，熔体的拉力消失，使锁紧机构释放，熔管在上静触头的弹力及其自重的作用下，会绕轴翻转跌落，形成明显的断开距离。

### 三、跌落式熔断器的型号及技术数据

跌落式熔断器的型号与户内型高压熔断器基本相同，只是把户内（N）改为户外（W）而已。RW 型跌落式熔断器的技术数据列于表 2-5。

表2-5  RW型跌落式熔断器技术数据

| 型号 | 额定电压 /kV | 额定电流 /A | 熔体额定电流 /A | 断流容量 /MV·A |
|---|---|---|---|---|
| RW3–10<br>RW4–10 | 10 | 50<br>100<br>200 | 3，5，7.5，10，<br>15，20，25，30，<br>40，50，60，75，<br>100，150，200 | 75<br>100<br>200 |

另外，RW 型跌落式熔断器像户外型（W 型）隔离开关一样可以分、合正常情况下 560kV·A 及以下容量的变压器空载电流，可以分、合正常情况下 10km 及以下长度的架空线路的空载电流，可以分、合一定长度的正常情况下的电缆线路的空载电流。

### 四、跌落式熔断器的用途

跌落式熔断器在中、小型企业的高压系统中，广泛用作变压器和线路的过载、短路保护及控制电器。且是被检修及停电的电气设备或线路作为起隔离作用而设置的明显断开点。

### 五、跌落式熔断器的安装

跌落式熔断器的安装要求应满足产品说明书及电气安装规程的要求：
❶ 与下方电气设备的水平距离不能小于 0.5m。
❷ 相间距离，室外安装时应不小于 0.7m 室内安装时，不能小于 0.6m。
❸ 熔管底端对地面的距离，装于室外时以 4.5m 为宜，装于室内时，以 3m 为宜。
❹ 熔管与垂线的夹角一般应为 15°～30°。
❺ 熔体应位于消弧管的中部偏上处。

### 六、跌落式熔断器的操作与运行

操作跌落式熔断器时，应有人监护，使用合格的绝缘手套，穿戴符合标准。
操作时动作应果断、准确而又不要用力过猛、过大。要用合格的绝缘杆来操作。对 RW3-10 型，拉闸时应往上顶鸭嘴；对 RW4-10 型，拉闸时应用绝缘杆金属端钩穿入熔管的操作环中拉下。合闸时，先用绝缘杆金属端钩穿入操作环，令其绕轴向上转动到接近上静触头的地方，稍加停顿，看到上动触头确已对准上静触头后，果断而迅

速地向斜上方推，使上动触头与上静触头良好接触，并被锁紧机构锁在这一位置，然后轻轻退出绝缘杆。

运行中，触头接触处滋火，或一相熔管跌落，一般都属于机械性故障（如熔体未上紧、熔管上的动触头与上静触头的尺寸配合不合适、锁紧机构有缺陷、受到强烈振动等），应根据实际情况进行维修。如由于分断时的弧光烧蚀作用使触头出现不平，应停电并采取安全措施后，进行维修，将不平处打平、打光，消除缺陷。

## 第四节 高压开关

### 一、操动机构

#### 1. 操动机构的作用

为了保证人身安全，即操作人应与高压带电部分保持足够的安全距离，以防触电和电弧灼伤，必须借助于操动机构间接地进行高压开关的分、合闸操作。

首先，使用操动机构可以满足对受力情况及动作速度的要求，保证了开关动作的准确性、可靠性和安全性。其次，操动机构可以与控制开关以及继电保护装置配合，完成远距离控制及自动操作。

总之，操动机构的作用是：保证操作时的人身安全，满足开关对操作速度、力度的要求，根据运行方式需要实现自动操作。

#### 2. 操动机构的型号

常用的操动机构主要有三种形式：手动式、弹簧储能式以及电磁式。目前常用的操动机构的型号有 CS2、CT7、CT8、CD10 等。操动机构的型号，如 CS2-114，由四部分组成。从左至右：第一位，设备名称，C 表示操动机构。第二位，操动机构的形式，S 表示手力式，T 表示弹簧储能式。D 表示电磁式。第三位，设计序号，以数字表示。第四位（横线后），其他特征，如档类或脱扣器代号及个数等。一般用Ⅰ、Ⅱ、Ⅲ表示挡类；用 114 等代表脱扣器的代号及个数。

#### 3. 操动机构的操作电源

操作电源是供给操动机构、继电保护装置及信号等二次回路的电源。

对操作电源的要求，首先是在配电系统发生故障时，仍可以保证继电保护和断路器的操动机构可靠地工作，这就要求操作电源相对于主回路电源有独立性，当主回路电源突然停电时，操作电源在一段时间内仍能维持供电。再有是该电源的容量应能满足合闸操作电流的要求。

操作电源主要分为交流和直流两大类。

交流操作电源，一般由电压互感器（或再通过升压）或所用变压器供电。CS2 型手力操作机构和 CT7、CT8 型弹簧操动机构采用交流操作电源，广泛地应用于中小型变、配电所。

直流操作电源往往是由整流装置或蓄电池组提供的。

在 10kV 变、配电所中，直流操作电源的电压大多采用 220V，也有的采用 110V。CD 型电磁操动机构需配备直流操作电源，定时限过电流保护一般也采用直流操作电源。直流操作电源广泛应用于大中型及重要的变、配电所。

## 二、弹簧操动机构

CT7、CT8 是弹簧操动机构，它们可以电动储能，也可以手动储能。用手动储能时，CT7 型采用摇把（CT8 型采用压把），本小节仅叙述 CT7 型操动机构。CT7 可以用交流或直流操作，但一般采用交流操作，操作电源的电压多采用交流 220V，该电源可以取自所用变压器，但多数由电压互感器提供，这时要有一台容量在 1kV·A 左右的单相变压器，将电压互感器二次侧 100V 电压升高至 220V，供操作用。

### 1. 弹簧操动机构的操作方式

合闸：手动方式是通过弹簧操动机构箱体面板上的控制按钮或扭把进行合闸。

电动方式是通过高压开关柜面板上的控制开关，使合闸电磁铁吸合。

分闸：手动方式是通过弹簧操动机构箱体面板上的控制按钮或扭把进行合闸。

电动方式又分为主动方式和被动（保护）方式两类：主动方式是通过高压开关柜面板上的控制开关，使分闸电磁铁吸合；被动方式是通过过电流脱扣器或者失压脱扣器进行分闸。

弹簧操动机构也可装设各种脱扣器，并同时在其型号中标明。如 CT8-114，就是装有两个瞬时过电流脱扣器和一个分离脱扣器的弹簧操动机构。

弹簧操动机构除用来进行少油断路器的分、合闸操作外，还可用来实现自动重合闸或备用电源自动投入。为防止合闸弹簧疲劳，合闸后可不再进行二次储能。但有自动重合闸或备用电源自动投入要求的，合闸弹簧应经常处于储能状态，即合闸后又自动使储能电动机启动，带动弹簧实现"二次储能"。

### 2. 弹簧操动机构的结构

CT 型弹簧操动机构的结构原理图如图 2-9 所示，该操动机构有"储能""合闸"和"分闸"三种动作。

### 3. 弹簧操动机构的控制电路

CT 型弹簧操动机构的控制电路如图 2-10 所示。

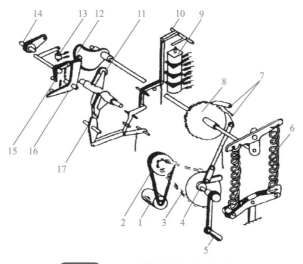

图 2-9　CT7 型弹簧操动机构原理

1—电动机；2—带；3—链条；4—偏心轮；5—手柄；6—合闸弹簧；7—棘爪；
8—棘轮；9—脱扣器；10，17—连杆；11—拐臂；12—凸轮；13—合闸线器；
14—输出轴；15—掣子；16—杠杆

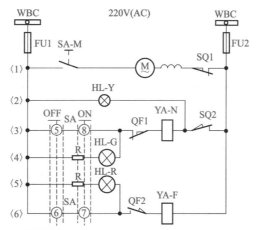

图 2-10　CT8 型弹簧操动机构控制电路

WBC—控制小母线；FU1、FU2—控制回路熔断器；SA-M—储能电机回路扳把开关；SQ—储能限位开关；
HL-Y—黄色（或白色）指示灯；HL-G—绿色指示灯；HL-R—红色指示灯；R—指示灯串接电阻器；
SA—分合闸操作开关；QF—断路器辅助触点；YA-N—断路器合闸线圈；YA-F—断路器分闸线圈

　　整个控制电路原理可分为储能回路 [〈1〉、〈2〉]、合闸回路 [〈3〉、〈4〉] 和分闸回路 [〈5〉、〈6〉] 三个部分。储能回路其工作过程如下：

合 SA-M →机械弹簧伸长、储能、到位→ SQ 动作→$\begin{cases} SQ1 \to M \ 停 \\ SQ2 \to HL\_Y \ 亮 \end{cases}$

合闸回路其动作过程如下：

将万能转换开关 SA 由垂直位置右转 45°，使触点 5、8 接通，则

$$SA5、8合 \rightarrow YA\text{-}N\ 吸 \rightarrow \begin{array}{l} 机械 \\ \left[\begin{array}{l} 断路器合闸 \\ 辅助触点动作 \end{array}\right. \end{array} \rightarrow \begin{array}{l} \left[ QF1\ 开 \rightarrow \left[\begin{array}{l} \langle 3 \rangle\ YA\text{-}N\ 断电 \\ \langle 4 \rangle\ HL\text{-}G\ 灭 \end{array}\right. \right. \\ \left[ QF2\ 合 \rightarrow \left[\begin{array}{l} \langle 5 \rangle\ HL\text{-}R\ 亮 \\ \langle 6 \rangle\ YA\text{-}F\ 准备 \end{array}\right. \right. \end{array}$$

从以上过程可以看出：YA-N 通电工作时间不长，它由于 SA 5、8 接通而通电工作，由 QF1 断开而断电，工作时间只有零点几秒，QF 触点与断路器的状态几乎是同步变换，而 QF 触点同时又决定了哪个指示灯亮。因此，红灯（HL-R）亮就代表了断路器处于合闸状态，绿灯（HL-G）亮就代表了断路器处于分闸状态。

另外，操作机构内的 QF 触点，应调整为在合闸过程中常开触点 QF2 先闭合，常闭触点 QF1 后断开，以保证当合闸发生短路故障时可以迅速分闸（由 QF2 先闭合为分闸提前准备好了条件），而 QF1 断开得迟一些，用以保证合闸可靠。

分闸回路动作过程如下：

将万能转换开关 SA 由水平位置左转 45°，使触点 6、7 接通，则

$$SA6、7合 \rightarrow YA\text{-}F\ 吸 \rightarrow \begin{array}{l} 机械 \\ \left[\begin{array}{l} 断路器分闸 \\ 辅助触点动作 \end{array}\right. \end{array} \rightarrow \begin{array}{l} \left[ QF1\ 合 \rightarrow \left[\begin{array}{l} \langle 3 \rangle\ YA\text{-}N\ 准备 \\ \langle 4 \rangle\ HL\text{-}G\ 亮 \end{array}\right. \right. \\ \left[ QF2\ 开 \rightarrow \left[\begin{array}{l} \langle 5 \rangle\ HL\text{-}R\ 灭 \\ \langle 6 \rangle\ YA\text{-}F\ 断电 \end{array}\right. \right. \end{array}$$

通过以上过程可以看出：YA-F 通电工作时间很短，它由于 SA6、7 接通而通电工作，由 QF2 断开而断电。

对于操作回路的几个电器，在此加以说明。

SA 开关是用来发出分、合闸操作命令的。该开关有 6 个工作位置，如图 2-11 所示。其中"分""合"这两个位置是不能保持的，为保证分、合闸操作的可靠，操作时，用手将操作手把转到"分""合"位置后不要立即松手，当听到断路器动作的声音，看到红、绿指示灯变换之后再松开，使其自动复位至"已分""已合"位置。

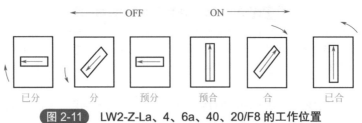

**图 2-11** LW2-Z-La、4、6a、40、20/F8 的工作位置

FU1、FU2 操作回路熔断器，起过载及短路保护作用，常常采用 R1 型熔断器，其外形图如图 2-12 所示。为防止储能电动机旋转时熔体熔断，往往选用额定电流为 10A 的熔管，而熔断器也选用 10A 的，即 R1-10/10。

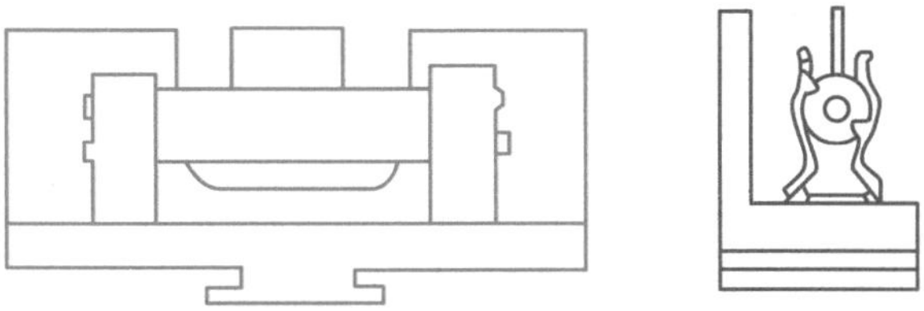

图 2-12 　R1 型熔断器外形图

　　HL-R、HL-G 既是断路器工作状态的指示灯，又是监视分、合闸回路完好性的指示灯。HL-R 红灯亮时表明断路器处于合闸状态，同时又表明分闸回路完好；HL-G 绿灯亮时表明断路器处于分闸状态，同时又表明合闸回路完好。RH-R、HL-G 指示灯总是串上一个电阻 R，这个 R 可以防止因灯泡、灯口短路引起误分闸或误合闸。一般采用直流 220V 操作电源、指示灯泡用 220V、15W，则串入的电阻应为 2.5kΩ、25W。

　　弹簧操动机构的电气技术数据如下：

● 储能电动机

型式：单相交流串励整流子式；

额定电流：不大于 5A；

额定功率：433W；

额定转速：6000r/min；

额定电压：交流 220V；

额定电压下储能时间：不大于 10s；

电动机工作电压范围：额定电压的 85%～110%。

● 合闸电磁铁

额定电压：交流 220V；

额定电流：铁芯释放情况下为 6.9A，铁芯吸合情况下为 2.3A；

额定容量：铁芯释放情况下为 1520V·A，铁芯吸合情况下为 506V·A；

20℃时线圈电阻：28.2Ω：

动作电压范围：额定电压的 85%～110%。

● 脱扣器

型式：分励脱扣器（4 型）；

额定电压：交流 220V；

额定电流：铁芯释放情况下为 0.78A；铁芯吸合情况下为 0.31A；

额定功率：铁芯释放情况下为 172V·A；铁芯吸合情况下为 68V·A；

20℃线圈电阻值：127Ω；

电压范围：额定电压的 65%～120%。

## 第五节　高压开关的联锁装置

### 一、装设联锁装置的目的

为了保证操作安全，操作高压开关必须按照一定的顺序，如果不按这种顺序操作，就可能导致事故发生。为防止可能出现的误操作，必须在高压配电设备装置上采用技术措施，装设联锁后，就可以保证必须按规定的操作顺序进行操作，否则就无法进行，有效地防止了误操作。

此外，两路电源不允许并路操作，或两台变压器不允许并列运行，一旦误并路就会发生事故，轻则由于环流而导致断路器掉闸，造成停电；重则由于相位不同，而导致相间短路，造成重大事故。故在有关的开关之间加装"联锁"，可以防止误并路。

总之，装设联锁的目的在于防止误操作和误并路。

### 二、联锁装置的技术要求

（1）联锁装置应能根据实际需要分别实现以下功能：

❶ 防止带负荷操作隔离开关，即只有当与之串联的断路器处于断开位置时，隔离开关才可以操作。

❷ 防止误入带电设备间隔，即断路器、隔离开关未断开，则该高压开关柜的门打不开。

❸ 防止带接地线合闸或接地隔离开关未拉开就合断路器送电。

❹ 防止误分、合断路器，如手车式高压开关柜的手车未进入工作位置或试验位置，断路器不能合闸。

❺ 防止带电挂接地线或带电合接地隔离开关。

以上这五个防止，简称为"五防"。此外，还有：

❻ 不允许并路的两路电源向不分段的单母线供电，以防误并路。

❼ 不允许并路的两路电源向分段的单母线供电（如有高压联络开关时），防止误并路。

（2）联锁装置实现闭锁的方式应是强制性的。即在执行误操作时，由于联锁装置的闭锁作用而执行不了。一般不要采用提示性的，因为在误操作的某些特殊情况下，一般的提示形式可能不会引起注意或被误解，所以强制性的闭锁更直接、更有效。

（3）联锁装置的结构应尽量简单、可靠、操作维修方便，尽可能不增加正常操作和事故处理的复杂性，不影响开关的分、合闸速度及特性，也不影响继电保护及信号装置的正常工作。因此，要优先选用机械类联锁装置，如果采用电气类联锁装置时，其电源要与继电保护、控制、信号回路分开。

## 三、联锁装置的类型

联锁装置根据其工作原理，可分为机械联锁和电气联锁两大类。

GG-1A 型固定式高压开关柜，其隔离开关和断路器都固定安装在同一个铁架构上。对于这种开关柜，常见的有以下联锁方式。

### 1. 机械联锁装置

（1）挡柱　在断路器的传动机构上加装圆柱形挡块，在开关柜的面板上有一圆洞，当断路器处于合闸状态时，挡柱从面板圆洞中被推出，恰好挡住隔离开关操作机构的定位销，使定位销无法拔出，隔离开关无法使用，这样就能有效地防止带负荷分、合隔离开关的误操作。

图 2-13 所示是挡柱联锁方式的示意图。

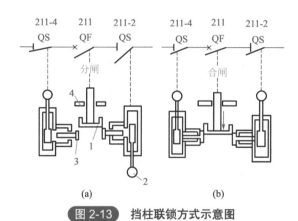

**图 2-13**　挡柱联锁方式示意图

1—与断路器传动机械联动的挡柱；2—隔离开关操作手柄；
3—弹簧销钉；4—高压开关柜面板

（2）连板　在电压互感器柜上，电压互感器隔离开关的操动机构，通过一个连板与一套辅助触点联动。辅助触点是电压互感器的二次侧开关，当通过操动机构拉开电压互感器一次侧隔离开关时，电压互感器二次侧开关（辅助触点）也通过连板被转动到断开位置，可以防止电压互感器反送电。

（3）钢丝绳　已调好长度的一条钢丝绳，通过滑轮导向后，将两台不允许同时合闸的隔离开关的操动机构连接起来，一台开关合上后，钢丝绳被拉紧，再合另一台开关时，由于一定长度的钢丝绳的限制而不能合闸，这样就可用来防止误并路。

（4）机械程序锁　KS1 型程序锁是一种机械程序闭锁装置，它具有严格的程序编码，使操作顺序符合规程规定，如不按规定的操作顺序，操作就进行不下去。

这种程序闭锁装置已形成系列产品，目前有 17 种锁，例如模拟盘锁、控制手把锁、户内左刀闸锁、户内右刀闸锁、户内前网门锁、户内后网门锁等，用户可以根据自己的接线方式和配电设备装置的布置形式，选择不同的锁组合，进行程序编码，以满足电力供电系统对防止误操作的要求。

程序锁都由锁体、锁轴及钥匙等部分组成：锁体是主体部件，锁体上有钥匙孔，孔边有两个圆柱销，这两个圆柱销与钥匙上的两个编码圆孔相对应。两孔和钥匙牙花都按一定规律、相对位置变化进行排列组合，可以构成千种以上的编码，使上千把锁的钥匙不会重复，从而保证在同一个变、配电所内所有锁之间的互开率几乎为零。

锁轴是程序锁对开关设备实现闭锁的执行元件，只有锁轴被释放时，开关设备才能操作。而锁轴的释放，必须要由两把合适的钥匙同时操作，一把是上一步操作所装的程序锁的钥匙。另一把是本步操作所装的程序锁的钥匙。用这两把钥匙使锁轴释放，进行本步开关操作，操作后，上一步操作的钥匙被锁住而留下来，而本步操作的钥匙取出来，去插到下步操作的程序锁上。由于这把钥匙取出，所以这步操作的程序锁，其锁轴被制止，该开关设备被锁定在这个运行状态。

### 2. 电气联锁装置

（1）电磁锁　在隔离开关的操作机构上安装成套电磁联锁装置，它由电磁锁和电钥匙两部分组成，其结构原理图如图 2-14 所示。图中 I 为电磁锁部分，II 为电钥匙部分。在电磁锁部分中，1 为锁销，平时在弹簧 2 的作用下，保持向外伸出状态，而伸出部分正好插到操动机构的定位孔中，将操作手柄锁住，使其不能动作。电磁锁上有两个铜管插座，与电钥匙的两个插头相对应。其中，一个铜管插座接操作直流电源的负极，另一个铜管插座连接断路器的常开辅助触点 QF，如图 2-15 所示。

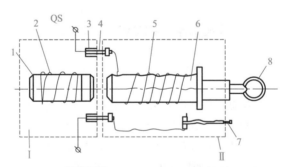

**图 2-14** 电气联锁装置结构图

1，3—锁销；2—弹簧；4—铜管插座；5—电钥匙；6—电磁铁；7—解除按钮；8—金属环

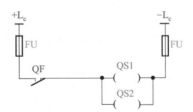

**图 2-15** 电气联锁接线原理图

图中，QS1 为断路器电源侧隔离开关的电磁锁插座，QS2 为断路器负荷侧隔离开关的电磁锁插座。正常合闸操作时，值班人员拿来电钥匙，插入电磁锁 QS1 插座内，于是，图 2-14 中电钥匙 5 上的吸引线圈就改接入控制回路（操作回路），当断路器处于分闸状态时，其辅助触点 QF 吸合。则 QS1 电钥匙的吸引线圈通电，电磁铁 6 产生电磁吸力，将电磁锁中的锁销 1 吸出，解除了对电源侧隔离开关的闭锁，这时可以合该隔离开关。确已合好后，将 QS1 的电钥匙的解除按钮按下，切断吸引线圈的电源，锁销在弹簧作用下插入与隔离开关合闸位置对应的定位孔中，将该状态锁定，拔下电钥匙。再将它插入 QS2，合上负荷隔离开关，拔下电钥匙。然后再去合断路器。如此，有效地防止了带负荷操作隔离开关。

（2）辅助触点互锁　在不允许同时合闸的两台断路器的合闸电路中，分别串联接入对方断路器的常闭辅助触点，如图 2-16 所示。

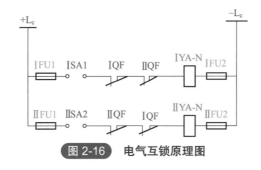

图 2-16　电气互锁原理图

当另一路电源断路器处于合闸状态时，其常闭辅助触点断开（例 II QF 断开），则这一路电源断路器合闸线圈（1YA-H）的电路被切断，就不可能进行合闸。同样，当这一路电源断路器合上闸，则其常闭辅助触点（IQF）打开，阻断了另一路电源断路器的合闸回路 (ZYA-N 的回路)，使它不能合闸，如此便实现了两台断路器之间的联锁。

以上是有关 GG-1A 型高压开关柜常采用的机械联锁和电气联锁的一些类型。

还有一种常用的 GFC 型手车式高压开关柜，它把开关安装在一个手车内，手车推入到柜内时，断路器两侧所连接的动触头与柜上的静触头接通，相当于 GG-1A 柜的上、下隔离开关，因此叫一次隔离触头。断路器做传动试验时，将手车外拉至一定位置，下动触头与柜的静触头脱开，但二次回路仍保持接通，可在断电时试验断路器的分、合动作。断路器检修时，可将手车整个拉出柜外。

手车式高压开关柜具有以下联锁，这些联锁都是机械联锁。

开关柜在工作位置时，断路器必须先分闸后才能拉出手车，切断一次隔离触头，反之，断路器在合闸状态时，手车不能推入柜内，也就不能使一次隔离触头接触。这就保证了隔离触头不会带负荷改变分、合状态，相当于隔离开关不会在带负荷的情况下操作。

　　手车入柜后，只有在试验位置和工作位置才能合闸，否则断路器不能合闸。这一联锁保证了只有在隔离触头确已接触良好（手车在工作位置时）或确已隔离（手车在试验位置时）时，断路器才可以操作，才可进行分、合闸。对于前者，断路器的分、合闸是为了切断或接通主回路（一次回路），对于后者，断路器的分、合闸是为了进行调整和试验。

　　断路器处于合闸状态时，手车的工作位置和试验位置不能互换。

　　如果未将断路器分闸就拉动手车，则断路器自动跳闸。

# 第三章 电力变压器的原理、参数及应用

第一节 电力变压器的工作原理及技术数据

## 一、电力变压器的工作原理

变压器的基本工作原理是电磁感应原理。图 3-1 所示为一个单相变压器工作原理。其基本结构是在闭合的铁芯上绕有两个匝数不等的绕组（又称线圈），绕组之间、铁芯和绕组之间均相互绝缘。铁芯由硅钢片叠成。

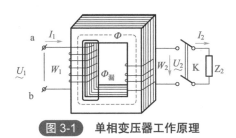

图 3-1 单相变压器工作原理

现将匝数为 $W_1$ 的绕组与电源相连，称该绕组为原绕组或初级绕组。匝数为 $W_2$ 的绕组通过开关 K 与负载相连，称为副绕组或次级绕组。当合上开关 K，把交流电压 $U_1$ 加到原绕组 $W_1$ 上后，交流电流 $I_1$ 流入该绕组就产生励磁作用，在铁芯中产生交变的磁通 $\Phi$，它不仅穿过原绕组，同时也穿过副绕组，分别在两个绕组中引起感应电动势。这时如果开关 K 合上，$W_2$ 与外电路的负载相连通，便有电流 $I_2$ 流出，负载端电压即为 $U_2$，于是输出电能。

根据电磁感应定律可得出：

原绕组感应电动势 $E_1=4.44fW_1\Phi_m$

副绕组感应电动势 $E_2=4.44fW_2\Phi_m$

式中，$\Phi_m$ 代表交变主磁通的最大值。

原绕组的感应电动势 $E_1$ 就是自感电动势。如略去原绕组的阻抗压降不计，则电

源电压与自感电动势的数值相等，即 $U_1=E_1$，但方向相反。

副绕组的感应电动势 $E_2$ 是由于原绕组中电流的变化而产生的，称为互感电动势。这种现象称为互感。

由于 $E_2$ 的存在，副绕组成为一个频率仍为 $f$ 的新的交变电源。在空载（K 被打开情况）下，副绕组的端电压 $U_2=E_2$。两绕组的电压比为：

$$\frac{U_1}{U_2} \approx \frac{E_1}{E_2} = \frac{W_1}{W_2} = K_u$$

式中，$W_1>W_2$ 时，$K_u>1$，此时 $U_1>U_2$，即变压器的出线电压比进线电压低，这种变压器称为降压变压器；当 $W_1<W_2$ 时，$K_u<1$，此时 $U_1<U_2$，即变压器的出线电压比进线电压高，这种变压器称为升压变压器。

将图 3-1 开关 K 合上，此时在电压 $U_2$ 作用下次级绕组流过电流 $I_2$，这样又得出：

$$\frac{I_1}{I_2} = \frac{W_2}{W_1} = \frac{1}{K_u} = K_i$$

式中，$K_i$ 称为变压器的变流比。

以上这些式子是变压器计算的关系式。总之，一台变压器如果工作电压设计得越高，绕组匝数就绕得越多，通过绕组内的电流却越小，导线截面可选用得越小。反之，工作电压设计得越低，绕组匝数就越少，通过绕组的电流则越大，导线截面就要选得越大。

通常，我们可以根据变压器绕组导线截面的粗细来判断出哪个是高压绕组（导线截面细），哪个是低压绕组（导线截面粗）。

## ▌ 二、变压器的铭牌及结构

（1）电力变压器的型号　电力变压器的型号由两部分组成：拼音符号部分表示其类型和特点；数字部分斜线左方表示额定容量，单位为 kV·A，斜线右方表示一次电压，单位为 kV。如 SFPSL-31500/220 表示三相强迫油循环三绕组铝线 31500kV·A/220kV 电力变压器；又如 SL-800/10（旧型号为 SJL-800/10）表示三相油浸自冷式双绕组铝线 800kV·A/10kV 电力变压器。电力变压器型号中所用拼音代表符号含义见表 3-1。

表3-1　电力变压器型号中所用拼音代表符号含义

| 项目 | 类别 | 代表符号 | |
| --- | --- | --- | --- |
| | | 新型号 | 旧型号 |
| 相数 | 单相 | D | D |
| | 三相 | S | S |

续表

| 项目 | 类别 | 代表符号 | |
|---|---|---|---|
| | | 新型号 | 旧型号 |
| 绕组外冷却介质 | 矿物油<br>不燃性油<br>气体<br>空气<br>成型固体 | 不标注<br>B<br>Q<br>K<br>C | J<br>未规定<br>未规定<br>G<br>未规定 |
| 箱壳外冷却方式 | 空气自冷<br>风冷<br>水冷 | 不标注<br>F<br>W | 不标注<br>F<br>S |
| 循环方式 | 油自然循环<br>强迫油循环<br>强迫油导向循环<br>导体内冷 | 不标注<br>P<br>D<br>N | 不标注<br>P<br>D<br>N |
| 线圈数 | 双绕组<br>三绕组<br>自耦（双绕组及三绕组） | 不标注<br>S<br>O | 不标注<br>S<br>O |
| 调压方式 | 无微磁调压<br>有载调压 | 不标注<br>Z | 不标注<br>Z |
| 导线材质 | 铝线 | 不标注 | L |

注：为最终实现用铝线生产变压器，新标准中规定铝线变压器型号中不再标注"L"字样。但在由用铜线过渡到用铝线的过程中，事实上生产厂在铭牌所示型号中仍沿用以"L"代表铝线，以示与铜线区别。

（2）电力变压器的铭牌　电力变压器的铭牌见表 3-2。下面对铭牌所列各数据的意义做简单介绍。

表3-2　电力变压器的铭牌

| 铝线圈电力变压器 | | | | | | |
|---|---|---|---|---|---|---|
| 产品标准 | | | | 型号　SJL-630/10 | | |
| 额定容量 650kV·A | | | 相数 3 | 额定频率　50Hz | | |
| 额定电压 | 高压 | 10000V | | 额定电流 | 高压 | 32.3A |
| | 低压 | 400～230V | | | 低压 | 808A |
| 使用条件 | 户外式 | 绕圈温升　65℃ | | | 油面温升　55℃ | |
| 阻抗电压 | | % 75℃ | | 冷却方式 | 油浸自冷式 | |

| 油重70kg | 器身重1080kg | | 总重1200kg | | |
|---|---|---|---|---|---|
| 绕组连接图 | 相量图 | | 连接组标号 | 开关位置 | 分接电压 |
| 高压　　低压 | 高压 | 低压 | | Ⅰ | 10500V |
| | | | | Ⅱ | 10000V |
| | | Y/Y0-12 | | Ⅲ | 9500V |

出厂序号

20　　年　　月　　出品

××　二厂

❶ 型号含义

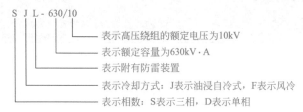

S J L - 630/10

表示高压绕组的额定电压为10kV
表示额定容量为630kV·A
表示附有防雷装置
表示冷却方式：J表示油浸自冷式，F表示风冷
表示相数：S表示三相，D表示单相

此变压器使用在室外，故附有防雷装置。

❷ 额定容量　额定容量表示变压器可能传递的最大功率，用视在功率表示，单位为 kV·A。

$$三相变压器额定容量 = \sqrt{3} \times 额定电压 \times 额定电流$$
$$单相变压器额定容量 = 额定电压 \times 额定电流$$

❸ 额定电压　一次绕组的额定电压是指加在一次绕组上的正常工作电压值，它是根据变压器的绝缘强度和允许发热条件规定的。二次绕组的额定电压是指变压器在空载时，一次绕组加上额定电压后二次绕组两端的电压值。在三相变压器中，额定电压是指线电压，单位为 V 或 kV。

❹ 额定电流　变压器绕组允许长时间连续通过的工作电流，就是变压器的额定电流，单位为 A。在三相变压器中是指线电流。

❺ 温升　温升是指变压器在额定运行情况时允许超出周围环境温度的数值，它取决于变压器所用绝缘材料的等级。在变压器内部，绕组发热最厉害。这台变压器采用 A 级绝缘材料，故规定绕组的温升为 65℃，箱盖下的油面温升为 55℃。

❻ 阻抗电压（或百分阻抗）　阻抗电压通常以 % 表示，表示变压器内部阻抗压降占额定电压的百分数。

## 三、电力变压器的结构

输配电系统中使用的变压器称为电力变压器。电力变压器主要由铁芯、绕组、油箱（外壳）、变压器油、套管以及其他附件构成，如图 3-2 所示。

图 3-2　电力变压器

（1）变压器的铁芯　电力变压器的铁芯不仅构成变压器的磁路作导磁用，而且作为变压器的机械骨架起支承作用。铁芯由芯柱和铁轭两部分组成。芯柱用来套装绕组，而铁轭则连接芯柱形成闭合磁路。

按铁芯结构，变压器可分为芯式和壳式两类。芯式铁芯的芯柱被绕组所包围，如图 3-3 所示；壳式铁芯包围着绕组顶面、底面以及侧面，如图 3-4 所示。

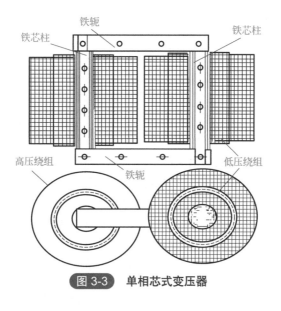

图 3-3　单相芯式变压器

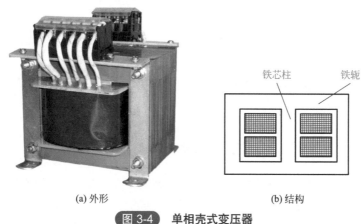

(a) 外形　　　　　　　　　　(b) 结构

图 3-4　单相壳式变压器

芯式结构用铁量（即硅钢片用量）少，构造简单，绕组安装及绝缘容易，电力变压器多采用此种结构。壳式结构机械强度高，用铜（铝）量（即电磁线用量）少，散热容易，但制造复杂，用铁量大，常用于小型变压器和低压大电流变压器（如电焊机、电炉变压器）中。

为了减少铁芯中磁滞损耗和涡流损耗，提高变压器的效率，铁芯材料多采用高硅钢片，如 0.35mm 的 D41 ～ D44 热轧硅钢片或 D330 冷轧硅钢片。为加强片间绝缘，避免片间短路，每张叠片两个面四个边都涂覆 0.01mm 左右厚的绝缘漆膜。

为减小叠片接缝间隙（即减少磁阻，从而降低励磁电流），铁芯装配采用叠接形式（错开上下接缝，交错叠成）。

此外，还有渐开线式铁芯结构。它是先将每张硅钢片卷成渐开线状，再叠成圆柱形；铁轭用长条卷料冷轧硅钢片卷成三角形，上、下轭与芯柱对接。这种结构具有使绕组内圆空间得到充分利用、轭部磁通减少、器身高度降低、结构紧凑、体小量轻、制造检修方便、效率高等优点。如一台容量为 10000kV·A 的渐开线铁芯变压器，要比目前大量生产的同容量冷轧硅钢片铝线变压器的总重量轻 14.7%。

对装配好的变压器，其铁芯还要可靠接地（在变压器结构上是首先接至油箱）。

（2）变压器的绕组　绕组是变压器的电路部分，由电磁线绕制而成，通常采用纸包扁线或圆线。近年来，在变压器生产中铝线变压器所占比重越来越大。

变压器绕组结构有同芯式和交叠式两种，如图 3-5 所示。大多数电力变压器（1800kV·A 以下）都采用同芯式绕组，即它的高低压绕组套装在同一铁芯柱上。为了便于绝缘，一般低压绕组放在里面（靠近芯柱），高压绕组套在低压绕组的外面（远离芯柱），如图 3-5（a）所示。但对于容量较大而电流也很大的变压器，由于低压绕组引出线工艺上的限制，将低压绕组放在外面。

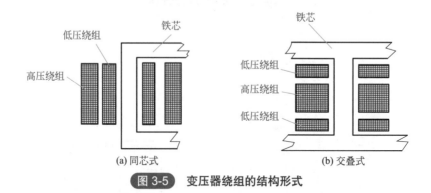

图 3-5　变压器绕组的结构形式

交叠式绕组的线圈做成饼式，高低压绕组彼此交叠放置。为了便于绝缘，通常靠铁轭处即最上和最下的两组绕组都是低压绕组，如图 3-5（b）所示。交叠式绕组的主要优点是漏抗小、机械强度好、引线方便，主要用于低压大电流的电焊变压器、电炉变压器和壳式变压器中，如大于 400kV·A 的电炉变压器绕组就是采用这样的布置。

同芯式绕组结构简单，制造方便。按绕组绕制方式的不同又分为圆筒式、螺旋式、分段式和连续式四种。不同的结构具有不同的电气特性、机械特性及热特性。

图 3-6 所示为圆筒式绕组，其中图 3-6（a）的线匝沿高度（轴向）绕制，如螺旋状。这种绕组制造工艺简单，但机械强度、承受短路能力都较差，所以多用在电压低

于500V、容量为10～750kV·A的变压器中。图3-6（b）所示为多层圆筒绕组，可用在容量为10～560kV·A、电压为10kV以下的变压器中。

(a) 扁铜线圈      (b) 圆铜线圈

图 3-6   变压器圆筒式绕组

绕组引出的出头标志，规定采用表3-3所示的符号。

表3-3   绕组引出的出头标志

| 绕组 | 单相变压器 | | 三相变压器 | | |
|------|------|------|------|------|------|
| | 起头 | 末头 | 起头 | 末头 | 中性点 |
| 高压绕组 | A | X | A、B、C | X、Y、Z | O |
| 中压绕组 | Am | Xm | Am、Bm、Cm | Xm、Ym、Zm | Om |
| 低压绕组 | a | X | a、b、c | x、y、z | O |

（3）油箱及变压器油   变压器油在变压器中不但起绝缘作用，还起散热、灭弧作用。变压器油按凝固点不同可分为10号油、25号油和45号油（代号分别为DB-10、DB-25、DB-45）等。10号油表示在-10℃开始凝固，45号油表示在-45℃开始凝固。各地常用25号油。新油呈淡黄色，投入运行后呈淡红色。这些油不能随便混合使用。变压器在运行中对变压器油要求很高，每隔六个月要采样分析试验其酸价、闪光点、水分等是否符合标准（见表3-4）。变压器油绝缘耐压强度很高，但混入杂质后将迅速降低，因而必须保持纯净，并应尽量避免与外界空气接触，尤其是要避免与水汽或酸性气体接触。

表3-4   变压器油的试验项目和标准

| 序号 | 试验项目 | 试验标准 | |
|------|------|------|------|
| | | 新油 | 运行中的油 |
| 1 | 5℃时的状态 | 透明 | — |
| 2 | 50℃时的恩格勒黏度 | 不大于1.8[①] | — |
| 3 | 闪光点 | 不低于135℃ | 与新油比较，温差不应超过5℃ |

续表

| 序号 | 试验项目 | 试验标准 | |
|---|---|---|---|
| | | 新油 | 运行中的油 |
| 4 | 凝固点 | 用于室外变电所的开关（包括变压器带负载调压接头开关）的变压器油，其凝固点不应高于下列标准：①气温不低于 10℃ 的地区，−25℃；②气温不低于 −20℃ 的地区，−35℃；③气温低于 −20℃ 的地区，−45℃。凝固点为 −25℃ 的变压器油用在变压器内时，可不受地区气温的限制。在月平均最低气温不低于 −10℃ 的地区，当没有凝固点为 −25℃ 的变压器油时，允许使用凝固点为 −10℃ 的油 | — |
| 5 | 机械混合物 | 无 | 无 |
| 6 | 游离碳 | 无 | 无 |
| 7 | 灰分 | 不大于 0.005% | 不大于 0.01% |
| 8 | 活性硫 | 无 | 无 |
| 9 | 酸价 | 不大于 0.05mg/g（以 KOH : 油质量计） | 不大于 0.4mg/g（以 KOH : 油质量计） |
| 10 | 钠试验 | 不应大于 2 级 | — |
| 11 | 氧化后酸价 | 不大于 0.35mg/g（以 KOH : 油质量计） | — |
| 12 | 氧化后沉淀物 | 不大于 0.1% | — |
| 13 | 绝缘强度试验：①用于 6kV 以下的电气设备；②用于 6～35kV 的电气设备；③用于 35kV 及以上的电气设备 | ① 25kV<br>② 30kV<br>③ 40kV | ① 20kV<br>② 25kV<br>③ 35kV |
| 14 | 酸碱反应 | 无 | 无 |
| 15 | 水分 | 无 | 无 |
| 16 | 介质损耗角正切值（有条件时试验） | 20℃ 时不大于 1%，70℃ 时不大于 4% | 20℃ 时不大于 2%，70℃ 时不大于 70% |

① 指恩格勒黏度，即试油从恩格勒粘度计流孔中流出 200mL 所需要的时间与蒸馏水在 20℃ 流出相同体积的流量所需时间之比。

　　油箱（外壳）用于装变压器铁芯、绕组和变压器油。为了加强冷却效果，往往在油箱两侧或四周装有很多散热管，以加大散热面积。

　　（4）套管及变压器的其他附件　变压器外壳与铁芯是接地的。为了使带电的高、低压绕组能从中引出，常用套管绝缘并固定导线。采用的套管根据电压等级确定，配电变压器上都采用纯瓷套管；35kV 及以上电压采用充油套管或电容套管以加强绝缘。高、低压侧的套管是不一样的，高压套管高而大，低压套管低而小，一般可由套管来区分变压器的高、低压侧。

变压器的附件还包括：

❶ 油枕（又称储油柜） 形如水平旋转的圆筒，见图3-2。油枕的作用是减小变压器油与空气接触面积。油枕的容积一般为总油量的10%～13%，其中保持有一半油、一半气，使油在受热膨胀时得以缓冲。油枕侧面装有借以观察油面高度的玻璃油表。为了防止潮气进入油枕，并能定期采取油样以供试验，在油枕及油箱上分别装有呼吸器、干燥箱和放油阀门、加油阀门、塞头等。

❷ 安全气道（又称防爆管） 800kV·A以上变压器箱盖上设有$\phi$80mm圆筒管弯成的安全气道。气道另一端用玻璃密封做成防爆膜，一旦变压器内部绕组短路，防爆膜首先破碎泄压以防油箱爆炸。

❸ 气体继电器（又称煤气继电器或浮子继电器） 800kV·A以上变压器在油箱盖和油枕连接管中，装有气体继电器。气体继电器有三种保护作用：当变压器内故障所产生的气体达到一定程度时，接通电路报警；当由于严重漏油而油面急剧下降时，迅速切断电路；当变压器内突然发生故障而导致油流向油枕冲击时，切断电路。

❹ 分接开关 为调整二次电压，常在每相高压绕组末段的相应位置上留有三个（有的是五个）抽头，并将这些抽头接到一个开关上，这个开关就称作"分接开关"。分接开关的接线原理如图3-7所示。利用分接头开关能调整的电压范围在额定电压的±5%以内。电压调节应在停电后才能进行，否则有发生人身和设备事故的危险。

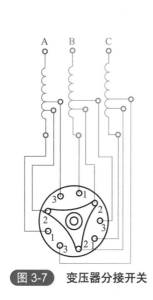

图3-7 变压器分接开关

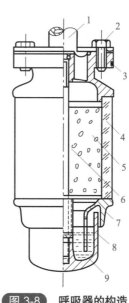

图3-8 呼吸器的构造

1—连接管；2—螺钉；3—法兰盘；4—玻璃管；
5—硅胶；6—螺杆；7—底座；8—底罩；9—变压器油

任何一台变压器都应装有分接开关，因为当外加电压超过变压器绕组额定电压的

10%时，变压器磁通密度将大大增加，使铁芯饱和而发热，增加铁损，所以不能保证安全运行。因此，变压器应根据电压系统的变化来调节分接头以保证电压不致过高而烧坏用户的电机、电器，避免电压过低引起电动机过热或其他电器不能正常工作等情况。

⑤ 呼吸器　呼吸器的构造如图 3-8 所示。在呼吸器内装有变色硅胶，油枕内的变压器油通过呼吸器与大气连通，内部干燥剂可以吸收空气中的水分和杂质，以保持变压器内变压器油的良好绝缘性能。呼吸器内的硅胶在干燥情况下呈浅蓝色，当吸潮达到饱和状态时渐渐变为淡红色。这时，应将硅胶取出在 140℃高温下烘烤 8h，即可以恢复原特性。

## 第二节　变压器的保护装置及运行检修

### 一、变压器的保护装置

#### 1. 变压器的熔断器选择

❶ 对容量在 100kV·A 及以下的三相变压器，熔断器型号的选择如下：

a. 室外变压器选用 RW3-10 或 RW4-10 型熔断器。

b. 室内变压器选用 RN10-10 型熔断器。容量在 100kV·A 及以下的三相变压器的熔体或熔管，按照变压器额定电流的 2 ～ 3 倍选择，但不能小于 10A。

❷ 容量在 100kV·A 以上的三相变压器，熔断器型号的选择与 100kV·A 及以下的三相变压器相同。

熔体的额定电流按照变压器额定电流的 1.5 ～ 2 倍选择。变压器二次侧熔体的额定电流可根据变压器的额定电流选择。

#### 2. 变压器的继电保护

额定电压为 10kV、容量在 560kV·A 以上或装于变配电所的容量在 20kV·A 以上时，由于使用高压断路器操作，故而应配置相适应的过电流保护和速断保护。

❶ 变压器的气体保护　对于容量较大的变压器，应采用气体保护作为主要保护。一般规定变配电所中，容量在 800kV·A 及以上的车间变电站，其变压器容量为 400kV·A 及以上，应安装气体保护。

变压器中气体继电器的构造如图 3-9 所示。

❷ 气体继电器的工作原理　当变压器内部发生微小故障时，故障点局部发热引起变压器油的膨胀；与此同时，变压器油分解出大量气体聚集在气体继电器上部，迫使变压器油面降低。气体继电器的上油杯与永久磁铁随之下降，逐渐靠近干簧触点，当磁铁距干簧触点达到一定距离时，吸动干簧触点闭合，接通外部气体信号电路，使轻气体信

号继电器动作掉牌或接通警报电路。

如果变压器故障比较严重，变压器内要产生大量气体，使得急速的油流从变压器内上升至油枕，油流冲击气体继电器的挡板，气体继电器的下油杯带动磁铁，使磁铁接近干簧触点，干簧触点被吸合，接通重气体保护的掉闸回路，使变压器的断路器掉闸；与此同时，重气体信号继电器动作跳闸，并发出掉闸警报。

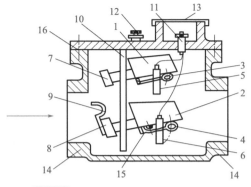

图 3-9　FJ-80 型挡板式气体继电器

1—上油杯；2—下油杯；3，4—磁铁；5，6—干簧接点；
7，8—平衡锤；9—挡板；10—支架；11—接线端头；
12—放气塞；13—接线盒盖板；14—法兰；
15—螺钉；16—橡胶衬垫

## ■ 二、变压器的安装与接线

变压器室内安装时应安装在基础的轨道上，轨距与轮距应配合；变压器室外安装时一般安装在平台上或杆上组装的槽钢架上。轨道、平台、钢架应水平；有滚轮的变压器轮子应转动灵活，安装就位后应用止轮器将变压器固定；装在钢架上的变压器滚轮悬空，并用镀锌铁丝将器身与杆绑扎固定；变压器的油枕侧应有 1% ～ 1.5% 的升高坡度。在变压器安装过程中，吊装作业应由起重工配合作业，任何时候都不得碰击套管、器身及各个部件，不得发生严重的冲击和振动，要轻起轻放。吊装时钢索必须系在器身供吊装的耳环上。吊装及运输过程中应有防护措施和作业指导书。

### 1. 杆上变压器台的安装与接线

杆上变压器台有以下三种形式：

❶ 双杆变压器台（见图 3-10）　将变压器安装在线路方向上单独增设的两根杆的钢架上，再从线路的杆上引入 10kV 电源。如果低压是公用线路，则再把低压用导线送出去与公用线路并接或与其他变压器台并列；如果是单独用户，则再把低压用硬母线引入到低压配电室内的总柜上或低压母线上。

❷ 单杆变压器台（见图 3-11）　在原线路的电杆旁再另立一根电杆，并将变压器安装在这两根电杆间的钢架上，其他同上。由于只增加了一根电杆，因此称为单杆变压器台。

❸ 木杆变压器台（见图 3-12）　将容量在 100kV·A 以下的变压器直接安装在线路的单杆上，不需要增加电杆，又常设在线路的终端，为单台设备供电（如深井泵房或农村用电）。

（1）杆上变压器台　安装方便，工艺简单，主要有立杆、组装金具构架及电气元件、吊装变压器、接线、接地等工序。

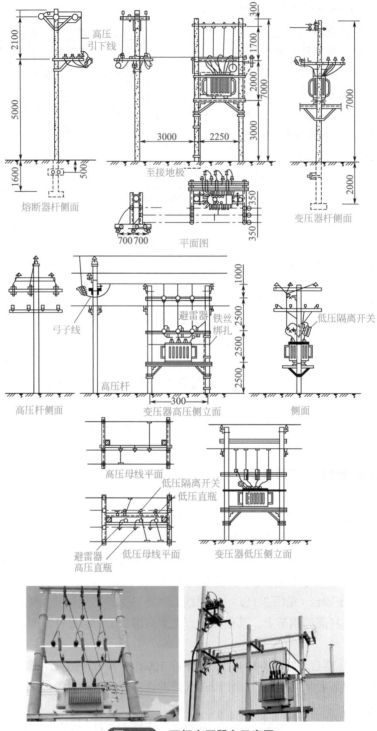

图 3-10 双杆变压器台示意图

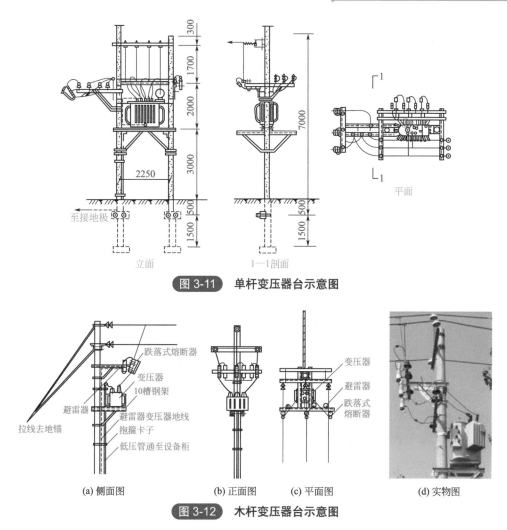

图 3-11　单杆变压器台示意图

图 3-12　木杆变压器台示意图

❶ 变压器支架通常用槽钢制成，用 U 形抱箍与杆连接；变压器安装在平台横担的上面，应使油枕侧偏高，有 1% ～ 1.5% 的坡度；支架必须安装牢固，一般钢架应有斜支承。

❷ 跌落式熔断器的安装　跌落式熔断器安装在高压侧丁字形的横担上，用针式绝缘子的螺杆固定连接，再把熔断器固定在连板上，如图 3-13 所示。其间隔不小于 500mm，以防弧光短路，熔管轴线与地面的垂线夹角为 15° ～ 30°，排列整齐，高低一致。

跌落式熔断器安装前应检查其外观零部件齐全，瓷件良好，瓷釉完整无裂纹、无破损，接线螺钉无松动，螺纹与螺母配套，固定板与瓷件结合紧密无裂纹，与上端的鸭嘴和下端挂钩结合紧密无松动；鸭嘴、挂钩等铜铸件不应有裂纹、砂眼，鸭嘴触头接触良好紧密，挂钩转轴灵活无卡顿，用电桥或数字式万用表测其接触电阻应符合要求；放置时鸭嘴触头一经由下向上触动，鸭嘴即断开，一推动熔管或上部合闸挂环即能合闸，且有一定的压缩行程，接触良好（即一捅就开，一推即合）；熔管不应有吸潮膨胀或弯曲现象，与铜件的结合紧密；固定熔体的螺钉螺纹完好，与元宝螺母配套；装有灭弧罩的跌落式熔断器，其灭弧罩应与鸭嘴固定良好，中心轴线应与合闸触头的中心轴线重合；带电部分和固定板的绝缘电阻必须用 1000 ～ 2500V 的兆欧表测试（其值不应小于 1200MΩ），35kV 的跌落式熔断器必须用 2500V 的兆欧表测试（其值不应小于 3000MΩ）。

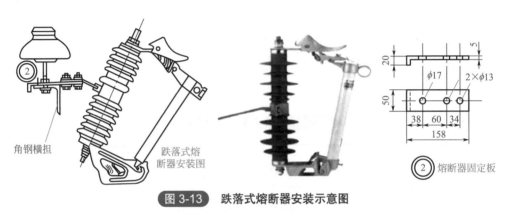

角钢横担

跌落式熔断器安装图

② 熔断器固定板

图 3-13　跌落式熔断器安装示意图

❸ 避雷器的安装　避雷器通常安装在距变压器高压侧最近的横担上，可用直瓶螺钉或单独固定，如图 3-14 所示。其间隔不小于 350mm，轴线应与地面垂直，排列整齐，高低一致，安装牢固，抱箍处要垫 2 ～ 3mm 厚耐压胶垫。

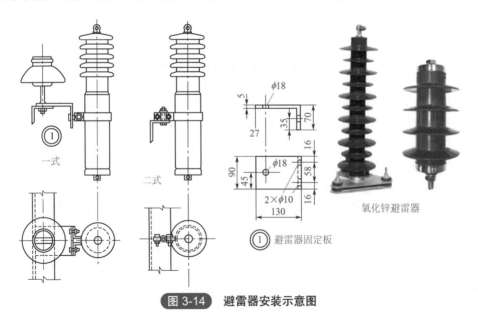

一式

二式

氧化锌避雷器

① 避雷器固定板

图 3-14　避雷器安装示意图

第三章

电力变压器的原理、参数及应用

第一章
第二章
第三章
第四章
第五章
第六章
第七章
第八章
第九章
第十章
第十一章
第十二章

避雷器安装前的检查与跌落式熔断器基本相同，但无可动部分，瓷套管与铁法兰间的结合良好，其顶盖与下部引线处的密封物未出现龟裂或脱落，摇动器身应无任何声响。用 2500V 兆欧表测试其带电端与固定抱箍的绝缘电阻应不小于 2500MΩ。

避雷器和跌落式熔断器必须有产品合格证，没有试验条件的，应到当地供电部门进行试验。避雷器和跌落式熔断器的规格型号必须与设计相符，不得使用额定电压小于线路额定电压的避雷器和跌落式熔断器。

❹ 低压隔离开关的安装  有的设计在变压器低压侧装有一组隔离开关，通常装设在距变压器低压侧最近的横担上，有三极的，也有三只单极的，目的是更换低压熔断器方便。低压隔离开关的外观检查和测试基本与低压断路器相同，但要求瓷件良好，安装牢固，操作机构灵活无卡顿，隔离刀刃合闸后应接触紧密，分闸时有足够的电气间隙（≥200mm），三相联动动作同步，动作灵活可靠。500V 兆欧表测试绝缘电阻应大于 2MΩ。

（2）变压器的安装  变压器的安装必须经供电部门认可的试验单位试验合格，并有试验报告才可进行。室外变压器台的安装主要包括变压器的吊装、绝缘电阻的测试和接线等作业内容。

❶ 变压器的吊装

a. 吊装要点如下：

·卸车地点的土质必须坚实；用汽车起重机吊装时，周围应无障碍物，否则应无载试吊，观察吊臂和吊件能否躲过障碍物。

·变压器整体起吊时，应将钢丝绳系在专供起吊的吊耳上，起吊后钢丝绳不得和钢板的棱角接触，钢丝绳的长度应考虑双杆上的吊高。

·吊装前应核对高低压套管的方向，避免吊放在支架上之后再调换器身的方向。

·在吊装过程中，高低压套管都不应受到损伤和应力，器身的任何部位不得有与他物碰撞现象。

·起吊时应缓慢进行，当吊钩将钢丝绳撑紧即将吊起时应停止起吊，检查各个部位受力情况、有无变形、吊车支承有无位移塌陷，杆上支架和安装人员是否已准备就绪。

·全部准备好后，即可正式起吊。就位时应减到最慢速度，并按测定好的位置落放在型钢架上，吊钩先稍微松动，但钢丝绳仍撑直；首先检查高低压侧是否正确，坡度是否合适，然后用 8 号镀锌铁丝将器身与电杆绑扎并紧固，最后松钩且将钢丝绳卸掉。

b. 吊装方法。有条件时应用汽车起重机进行吊装，方法简便且效率高。无吊车时，一般用人字抱杆吊装，下面介绍常用的吊装方法。

·吊装机具布置如图 3-15 所示。抱杆可用杆头 $\phi150$mm 的杉杆或 $\phi159$mm 的钢管，长度 $H$ 由下式决定：

$$H = \frac{h + 4h'}{\sin\alpha}$$

式中　$h$——变压器安装高度，m；

　　　$h'$——变压器高度，m；

　　　$\alpha$——人字抱杆与地面的夹角（$\alpha$一般取70°），(°)。

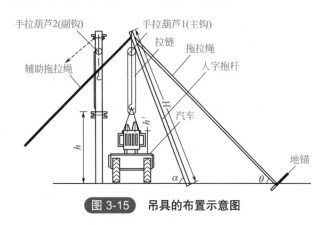

图 3-15　吊具的布置示意图

其中，吊具可用手拉葫芦或绞磨，手拉葫芦的规格应大于变压器重量；绞磨、滑轮、钢丝绳及吊索应能承受变压器的重量并有一定的安全系数。拖拉绳一般可用 $\phi16 \sim 20$mm 钢丝绳，地锚要可靠牢固，不得用电杆或拉线地锚。

·吊装工艺。所有受力部位检查无误后即可起吊，吊装注意事项可参照立杆的部分内容。

当变压器底部起吊高度超过变压器放置构架 $1.5h \sim 1.7h$ 时，即停止起吊。接着用电杆上部横担悬挂的副钩（手拉葫芦2）吊住变压器的吊索，同时拉动其吊链使变压器向放置构架方向倾斜位移。然后主吊钩缓慢放松，而手拉葫芦则将变压器缓慢吊起，且主钩放松和副钩起吊收紧应同步，逐渐将变压器的重量移至副钩，当到一定程度时副钩再缓慢下降，直至副钩将变压器的全部重量吊起时（副钩的吊链与地面垂直时）再将副钩缓慢下降，同时松开主钩，即可将变压器放落在构架上，如图3-16所示。必要时应在电杆的另侧设辅助拉线，防止电杆倾斜。按图3-16进行吊装时，还可将副钩去掉，把拖拉绳换成由绞磨控制，当主钩将变压器起吊到一定高度时，由绞磨慢慢将拖拉绳放松，人字抱杆前斜，即可把变压器降落在构架上。这种方法对人字抱杆、拖拉绳、绞磨、地锚及抱杆的支点要求很高，

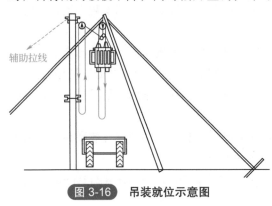

图 3-16　吊装就位示意图

要正确选择，并有一定的安全系数。

将变压器放稳找正，并用铅丝绑扎好后，才可将副钩拆开取下。取下时，不得碰击变压器的任何部位。

下面再介绍另一种简便的吊装方法。首先把两杆顶部的横担装好（必要时应附上一根 $\phi$100mm 的圆木或钢管，以防横担压弯），并且垂直横担方向在两根杆上设临时拉线或装置拖拉绳，其余杆上金具暂不安装；然后分别在两杆同一高度（应满足变压器安装高度要求）上挂一只手拉葫芦，挂手拉葫芦时应先在杆上绑扎一横木，以防吊装时挤压水泥杆。简易吊装变压器布置示意图如图 3-17 所示。

将手拉葫芦的吊钩分别与变压器用钢索系好，并同时起吊，一直将变压器提升到略高于安装高度。这时将预先装配合适的型钢架由四人分别从杆的外侧合梯上（不得在变压器下方）抬于电杆的安装高度处，并迅速将其用穿钉与电杆紧固好，油枕侧应略高一些，并把斜支承装好。最后将变压器缓慢落放在型钢架上，找正后再用铅丝绑扎牢固，如图 3-18 所示。

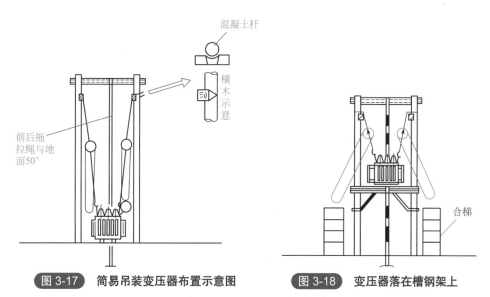

图 3-17　简易吊装变压器布置示意图　　图 3-18　变压器落在槽钢架上

❷ 变压器的简单检查与测试　变压器在接线前要进行简单的检查与测试，虽然变压器是经检查和试验的合格品，但还是要以防万一。

a. 外观无损伤，无漏洞，油位正常，附件齐全，无锈蚀。

b. 高低压套管无裂纹、无伤痕，螺栓紧固，油垫完好，分接开关正常。

c. 铭牌齐全，数据完整，接线图清晰。高压侧的线电压与线路的线电压相符。

d. 10kV 高压绕组用 1000V 或 2500V 兆欧表测试绝缘电阻应大于 300MΩ，35kV 高压绕组用 2500V 或 5000V 兆欧表测试绝缘电阻应大于 400MΩ；低压 220/380V 绕组用 500V 兆欧表测试绝缘电阻应大于 2MΩ；高压侧与低压侧的绝缘电阻用 500V 兆欧表测试绝缘电阻应大于 500MΩ。

❸ 变压器的接线

a. 接线要求。

• 和电器连接必须紧密可靠，螺栓应有平垫及弹垫。其中与变压器和跌落式熔断器、低压隔离开关的连接，必须压接线鼻子过渡连接，与母线的连接应用 T 型线夹，与避雷器的连接可直接压接连接。与高压母线连接时，如采用绑扎法，绑扎长度不应小于 200mm。

• 导线在绝缘子上的绑扎必须按前述要求进行。

• 接线应短而直，必须保证线间及对地的安全距离，跨接弓子线在最大风摆时要保证安全距离。

• 避雷器和接地的连接线通常使用绝缘铜线，避雷器上引线横截面积不小于 16mm$^2$，下引线横截面积不小于 25mm$^2$，接地线横截面积一般为 25mm$^2$。若使用铝线，上引线横截面积不小于 25mm$^2$，下引线横截面积不小于 35mm$^2$，接地线横截面积不小于 35mm$^2$。

b. 接线工艺。下面介绍接线工艺过程。

• 将导线撑直，绑扎在原线路杆顶横担上的直瓶上和下部丁字横担的直瓶上，与直瓶的绑扎应采用终端式绑扎法，如图 3-19 所示。同时将下端压接线鼻子，与跌落式熔断器的上闸口接线柱连接拧紧，如图 3-20 所示。导线的上端暂时团起来，先固扎在杆上。

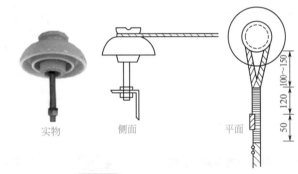

实物　　　　侧面　　　　平面

图 3-19　导线在直瓶上的绑扎

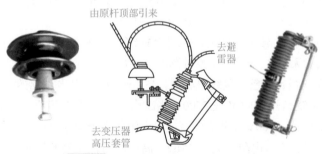

图 3-20　导线与跌落式熔断器的连接

• 高压软母线的连接。

Ⅰ.将导线撑直，一端绑扎在跌落式熔断器丁字横担上的直瓶上，另一端水平通至避雷器处的横担上，并绑扎在直瓶上，与直瓶的绑扎方式如图3-19所示。同时丁字横担直瓶上的导线按相序分别采用弓子线的形式接在跌落式熔断器的下闸口接线柱上（弓子线要做成铁链自然下垂的形式）。其中U相和V相直接由跌落式熔断器的下闸口翻至丁字横担的下方直瓶上（用图3-19的方法绑扎），而W相则由跌落式熔断器的下闸口直接上翻至T形横担上方的直瓶上（并按图3-21的方法绑扎）。

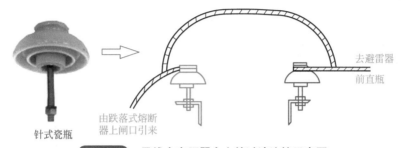

针式瓷瓶　　由跌落式熔断器上闸口引来　　去避雷器前直瓶

图 3-21　导线在变压器台上的过渡连接示意图

而软母线的另一侧均应上翻，接至避雷器的上接线柱，方法如图3-22所示。

Ⅱ.将导线撑直，按相序分别用T型线夹与软母线连接，连接处应包缠两层铝包带，另一端直接引至高压套管处，压接线鼻子，按相序与套管的接线柱接好，这段导线必须撑紧。

• 低压侧的接线。将低压侧三只相线的套管，直接用导线引至隔离开关的下闸口（注意，这里是为了接线的方便，操作时必须先验电后操作），导线撑直，必须用线鼻子过渡。

将线路中低压的三根相线及一根零线，经上部的直瓶直接引至隔离开关上方

沿横梁及杆　引下与地极焊接

图 3-22　导线与避雷器的连接示意图

横担的直瓶上，绑扎如图3-22所示，直瓶上的导线与隔离开关上闸口的连接如图3-23所示，其中跌落式熔断器与导线的连接可直接用上面的元宝螺栓压接，同时按变压器低压侧额定电流的1.25倍选择与跌落式熔断器配套的熔片，装在跌落式熔断器上，其中零线直接压接在变压器中性点的套管上。

如果变压器低压侧直接引入低压配电室，则应安装硬母线将变压器二次侧引入配电室内。如果变压器专供单台设备用电，则应设管路将低压侧引至设备的控制柜内。

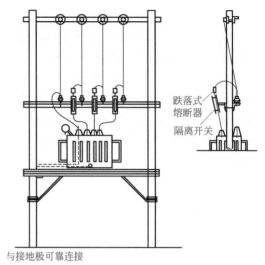

跌落式
熔断器

隔离开关

与接地极可靠连接

图 3-23　低压侧连接示意图

• 变压器台的接地。变压器台的接地共有三个点，即变压器外壳的保护接地、低压侧中性点的工作接地和避雷器下端的防雷接地，三个接地点的接地线必须单独设置，接地极则可设一组，但接地电阻应小于 4Ω。并将其引至杆处上翻 1.20m 处，一杆一根，一根接避雷器，另一根接中性点和外壳。

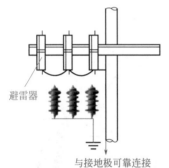

避雷器

与接地极可靠连接

图 3-24　杆上避雷器的
接地示意图

接地引线应采用 25mm² 及以上的铜线或 4mm× 40mm 镀锌扁钢。其中，中性点接地应沿器身翻至杆处，外壳接地应沿平台翻至杆处，与接地线可靠连接；避雷器下端可用一根导线串接而后引至杆处，与接地线可靠连接，如图 3-24 所示。装有低压隔离开关时，其接地螺钉也应另外接线并与接地体可靠连接。

• 变压器台的安装要求。变压器应安装牢固，水平倾斜不应大于 1/100，且油枕侧偏高，油位正常；一、二次接线应排列整齐，绑扎牢固；变压器完好，外壳干净，试验合格；可靠接地，接地电阻符合设计要求。

• 全部装好，接线完毕后，应检查有无不妥，并把变压器顶盖、套管、分接开关等用棉丝擦拭干净，重新测试绝缘电阻和接地电阻应符合要求。将高压跌落式熔断器的熔管取下，按表 3-5 选择高压熔体，并将其安装在熔管内。高压熔体安装时必须伸直，且有一定的拉力，然后将其挂在跌落式熔断器下边的卡环内。

表3-5　高压跌落式熔断器的选择

| 变压器容量 /kV | 100/125 | 160/200 | 250 | 315/400 | 500 |
|---|---|---|---|---|---|
| 熔断器规格 /A | 50/15 | 50/20 | 50/30 | 50/40 | 50/50 |

与供电部门取得联系后，在线路停电的情况下，先挂好临时接地线，然后将三根高压电源线与线路连接（通常用绑扎或 T 型线夹的方法进行连接），要求同前。接好后再将临时接地线拆掉，并与供电部门联系，请求送电。

（3）合闸试验　合闸试验是分以下几步进行的。

❶ 将低压隔离开关断开，如未设低压隔离开关，应将低压熔断器的熔体先拆下。

❷ 再次测量绝缘电阻，如在当天已测绝缘电阻，且一直有人看护，则可不测。

❸ 与供电部门取得联系，说明合闸试验的具体时间，必要时应请有关人员参加，合闸前必须征得供电部门的同意。

❹ 在无风天气，则先合两个边相的跌落式熔断器，后合中间相的跌落式熔断器；如有风，则按顺序先合上风头的跌落式熔断器，后合下风头的跌落式熔断器。合闸必须用高压拉杆，戴高压手套，穿高压绝缘靴或辅以高压绝缘垫。

❺ 合闸后，变压器应有轻微的均匀"嗡嗡"声（可用细木棒或螺丝刀测听），温升应无变化，无漏油、无振动等异常现象。应进行 5 次冲击合闸试验，且第一次合闸持续时间不得少于 10min，每次合闸后变压器应正常。然后用万用表测试低压侧电压，应为 220/380V，且三相平衡。

❻ 悬挂警告牌，空载运行 72h，无异常后即可带动负载运行。

### 2. 落地变压器台的安装与接线

落地变压器台与杆上变压器台的主要区别是落地变压器台将变压器安装在地面上的混凝土台上，其标高应大于 500mm，上面装有与主筋连接的角钢或槽钢滑道，油枕侧偏高。安装时将变压器的底轮取掉或装上止轮器。其他有关安装、接线、测试、送电合闸、运行等与杆上变压器台相同。

安装好后，应在变压器周围装设防护遮栏，高度不小于 1.70m，与变压器距离应大于或等于 2.0m 并悬挂警告牌"禁止攀登，高压危险"。落地变压器台布置如图 3-25所示，其安装方法基本同前。

## 三、变压器的试验与检查

电力变压器在运输、安装及运行过程中，可能会造成结构性故障隐患和绝缘老化，其原因复杂，如外力的碰撞、振动和运行中的过电压、机械力、热作用以及自然气候变化等都是影响变压器正常运行的因素。因此，新装投入运行前和正常运行中的变压器应有定期的试验和检查。

### 1. 变压器油

（1）变压器油在变压器中的作用　变压器油是一种绝缘性能良好的液体介质，是矿物油。变压器油的主要作用有以下三方面。

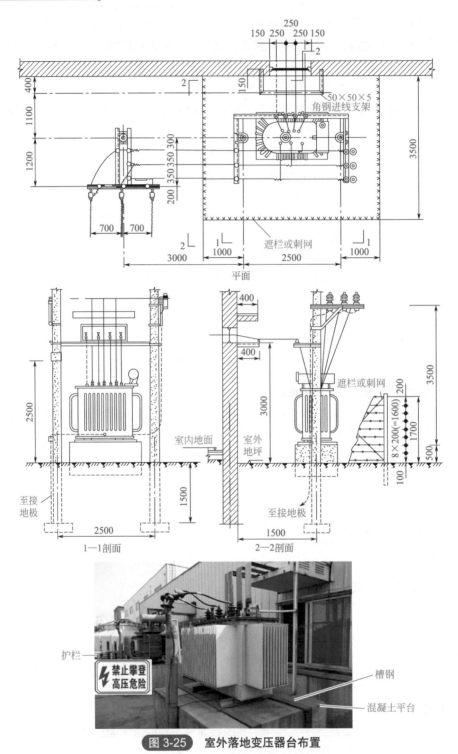

图 3-25 室外落地变压器台布置

注：如无防雨罩时，穿墙板改为室外穿墙套管

❶ 使变压器芯子与外壳及铁芯之间有良好的绝缘作用。变压器油是充填在变压器芯子和外壳之间的液体绝缘。变压器油充填于变压器内各部空隙间，加强了变压器绕组的层间和匝间的绝缘强度。同时，对变压器绕组绝缘起到了防潮作用。

❷ 使变压器运行中加速冷却，变压器油在变压器外壳内，通过上、下层间的温差作用，构成油的对流循环。变压器油可以将变压器芯子的温度，通过对流循环作用经变压器的散热器与外界低温介质（空气）间接接触，再把冷却后的低温变压器油经循环作用回到变压器芯子内部。如此循环，达到冷却的目的。

❸ 变压器油除能起到上述两种作用外，还可以在某种特殊运行状态时起到加速变压器外壳内的灭弧作用。由于变压器油是经常运动的，当变压器内有某种故障而引起电弧时，能够加速电弧的熄灭。例如，变压器的分接开关接触不良或绕组的层间与匝间短路引起了电弧，这时变压器油通过运动冲击了电弧，使电弧拉长，并降低了电弧温度，增强了变压器油内的去游离作用，熄灭电弧。

（2）变压器油的技术性能

❶ 变压器油的牌号，是按照变压器油的凝固点而确定的。

常用变压器油的牌号有：10 号油，凝固点在 -10℃，北京地区室内变压器常采用这种变压器油；25 号油，凝固点为 -25℃，室外变压器常采用 25 号油；45 号油，凝固点为 -45℃，在气候寒冷的地区被广泛使用，北京地区的个别山区室外变压器常采用这种变压器油。

❷ 变压器油的技术性能指标。

a. 耐压强度。耐压强度是指单位体积的变压器油承受的电压强度。往往采用油杯进行油耐压试验。耐压强度值即为在油杯内，电极直径为 25mm，厚为 6mm，间隙为 2.5mm 时的击穿电压值。一般交接试验中的变压器油耐压为 25kV，新油耐压为 30kV。新标准规定，对于 10kV 运行中的变压器油，耐压放宽至 20kV。

b. 凝固点。变压器油达到某一温度时，使变压器油的黏度达到最大，该点的温度即为变压器油的凝固点。

c. 闪点。变压器油达到某一温度时，油蒸发出的气体如果临近火源即可引起燃烧，此时变压器油所达到的温度称为闪点。变压器油的闪点不能低于 135℃。

d. 黏度。黏度是指变压器油在 50℃时的黏度（运动黏度，单位 $mm^2/s$）。为便于发挥对流散热作用，黏度小一些为好，但是黏度影响变压器油的闪点。

e. 密度。变压器油密度越小，说明油的质量越好，油中的杂质及水分容易沉淀。

f. 酸价。变压器油的酸价是表示每克油所中和氢氧化钠的数量，用 KOH∶油质量表示（单位 mg/g）。酸价表明变压器油的氧化程度，酸价出现表示变压器油开始氧化，所以变压器油的酸价越低对变压器越有利。

g. 安定度。变压器油的安定度是抗老化程度的参数。安定度越大，说明变压器油质量越好。

h.灰分。灰分表明变压器油内含酸、碱硫、游离碳、机械混合物的数量，也可以说是变压器油的纯度。因此，灰分含量越小越好。

（3）变压器取油样　为了监测变压器的绝缘状况，每年需要取变压器油进行试验（变压器油的试验项目和标准见表3-4），这就要求采取一系列的措施，保证反映变压器油的真实绝缘状态。

❶变压器取油样的注意事项：

a.取油样使用的瓶子，需经干燥处理。

b.运行中的变压器取油样，应在干燥天气时进行。

c.油量应一次取够。根据试验的需要，做耐压试验时油量不少于0.5L，做简化试验时油量不少于1L。

❷变压器取油样的方法。变压器取油样应注意方法正确，否则将影响试验结果的正确性。

a.取油样时，在变压器下部放油阀门处进行。可先放出2L变压器油，并擦净阀门，再用变压器油冲洗若干次。

b.用取出的变压器油冲洗样瓶两次，才能灌瓶。

c.灌瓶前把瓶塞用净油洗干净，将变压器油灌入瓶后立即盖好瓶盖，并用石蜡封严瓶口，以防受潮。

d.取油样时，先检查油标管，看变压器是否缺油，若变压器缺油则不能取油样。

e.启瓶时要求室温与取油样温度不能相差过大，最好在同一温度下进行，否则会影响试验结果。

（4）变压器补油　变压器补油应注意以下各方面。

❶补入的变压器油，要求与运行中变压器油的牌号一致，并经试验合格（含混合试验）。

❷补油应从变压器油枕上的注油孔处进行，补油要适量。

❸补油如果在运行中进行，补油前首先将重瓦斯掉闸改接信号。

❹不能从下部油门处补油。

❺在补油过程中，注意及时排放油中气体；运行24h之后，才能将重瓦斯投入掉闸位置。

## 2.变压器分接开关的调整与检查

运行中系统电压过高或过低影响设备的正常运行时，需要将变压器分接开关进行适当调整，以保持变压器二次侧电压的正常。

10kV变压器分接开关有三个位置，调压范围为±5%。当系统的电压变化不超过额定电压的±5%时，可以通过调节变压器分接开关的位置解决电压过高或过低的问题。

对于无载调压的配电变压器，分接开关有三挡，即Ⅰ挡时，为10500/400V；Ⅱ挡时，为10000/400V；Ⅲ挡时，为9500/400V。

如果系统电压过高，超过额定电压，反映于变压器二次侧母线电压高，需要将变压器分接开关调到Ⅰ挡位置；如果系统电压低，达不到额定电压，反映于变压器二次侧电压低，则需要将变压器分接开关调至Ⅲ挡位置。即所谓的"高往高调，低往低调"。但是，变压器分接开关的调整，要注意相对稳定，不可频繁调整，否则将影响变压器运行寿命。

（1）变压器吊芯检查，对变压器分接开关的检查

❶ 检查变压器分接开关（无载调压变压器）的触点与变压器绕组的连接，应紧固、正确，各接触点应接触良好，转换触点应正确在某确定位置上，并与手把指示位置相一致。

❷ 分接开关的拉杆、分接头的凸轮、小轴销子等部件应完整无损，转动盘应动作灵活、密封良好。

❸ 变压器分接开关传动机械的固定应牢靠，摩擦部分应有足够的润滑油。

（2）变压器绕组直流电阻的测试要求　下面介绍在调整变压器分接开关时，对绕组直流电阻的测试要求和电阻值的换算方法。

对绕组直流电阻的测试要求调节变压器分接开关时，为了保证安全，需要通过测量变压器绕组的直流电阻，具体了解分接开关的接触情况，因此应按照以下要求进行。

❶ 测量变压器高压绕组的直流电阻应在变压器停电并且履行安全工作规程有关规定以后进行。

❷ 变压器应拆去高压引线，以避免造成测量误差，并且要求在测量前后对变压器进行人工放电。

❸ 测量直流电阻所使用的电桥，误差等级不能小于0.5级，容量大的变压器应使用0.05级QJ-5型直流电桥。

❹ 测量前应查阅该变压器原始资料，做到预先掌握数据。为了测得数据可靠，在调整分接开关的前、后分别测量绕组的直流电阻。每次测量之前，先用万用表的电阻挡对变压器绕组的直流电阻进行粗测，同时按照测量数值的范围对电桥进行"预置数"，即将电桥的桥臂电阻旋钮按照万能表测出的数值调好。注意电桥的正确操作方法，不能损坏设备。

❺ 测量变压器绕组的直流电阻应记录测量时变压器的温度。测量之后应换算到20℃时的电阻值，一般可按下式计算：

$$R_{20} = \frac{T+20}{T+T_a} R_a$$

式中 $R_{20}$——折算到20℃时，变压器绕组的直流电阻；

   $R_a$——温度为$T_a$时，变压器绕组的直流电阻；

   $T$——系数（铜为235，铝为225）；

   $T_a$——测量时变压器绕组温度。

❻ 变压器绕组 Y 接线时，按下式计算每相绕组的直流电阻：

$$R_U = \frac{R_{UW} + R_{UV} - R_{VW}}{2}$$

$$R_V = \frac{R_{UV} + R_{VW} - R_{UW}}{2}$$

$$R_W = \frac{R_{VW} + R_{UW} - R_{UV}}{2}$$

❼ 按照变压器原始报告中的记录数值与变压器测量后换算到同温度下进行比较，检查有无明显差别。所测三相绕组直流电阻的不平衡误差按下式计算，其误差不能超过 ±2%：

$$\Delta R\% = \frac{R_D - R_C}{R_C} \times 100\%$$

式中 $\Delta R\%$——三相绕组直流电阻差值百分数；

   $R_D$——电阻值最大一相绕组的电阻值；

   $R_C$——电阻值最小一相绕组的电阻值。

试验发现有明显差别时分析原因，或倒回原挡位再次测量。

❽ 试验合格后，将变压器恢复到具备送电的条件，送电观察分接开关调整之后的母线电压。

### 3. 变压器的绝缘检查

变压器的绝缘检查主要是指交接试验、预防性试验和运行中的绝缘检查。

变压器的绝缘检查主要包含绝缘电阻摇测、吸收比、变压器油耐压试验和交流耐压试验。下面介绍运行中对变压器绝缘检查的要求和影响变压器绝缘的因素以及变压器绝缘在不同温度时的换算。

（1）变压器绝缘检查的要求

❶ 变压器的清扫、检查应当摇测变压器一、二次绕组的绝缘电阻。

❷ 变压器油要求每年取油样进行油耐压试验，10kV 以上的变压器油还要做油的简化试验。

❸ 运行中的变压器每 1 ～ 3 年应进行预防性绝缘试验（又称绝保试验）。

（2）影响变压器绝缘的因素　电气绝缘试验，是通过测量、试验、分析的方法，检测和发现绝缘的变化趋势，掌握其规律，发现问题。通过对电力变压器的绝缘电阻测量和绝缘耐压等试验，对变压器能否继续运行做出正确判断。为此，应准确测量，排除对设备绝缘有影响的诸多因素。

通常影响变压器绝缘的因素有以下方面：

❶ 温度的影响 测量时，由于温度的变化将影响绝缘测量的数值，所以进行试验时应记录测试时的温度，必要时进行不同温度下的绝缘测量值的换算。变压器绝缘电阻的数值随变压器绕组的温度不同而变化，因此对运行变压器绝缘电阻的分析应换算至同一温度时进行。通常温度越高，变压器的绝缘电阻值越低。

❷ 空气湿度的影响 对于油浸自冷式变压器，由于空气湿度的影响，变压器绝缘子表面的泄漏电流增加，导致变压器绝缘电阻数值变化，当湿度较大时绝缘电阻显著降低。

❸ 测量方法对变压器绝缘的影响 测量方法的正确与否直接影响变压器绝缘电阻的大小。例如，使用兆欧表测量变压器绝缘电阻时，所用的测量线是否符合要求，仪表是否准确等。

❹ 电容值较大的设备（如电缆及容量大的变压器、电机等）需要通过吸收比试验来判断绝缘是否受潮，取 $R_{60}/R_{15}$：温度在 10 ~ 30℃时，绝缘良好值为 1.3 ~ 2，低于该数值说明绝缘受潮，应进行干燥处理。

（3）变压器绕组的绝缘电阻在不同温度时的换算 对于新出厂的变压器可按表 3-6 进行换算。

表3-6　变压器绕组不同温差绝缘电阻换算系数表

| 温度差（$t_2-t_1$）/℃ | 5 | 10 | 15 | 20 | 25 | 30 | 35 | 40 | 45 | 55 | 60 |
|---|---|---|---|---|---|---|---|---|---|---|---|
| 绝缘电阻换算系数 | 1.23 | 1.5 | 1.84 | 2.25 | 2.75 | 3.4 | 4.15 | 5.1 | 6.2 | 7.5 | 11.2 |

注：$t_2$——出厂试验时温度；$t_1$——绝缘试验时温度。

变压器运行中绝缘电阻温度系数，可按下式计算（换算为 120℃）：

$$K = 10 \times \frac{t-20}{40}$$

式中　$K$——绝缘电阻换算系数；

　　　$t$——测定时的温度。

如果要将绝缘电阻换算至任意温度时，可按下式计算：

$$M\Omega_{t_R} = M\Omega_t \times 10 \times \frac{t_R - t}{40}$$

式中　$M\Omega_{t_R}$——换算到任意温度时的绝缘电阻值；

　　　$M\Omega_t$——试验时实测温度时的绝缘电阻值；

　　　$t$——试验时实测温度；

　　　$t_R$——换算到的温度。

例如，将变压器绕组绝缘电阻换算为 20℃时，则上式即为

$$M\Omega_{20} = M\Omega_t \times 10 \frac{20 - t}{40}$$

## 四、变压器的并列运行

## 五、变压器的检修与验收

第四章 仪用互感器的结构、作用与应用

---

**第一节** 仪用互感器的构造和工作原理

### ❏ 一、电压互感器的构造和工作原理

电压互感器按其工作原理可以分为电容分压原理（在 220kV 及以上系统中使用）和电磁感应原理两类。常用的电压互感器是利用电磁感应原理制造的，它的基本构造与普通变压器相同，如图 4-1 所示，主要由铁芯、一次绕组、二次绕组组成。电压互感器一次绕组匝数较多，二次绕组匝数较少，使用时一次绕组与被测量电路并联，二次绕组与测量仪表或继电器等电压线圈并联。由于测量仪表、继电器等电压线圈的阻抗很大，因此，电压互感器在正常运行时相当于一个空载运行的降压变压器，二次电压基本上等于二次电动势值，且取决于恒定的一次电压值，所以电压互感器在准确度所允许的负载范围内，能够精确地测量一次电压。

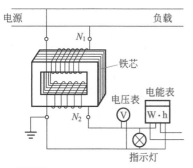

图 4-1 电压互感器构造原理图

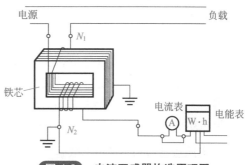

图 4-2 电流互感器构造原理图

### ❏ 二、电流互感器的构造和工作原理

电流互感器也是按电磁感应原理工作的。它的结构与普通变压器相似，主要由铁芯、一次绕组和二次绕组等几个主要部分组成，如图 4-2 所示。不同的是，电流互感

器的一次绕组匝数很少，使用时一次绕组串联在被测线路里；而二次绕组匝数较多，与测量仪表和继电器等电流线圈串联使用。运行中电流互感器一次绕组内的电流取决于线路的负载电流，与二次负载无关（与普通变压器正好相反），由于接在电流互感器二次绕组内的测量仪表和继电器的电流线圈阻抗都很小，所以电流互感器在正常运行时，接近于短路状态，类似于一个短路运行的变压器。这是电流互感器与变压器的不同之处。

## 第二节 仪用互感器的型号及技术数据

### 一、电压互感器的型号及技术数据

#### 1. 电压互感器的型号表达式

电压互感器按其相数可分为单相、三相，从结构上可分为双绕组、三绕组，以及户外装置、户内装置等。通常，型号用横列拼音字母及数字表示，各部位字母含义见表4-1。

表4-1　电压互感器的型号含义

| 电压互感器型号格式 | 字母排列顺序 | 代号含义 |
|---|---|---|
| ① ② ③ ④—□<br>　　　　□——额定电压(kV)<br>　　　　——设计序号 | 1 | J——电压互感器 |
| | 2（相数） | D——单相；S——三相 |
| | 3（绝缘型式） | J——油浸式；G——干式；<br>Z——浇注式；C——瓷箱式 |
| | 4（结构型式） | B——带补偿绕组；<br>W——五柱三绕组；<br>J——接地保护 |

下面是几个电压互感器数据型号的举例。

❶ JDZ-10：单相双绕组浇注式绝缘的电压互感器，额定电压10kV。

❷ JSJW-10：三相三绕组五铁芯柱油浸式电压互感器，额定电压10kV。

❸ JDJ-10：单相双绕组油浸式电压互感器，额定电压10kV。

#### 2. 电压互感器的额定技术数据

常用电压互感器的额定技术数据参数主要有以下几点。

（1）变压比　电压互感器常常在铭牌上标出一次绕组和二次绕组的额定电压，变压比是指一次绕组与二次绕组额定电压之比。

（2）误差和准确级次　电压互感器的测量误差可分为两种：一种是变比误差（电压比误差），另一种是角误差。

变比误差决定于下式：

$$\Delta U\% = \frac{KU_2 - U_{1e}}{U_{1e}}$$

式中　$K$——电压互感器的变压比；

　　　$U_{1e}$——电压互感器一次额定电压；

　　　$U_2$——电压互感器二次电压实测值。

所谓角误差是指二次电压的相量与一次电压相量间的夹角 $\delta$，角误差的单位是分。当二次电压相量超前于一次电压相量时，规定为正角差，反之为负角差。正常运行的电压互感器角误差是很小的，最大不超过 240′，一般都在 60′ 以下。

电压互感器的误差与下列因素有关：

❶ 与互感器二次负载大小有关，二次负载加大时，误差加大。

❷ 与互感器绕组的阻抗、感抗以及漏抗有关，阻抗和漏抗加大同样会使误差加大。

❸ 与互感器励磁电流有关，励磁电流变大时，误差也变大。

❹ 与二次负载功率因数（$\cos\phi$）有关，功率因数减小时，角误差将显著增大。

❺ 与一次电压波动有关，只有当一次电压在额定电压（$U_{1e}$）的 ±10% 范围内波动时，才能保证不超过准确度规定的允许值。

电压互感器的准确级次，是以最大变比误差（简称比差）和相角误差（简称角差）来区分的，见表 4-2。准确级次在数值上就是变比误差等级的百分限值，通常电力工程上把电压互感器的误差分为 0.5 级、1 级和 3 级三种。另外，在精密测量中尚有一种 0.2 级试验用互感器。准确级次的具体选用，应根据实际情况来确定，例如用来馈电给电度计量专用的电压互感器，应选用 0.5 级；用来馈电给测量仪表用的电压互感器，应选用 1 级或 0.5 级；用来馈电给继电保护用的电压互感器应具有不低于 3 级的准确度。实际使用中，经常是测量用电压表，继电保护以及开关控制信号用电源混合使用一个电压互感器，这种情况下，测量电压表的读数误差可能较大，因此不能作为计算功率或功率因数的准确依据。

由于电压互感器的误差与二次负载的大小有关，所以同一电压互感器对应于不同的二次负载容量，在铭牌上标注几种不同的准确级次，而电压互感器铭牌上所标定的最高的准确级次，称之为标准正确级次。

表4-2　电压互感器准确级次和误差限值

| 准确级次 | 误差限值 | | 一次电压变化范围 | 二次负载变化范围 |
|---|---|---|---|---|
| | 比差 /（±%） | 角差 /（±′） | | |
| 0.5 | 0.5 | 20 | $(0.85 \sim 1.15) U_{1e}$ | $(0.25 \sim 1) S_{2e}$ |
| 1 | 1.0 | 40 | | |
| 3 | 3.0 | 不规定 | | |

注：1. $U_{1e}$ 为电压互感器一次绕组额定电压。

　　2. $S_{2e}$ 为电压互感器相应级次下的额定二次负荷。

（3）容量　电压互感器的容量，是指二次绕组允许接入的负载功率，分为额定容量和最大容量两种，单位为 V·A。由于电压互感器的误差是随二次负载功率的大小而变化的，容量增大，准确度降低，所以铭牌上每一个给定容量都是和一定的准确级次相对应的。

通常所说的额定容量，是指对应于最高准确级次的容量。最大容量是允许发热条件规定的最大容量，除特殊情况及瞬时负载需用外，一般正常运行情况下，二次负载不能到这个容量。

（4）接线组别　电压互感器的接线组别，是指一次绕组线电压与二次绕组线电压间的相位关系。10kV 系统常用的单相电压互感器，接线组别为 1/1-12，三相电压互感器接线组别为 $Y/Y_0$-12（Y，yn12）或 $Y/Y_0$-12（$Y_N$，yn12）。

### 3. 10kV 系统常用电压互感器

（1）JDJ-10 型电压互感器　这种类型电压互感器为单相双绕组，油浸式绝缘，户内安装，适用于 10kV 配电系统中，供给电压、电能和功率的测量以及继电保护用，目前在 10kV 配电系统中应用最为广泛。该种互感器的铁芯采用壳式结构，由条形硅钢片叠成，在中间铁芯柱上套装一次及二次绕组，二次绕组绕在靠近铁芯的绝缘纸筒上，一次绕组绕在二次绕组外面的胶纸筒上，胶纸筒与二次绕组间设有油道。器身利用铁芯夹件固定在箱盖上，装有带呼吸孔的注油塞。外形及安装尺寸如图 4-3 所示。

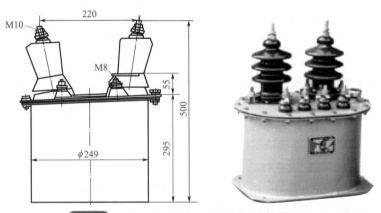

**图 4-3**　JDJ-10 型电压互感器外形及安装尺寸

（2）JSJW-10 型电压互感器　这种类型电压互感器为三相三绕组五柱式油浸电压互感器，适用于户内。在 10kV 配电系统中供测量电压（相电压和线电压）、电能、功率、功率因数，继电保护以及绝缘监察使用。该互感器的铁芯采用旁铁轭（边柱）的心式结构（称五铁芯柱），由条形硅钢片叠成。每相有三个绕组（一次绕组、二次绕组和辅助二次绕组），三个绕组构成一体，三相共有三组线圈，分别套在铁芯中间的三个铁芯柱上。辅助二次绕组绕在靠近铁芯里侧的绝缘纸筒上，外面包上绝缘纸板，再在绝缘纸板外面绕制二次绕组，一次绕组分段绕在二次绕组外面；一次和二次绕组之间置有角环，以利于绝缘和油道畅通。三相五柱式电压互感器铁芯结构示意图及线圈接线图如图 4-4 所示。

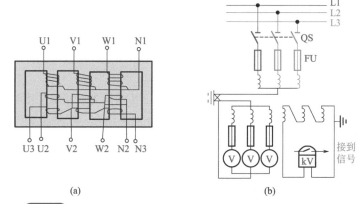

(a)                                        (b)

图 4-4  三相五柱式电压互感器铁芯结构示意图及线圈接线图

这种类型互感器的器身用铁芯夹件固定在箱盖上，箱盖上装有高低压出线瓷套管、铭牌、吊攀及带有呼吸孔的注油塞，箱盖下的油箱呈圆筒形，用钢板焊制，下部装有接地螺栓和放油塞。JSJW-10 型电压互感器外形及尺寸如图 4-5 所示。

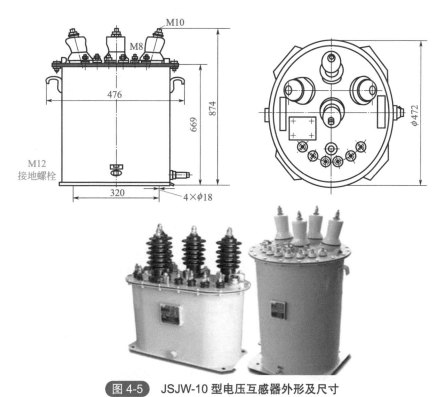

图 4-5  JSJW-10 型电压互感器外形及尺寸

（3）JDZJ-10 型电压互感器　这种类型电压互感器为单相三绕组浇注式绝缘户内用设备，在 10kV 配电系统中可供测量电压、电能、功率及接地继电保护等使用，可利用三台这种类型互感器组合来代替 JSJW 型电压互感器，但不能作单相使用。该种互感器体积较小，气候适应性强，铁芯采用硅钢片卷制成 C 形或叠装成方形，外露在空气中。其一次绕组、二次绕组及辅助二次绕组同心绕制在铁芯中，用环氧树脂浇注成一体，构成全绝缘型结构，绝缘浇注体下部涂有半导体漆并与金属底板及铁芯相连，以改善电场的性能。

（4）JSZJ-10 型电压互感器　这种类型电压互感器为三相双绕组油浸式户内用电压互感器。铁芯为三柱内铁芯式，三相绕组分别装设在三个柱上，器身由铁芯件安装在箱盖上，箱盖上装有高、低压出线瓷套管以及铭牌、吊攀及带有呼吸孔的注油塞，油箱为圆筒形，下部装有接地螺栓和放油塞。图 4-6 所示为 JSZJ-10 型电压互感器外形及安装尺寸，图 4-7 所示为 JSZJ-10 型电压互感器接线方式。

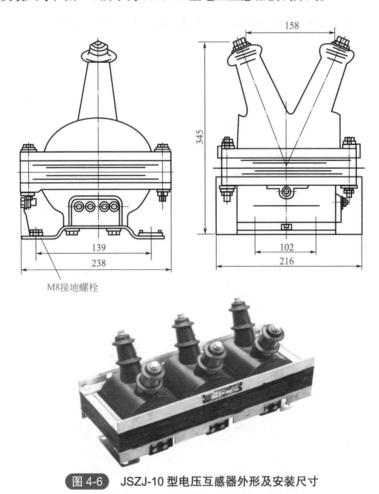

**图 4-6**　JSZJ-10 型电压互感器外形及安装尺寸

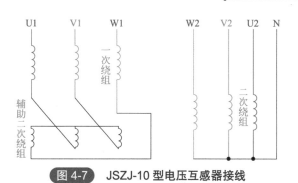

图 4-7  JSZJ-10 型电压互感器接线

该种电压互感器，一次高压侧三相共有六个绕组，其中三个是主绕组，三个是相角差补偿绕组，互相接成 Z 形接线，即以每相线圈与匝数较少的另一相补偿线圈连接。为了能更好地补偿，要求正相序连接，即 U 相主绕组接 V 相补偿绕组，V 相主绕组接 W 相补偿绕组，W 相主绕组接 U 相补偿绕组。这种接法减少了互感器的误差，提高了互感器的准确级次。

（5）JSJB-10 型电压互感器  在 10kV 配电系统中，可供测量电压（相电压及线电压）、电能和功率以及继电保护用。由于采用了补偿线圈，减少了角误差，因此更适宜供给电度计量使用。

## ■ 二、电流互感器的型号及技术数据

### 1. 电流互感器的型号表达式

电流互感器的型式多样，按照用途、结构型式、绝缘型式及一次绕组的型式来分类，通常型号用横列拼音字母及数字来表达，各部位字母含义见表4-3。

表4-3  电流互感器型号字母含义

| 字母排列次序 | 代号含义 |
| --- | --- |
| 1 | L—电流互感器 |
| 2 | A—穿墙式；Y—低压的；R—装入式；C—瓷箱式；B—支持式；C—手车式；F—贯穿复匝式；D—贯穿单匝式；M—母线式；J—接地保护；Q—线圈式；Z—支柱式 |
| 3 | C—瓷绝缘；C—改进式；X—小体积柜用；K—塑料外壳；L—电缆电容型；Q—加强；D—差动保护用；M—母线式；P—中频的；S—速饱和的；Z—浇注绝缘；W—户外式；J—树脂浇注 |
| 4 | B—保护级；Q—加强式；D—差动保护用；J—加大容量；L—铝线式 |

下面是几个电流互感器型号的举例。

❶ LQJ-10：电流互感器，线圈式树脂浇注绝缘，额定电压为 10kV。

❷ LZX-10：电流互感器，支柱式小体积柜用，额定电压为 10kV。

❸ LFZ-10：电流互感器，贯穿复匝式，树脂浇注绝缘，额定电压为 10kV。

### 2. 电流互感器的额定技术数据

常用电流互感器的额定技术参数主要有以下几点。

（1）变流比　电流互感器的变流比，是指一次绕组的额定电流与二次绕组额定电流之比。由于电流互感器二次绕组的额定电流都规定为 5A，所以变流比的大小主要取决于一次额定电流的大小。目前电流互感器的一次额定电流等级有：5，10，15，20，40，50，75，80，100，150，200，（250），300，400，（500），600，（750），800，1000，1200，1500，2000，3000，4000，5000 ～ 6000，8000，10000，15000，20000，25000（单位为 A）。

目前，在 10kV 用户配电设备装置中，电流互感器一次额定电流选用规格，一般为 15 ～ 1500A。

（2）误差和准确级次　电流互感器的测量误差可分为两种：一种是相角误差（简称角差），另一种是变比误差（简称比差）。

变比误差由下式决定：

$$\Delta I\% = \frac{KI_2 - I_{1e}}{I_{1e}}$$

式中　$K$——电流互感器的变比；

$I_{1e}$——电流互感器一次额定电流；

$I_2$——电流互感器二次电流实测值。

电流互感器相角误差，是指二次电流的相量与一次电流相量间的夹角之间的误差。并规定，当二次电流相量超前于一次电流相量时，为正角差，反之为负角差。正常运行的电流互感器的相角差一般都在 120′ 以下。

电流互感器的两种误差，具体与下列条件有关：

❶ 与二次负载阻抗大小有关，阻抗加大，误差加大。

❷ 与一次电流大小有关，在额定值范围内，一次电流增大，误差减小，当一次电流为额定电流的 100%～120% 时，误差最小。

❸ 与励磁安匝（$I_0 N_1$）大小有关，励磁安匝加大，误差加大。

❹ 与二次负载感抗有关，感抗加大，电流误差将加大，而相角误差相对减少。

电流互感器的准确级次，是以最大变比误差和相角差来区分的，准确级次在数值上就是变比误差限值的百分数，见表4-4。电流互感器准确级次有 0.2 级、0.5 级、1 级、3 级、10 级和 D 级几种，其中 0.2 级属精密测量用。工程中电流互感器准确级次的选用，应根据负载性质来确定，如电度计量一般选用 0.5 级，电流表计选用 1 级，继电保护选用 3 级，差动保护选用 D 级。用于继电保护的电流互感器，为满足继电器灵敏度和选择性的要求，根据电流互感器的 10％倍数曲线进行校验。

（3）电流互感器的容量　电流互感器的容量，是指它允许接入的二次负载功率 $S_n$，单位为 V·A。由于 $S_n=I_{2e}^2 I_{f2}$，其中，$I_{f2}$ 为二次负载阻抗，$I_{2e}$ 为二次线圈额定电流（均为 5A），因此通常用额定二次负载阻抗来表示。根据国家标准规定，电流互感器额定二次负载的标准值，可为下列数值之一：5，10，15，20，25，30，40，50，60，80，100（单位为 V·A）。那么，当额定电流为 5A 时，相应的额定负载阻抗值为：0.2，0.4，0.6，0.8，1.0，1.2，1.6，2.0，2.4，3.2，4.0（单位为 Ω）。

表4-4　电流互感器的准确级次和误差限值

| 准确级次 | 一次电流为额定电流的百分数/% | 误差限值 | | 二次负载变化范围 |
|---|---|---|---|---|
| | | 比差/±% | 角差/±(′) | |
| 0.2 | 10 | 0.5 | 20 | (0.25～1)$S_n$ |
| | 20 | 0.35 | 15 | |
| | 100～120 | 0.2 | 10 | |
| 0.5 | 10 | 1 | 60 | (0.25～1)$S_n$ |
| | 20 | 0.75 | 45 | |
| | 100～120 | 0.5 | 30 | |
| 1 | 10 | 2 | 120 | (0.25～1)$S_n$ |
| | 20 | 1.5 | 90 | |
| | 100～120 | 0.5 | 60 | |
| 3 | 50～120 | 3.0 | 不规定 | (0.5～1)$S_n$ |
| 10 | 50～120 | 10 | 不规定 | |
| D | 10 | 3 | 不规定 | $S_n$ |
| | 100$n$ | −10 | | |

注：1. $n$ 为额定 10% 倍数。
2. 误差限值是以额定负载为基准的。

由于互感器的准确级次与功率因数有关，因此，规定上列二次额定负载阻抗是在负载功率因数为 0.8（滞后）的条件下给定的。

（4）保护用电流互感器的 10% 倍数　由于电流互感器的误差与励磁电流 $I_0$ 有着直接关系，当通过电流互感器的一次电流成倍增长时，使铁芯产生饱和磁通，励磁电流急剧增加，引起电流互感器误差迅速增加，这种一次电流成倍增长的情况在系统发生短路故障时是客观存在的。为了保证继电保护装置在短路故障时可靠的动作，要求保护用电流互感器能比较正确地反映一次电流情况，因此，对保护用的电流互感器提出一个最大允许误差值的要求，即允许变比误差最大不超过 10％，角差最大不超过 7°。所谓 10％倍数，就是指一次电流倍数增加到 $n$ 倍（一般规定 6～15 倍）时，电流误差达到 10％，此时的一次电流倍数 $n$ 称为 10％倍数，10％倍数越大表示此互感器的过电流性能越好。

影响电流互感器误差的另一个因素是二次负载阻抗。二次负载阻抗增大，使二次电流减小，去磁安匝减少，同样使励磁电流和误差加大。为了使一次电流和二次负载阻抗这两个影响误差的主要因素互相制约，控制误差在 10％范围以内。各种电流互感器产品规格给出了 10％误差曲线。所谓电流互感器的 10％误差曲线，就是电流误差为 10％ 的条件下一次电流对额定电流的倍数和二次负载阻抗的关系曲线（图 4-8 给出了 LQJC-10 型电流互感器 10％倍数曲线）。利用 10％误差曲线，可以计算出与保护计算用一次电流倍数相适应的最大允许二次负载阻抗。

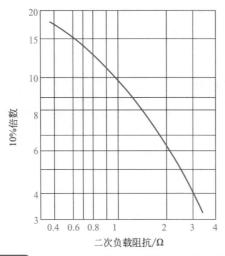

**图 4-8** LQJC-10 型电流互感器 10% 倍数曲线

（5）**热稳定及动稳定倍数**　电流互感器的热稳定及动稳定倍数，是表征互感器能够承受短路电流热作用和机械力的能力。

热稳定电流，是指互感器在 1s 内承受短路电流的热作用而不会损伤的一次电流有效值。所谓热稳定倍数，就是热稳定电流与电流互感器额定电流的比值。

动稳定电流，是指一次线路发生短路时，互感器所能承受的无损坏的最大一次电流峰值。动稳定电流，一般为热稳定电流的 2.55 倍。所谓动稳定倍数，就是动稳定电流与电流互感器额定电流的比值。

### 3.10kV 系统常用电流互感器

（1）**LQJ-10、LQJC-10 型电流互感器**　这种类型的电流互感器为线圈式、浇注绝缘、户内型，在 10kV 配电系统中，可供给电流、电能和功率测量以及继电保护用。互感器的一次绕组和部分二次绕组浇注在一起，铁芯由条形硅钢片叠装而成，一次绕组引出线在顶部，二次接线端子在侧壁上。其外形及安装尺寸如图 4-9 所示。

（2）**LFZ2-10、LFZD2-10 型电流互感器**　这种类型的电流互感器，在 10kV 配电系统中可供电流、电能和功率测量以及继电保护用。结构为半封闭式，一次绕组为贯穿复匝式，一、二次绕组浇注为一体，叠片式铁芯和安装板夹装在浇注体上。LFZ2-10 型电流互感器外形及安装尺寸如图 4-10 所示，LFZD2-10 型电流互感器安装尺寸如图 4-11 所示。

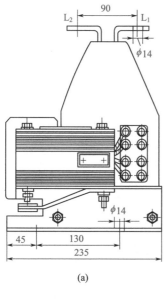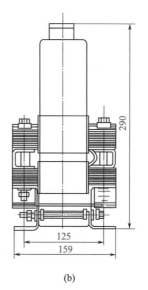

(a)　　　　　　　(b)

(c)

图 4-9　LQJ-10、LQJC-10 型电流互感器外形及安装尺寸

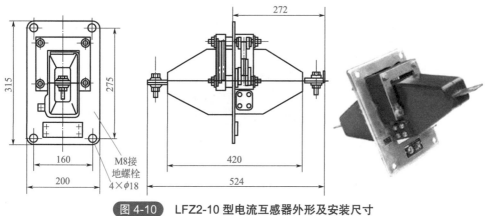

图 4-10　LFZ2-10 型电流互感器外形及安装尺寸

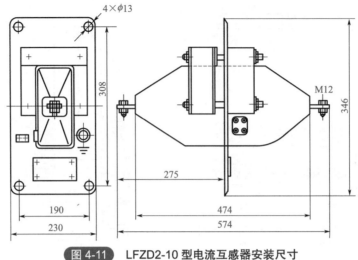

图 4-11　LFZD2-10 型电流互感器安装尺寸

（3）LDZ1-10、LDZJ1-10 型电流互感器　这种类型的电流互感器为单匝式、环氧树脂浇注绝缘、户内型，用于 10kV 配电系统中，可以测量电流、电能和功率以及继电保护用。本类互感器铁芯用硅钢带卷制成环形，二次绕组沿环形铁芯径向绕制，一次导电杆为铜棒（800A 及以下）或铜管（1000A 及以上）制成，外形及安装尺寸如图 4-12 所示。

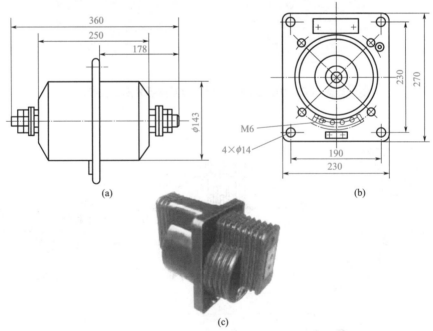

图 4-12　LDZ1-10、LDZJ1-10 型电流互感器外形及安装尺寸

## 第三节 仪用互感器的极性与接线

### 一、仪用互感器的极性

仪用互感器是一种特殊的变压器，它的结构和型式与普通变压器相同，绕组之间利用电磁相互联系。在铁芯中，交变的主磁通在一次和二次绕组中感应出交变电势，这种感应电势的大小和方向随时间在不断地做周期性变化。所谓极性，就是指在某一瞬间，一次和二次绕组同时达到高电位的对应端，称之为同极性端，通常用注脚符号"*"或"+"来表示，如图 4-13 所示。由于电流互感器是变换电流用的，因此，一般以一次绕组和二次绕组电流方向确定极性端。极性标注有加极性和减极性两种标注方法，在电力供电系统中，常用互感器都按减极性标注。减极性的定义是：当电流同时从一次和二次绕组的同极性端流入时，铁芯中所产生的磁通方向相同，或者当一次电流从极性端子流入时，互感器二次电流从同极性端子流出，称之为减极性。

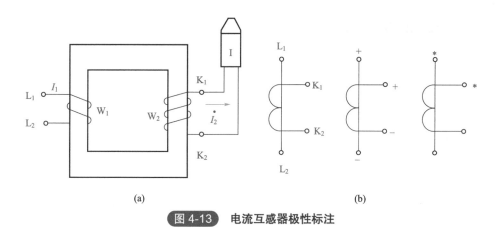

**图 4-13** 电流互感器极性标注

### 二、仪用互感器极性测试方法

在实际连接中，极性连接是否正确会影响到继电保护能否正确可靠动作以及计量仪表能否准确计量。因此，互感器投入运行前必须进行极性检验。测定互感器的极性有交流法和直流法两种，在现实测定中，常用简单的直流法，如图 4-14 所示，在电流互感器的一次侧经过一个开关 SA 接入 1.5V、3V 或 4.5V 的干电池，在电流互感器二次侧接入直流毫安表或毫伏表（也可用万用表的直流毫安挡或毫伏挡）。在测定中，当开关 SA 接通时，如电表指针正摆，则 $L_1$ 端与 $K_1$ 端是同名端，如果电表指针反摆则是异名端。

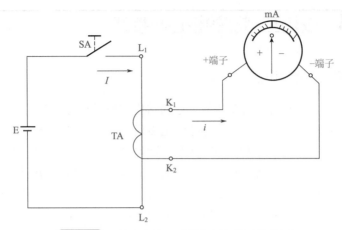

图 4-14　校验电流互感器绕组极性的接线图

mA—中心零位的毫安表；E—干电池；SA—刀开关；TA—被试电流互感器

## 三、电压互感器的接线方式

### 1. 一台单相电压互感器的接线

如图 4-15 所示，这种接线在三相线路上，只能测量其中两相之间的线电压，用来连接电压表、频率表及电压继电器等。为安全起见，二次绕组有一端接地。

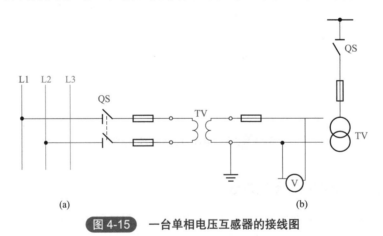

(a)　　　　　　　　　　　　　　　　　(b)

图 4-15　一台单相电压互感器的接线图

### 2. 两台单相电压互感器 V/V 形接线

V/V 形接线称为不完全三角形接线，如图 4-16 所示，这种接线主要用于中性点不接地系统或经消弧电抗器接地的系统，可以用来测量三个线电压，用于连接线电压表、三相电度表、电力表和电压继电器等。它的优点是接线简单、易于应用，且一次线圈没有接地点，减少系统中的对地励磁电流，避免产生过电压。但是由于这种接线只能得到线电压或相电压，因此，使用存在局限性，它不能测量相对地电压，不能起绝缘监察作用以及接地保护作用。V/V 形接线为安全起见，通常将二次绕组 V 相接地。

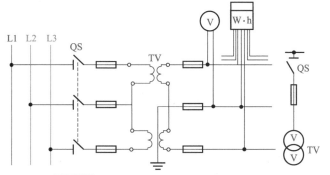

电压互感器
的接线方式

**图 4-16** 两台单相电压互感器 V/V 形接线

### 3. 三台单相电压互感器 Y/Y 形接线

如图 4-17 所示，这种接线方式可以满足仪表和继电保护装置取用相电压和线电压的要求。在一次绕组中性点接地情况下，也可装配绝缘监察电压表。

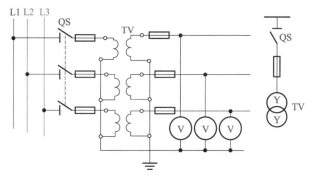

**图 4-17** 三台单相电压互感器 Y/Y 形接线

### 4. 三相五柱式电压互感器或三台单相三绕组电压互感器 Y/Y/△形接线

如图 4-18 所示，这种互感器接线方式，在 10kV 中性点不接地系统中应用广泛，它既能测量线电压、相电压，又能组成绝缘监察装置，也能供单相接地保护用。两套二次绕组中，$Y_0$ 形接线的二次绕组称作基本二次绕组，用来接仪表、继电器及绝缘监察电压表，开口三角形（△）接线的二次绕组，被称作辅助二次绕组，用来连接绝缘监察用的电压继电器。系统正常工作时，开口三角形两侧的电压接近于零，当系统发生一相接地时，开口三角形两端出现零序电压，使电压继电器得电吸合，发出接地预警信号。

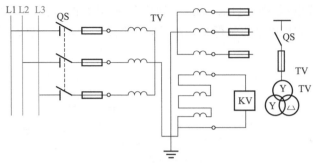

图 4-18　三台单相三绕组电压互感器或一个三相五柱式电压互感器接线

## 四、电流互感器的接线方式

### 1. 一台电流互感器接线

如图 4-19（a）所示，这种接线是用来测量单相负荷电流或三相系统负荷中某一相电流的。

### 2. 三台电流互感器组成星形接线

如图 4-19（b）所示，这种接线可以用来测量负荷平衡或不平衡的三相电力供电系统中的三相电流。这种三相星形接线方式组成的继电保护电路，可以保证对各种故障（三相短路、两相短路及单相接地短路）具有相同的灵敏度，所以可靠性稳定。

电流互感器
的 4 种常用
接线方式

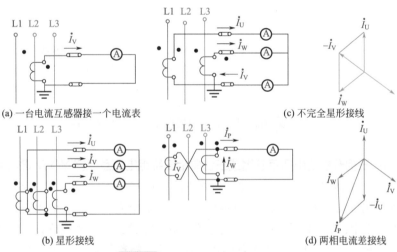

图 4-19　电流互感器的接线

### 3. 两台电流互感器组成不完全星形接线方式

如图 4-19（c）所示，这种接线在 6 ～ 10kV 中性点不接地系统中广泛应用。从图中可以看出，通过公共导线上仪表中的电流，等于 U、W 相电流的相量和，即等于 V 相的电流。即：

$$\dot{I}_U + \dot{I}_V + \dot{I}_W = 0$$

$$\dot{I}_V = -(\dot{I}_U + \dot{I}_W)$$

不完全星形接线方式构成的继电保护电路，可以对各种相间短路故障进行保护，但灵敏度一般相同，与三相星形接线比较，灵敏度较差。由于不完全星形接线方式比三相星形接线方式少了 1/3 的设备，因此节省了投资费用。

### 4. 两台电流互感器组成两相电流差接线

如图 4-19（d）所示，这种接线方式通常适用于继电保护线路中。例如，线路或电动机的短路保护及并联电容器的横联差动保护等，它能用于监测各种相间短路，但灵敏度各不相同。这种接线方式在正常工作时，通过仪表或继电器的电流是 W 相电流和 U 相电流的相量差，其数值为电流互感器二次电流的 $\sqrt{3}$ 倍。即：

$$\dot{I}_P = \dot{I}_W - \dot{I}_U$$

$$I_P = \sqrt{3} I_U$$

## ■ 五、电压、电流组合式互感器接线

电压、电流组合式互感器，由单相电压互感器和单相电流互感器组合成三相，在同一油箱体内，如图 4-20（a）所示。目前，国产 10kV 标准组合式互感器型号为 JLSJW-10 型，具体接线方式如图 4-20（b）所示。

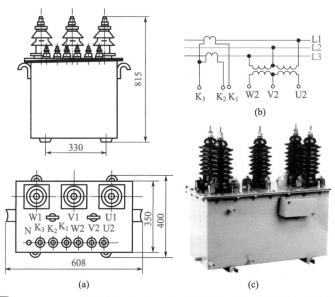

**图 4-20** JLSJW-10 型电压、电流组合互感器外形及安装尺寸和具体接线方式

这种组合式互感器，具有结构简单、使用方便、体积小的优点，通常在户外小型变电站及高压配电线路上作电能计量及继电保护用。

## 第四节 电压互感器的熔体保护

电压互感器通常安装在变配电所电源进线侧或母线上，电压互感器如果使用不当，会直接影响高压系统的供电可靠性。为防止高压系统受电压互感器本身故障或一次引线侧故障的影响，在电压互感器一次侧（高压侧）装设熔断器保护。

10kV 电压互感器采用 RN2 型（或 RN4 型）户内高压熔断器，这种熔断器熔体的额定电流为 0.5A，1min 内熔体熔断电流为 0.6 ~ 1.8A，最大开断电流为 50kA，三相最大断流容量为 1000MV·A，熔体具有 100Ω±7Ω 的电阻，且熔管采用石英砂填充，因此这种熔断器具有很好的灭弧性能和较大的断流能力。

电压互感器一次侧熔体的额定电流（0.5A），是根据其机械强度允许条件而选择的最小可能值，它比电压互感器的额定电流要大很多倍，因此二次回路发生过电流时，有可能不熔断。为了防止电压互感器二次回路发生短路所引起的持续过电流损坏互感器，在电压互感器二次侧还需装设低压熔断器。一般户内配电设备装置的电压互感器选用 10/3-5A 型，户外装置的电压互感器可选用 15/6A 型。常用二次侧低压熔断器型号有 R1 型、RL 型及 GF16 型或 AM16 型等，户外装置通常选用 RM10 型。

### 一、电压互感器一次侧（高压侧）熔体熔断的原因

运行中的电压互感器，高压侧熔体熔断是经常发生的，原因也是多方面的，归纳起来大概有以下几方面。

❶ 电压互感器二次短路，而二次侧熔断器由于熔体规格选用过大不能及时熔断，从而造成一次侧熔体熔断。

❷ 电压互感器一次侧引线部位短路故障或本身内部短路（单相接地或相间短路）故障。

❸ 系统发生过电压（如单相间歇电弧接地过电压、铁磁谐振过电压、操作过电压等），电压互感器铁芯磁饱和，励磁电流变大引起一次侧熔体熔断。

### 二、电压互感器一、二次侧熔体熔断后的检查与处理方法

1. 电压互感器一、二次侧一相熔体熔断后电压表指示值的变化

运行中的电压互感器发生一相熔体熔断后，电压表指示值的具体变化与互感器的接线方式以及二次回路所接的设备状况都有关系，不可以一概用定量的方法来说明，

而只能概括地定性为：当一相熔体熔断后，与熔断相有关的相电压表及线电压表的指示值都会有不同程度的降低，与熔断相无关的电压表指示值接近正常。

在 10kV 中性点不接地系统中，采用有绝缘监察的三相五柱式电压互感器时，当高压侧有一相熔体熔断时，由于其他未熔断的两相正常相电压相位相差 120°，合成结果出现零序电压，在铁芯中会产生零序磁通，在零序磁通的作用下，二次开口三角形接法绕组的端头间会出现一个 33V 左右的零序电压，而接在开口三角形端头的电压继电器一般规定整定值为 25 ~ 40V，因此电压互感器有可能启动，而发出"接地"警报信号。

在这里应当说明，当电压互感器高压侧某相熔体熔断后，其余未熔断的两相电压相量，为什么还能保持 120° 相位差（即中性点不发生位移）。当电压互感器高压侧发生一相熔体熔断后，熔断相电压为零，其余未熔断两相绕组的端电压是线电压，每个线圈的端电压应该是二分之一线电压值。这个结论在不考虑系统电网对地电容的前提下可以认为是正确的。

但是实际上，在高压配电系统中，各相对地电容及其所通过的电容电流是客观存在和不可忽视的，如果把这些对地电容，各相用一个集中的等值电容来代替，可以画成如图 4-21 所示的系统分析图。从图中可知，各相的对地电容是和电压互感器的一次绕组并联形成的。由于电压互感器的感抗相当大，故对地电容所构成的容抗远远小于感抗，那么负载中性点电位的变化，即加在电压互感器一次绕组的电压对称度，主要取决于容抗。因为容抗三相基本是对称的，所以电压互感器绕组的端电压也是对称的。因此，熔断器未熔断两相的相电压，仍基本保持正常相电压，且两相电压要保持 120° 的相位差（中性点不发生位移）。

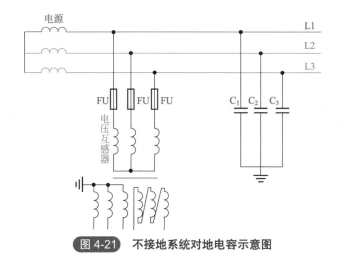

**图 4-21** 不接地系统对地电容示意图

此外，当电压互感器一次侧（高压侧）一相熔体熔断后，由于熔断相与非熔断相之间的磁路构成通路，非熔断两相的合成磁通可以通过熔断相的铁芯和边柱铁芯构成磁路，结果在熔断相的二次绕组中，感应出一定量的电势（通常在 0 ~ 60% 的相电压之间）。这就是当一次侧某相熔体熔断后，二次侧电压表的指示值不为零的主要原因。

### 2. 运行中电压互感器熔体熔断后的处理

（1）运行中的电压互感器，当熔体熔断时，应首先用仪表（如万用表）检查二次侧（低压侧）熔体有无熔断。通常可将万用表挡位开关置于交流电压挡（量程置于 $0 \sim 250V$ ），测量每个熔管的两端有没有电压以判断熔体是否完好。如果二次侧熔体无熔断现象，那么故障一般是发生在一次高压侧。

（2）低压二次侧熔体熔断后，应更换符合规格的熔体试送电。如果再次发生熔断，说明二次回路有短路故障，应进一步查找和排除短路故障。

（3）高压熔体熔断的处理及安全注意事项。10kV 及以下的电压互感器运行中发生高压熔体熔断故障，应首先拉开电压互感器高压侧隔离开关，为防止互感器反送电，应取下二次侧低压熔管，经验明无电后，仔细查看一次引线侧及瓷套管部位是否有明显故障点（如异物短路、瓷套管破裂、漏油等），注油塞处有无喷油现象以及有无异常气味等，必要时，可用兆欧表摇测绝缘电阻。在确认无异常情况下，可以戴高压绝缘手套或使用高压绝缘夹钳进行更换高压熔体的工作。更换合格熔体后，再试送电，如再次熔断，则应考虑互感器内部有故障，要进一步检查试验。

更换高压熔体应注意的安全事项：

a. 更换熔体必须采用符合标准的熔断器，不能用普通熔体，否则电压互感器一旦发生故障，由于普通熔体不能限制短路电流和熄灭电弧，很可能烧毁设备，造成大面积停电事故。

b. 停用电压互感器应事先取得有关负责人的许可，应考虑到对继电保护、自动装置和电度计量的影响，必要时将有关保护装置与自动装置暂时停用，以防止误动作。

c. 应有专人监护，工作中注意保持与带电部分的安全距离，防止发生人身伤亡事故。

## 第五节 电流互感器二次开路故障

### 一、电流互感器二次开路的后果

正常运行的电流互感器，由于二次负载阻抗很小，可以认为是一个短路运行的变压器，根据变压器的磁势平衡原理，由二次电流产生的磁通和一次电流产生的磁通是相互去磁关系，使得铁芯中的磁通密度（ $B=\Phi/S$ ）保持在较低的水平，通常当一次电流为额定电流时，电流互感器铁芯中的磁通密度在 1000Gs（Gs 是磁感应强度常用单位，10000Gs=1T）左右。根据这个道理，电流互感器在设计制造中，铁芯截面选择较小。当二次开路时，二次电流变为零，二次去磁磁通消失，此时，由一次电流所产生的磁通全部成为励磁磁通，铁芯中磁通加速地增加，使铁芯达到磁饱和状态（在二次开路情况下，一次侧流过额定电流时，铁芯中的磁通密度可达 14000 ～ 18000Gs），由于磁饱和这一根本原因，产生下列情况：

❶ 二次绕组侧产生很高的尖峰波电压（可达几千伏），危害设备绝缘和人身安全。

❷ 铁芯中产生剩磁，使电流互感器变比误差和相角误差加大，影响计量准确性，所以运行中的电流互感器不允许二次开路。

❸ 铁芯损耗增加，发热严重，有可能烧坏绝缘。

## 二、电流互感器二次开路的现象

运行中的电流互感器二次发生开路，在一次侧负荷电流较大的情况下，可能会有下列情况：

❶ 因铁芯电磁振动加大，有异常噪声。

❷ 因铁芯发热，有异常气味。

❸ 有关表计（如电流表、功率表、电度表等）指示减少或为零。

❹ 如因二次回路连接端子螺钉松动，可能会有滋火现象和放电声响，随着滋火，有关表计指针有可能随之摆动。

## 三、电流互感器二次开路的处理方法

运行中的电流互感器发生二次开路，能够停电的应尽量停电处理，不能停电的应设法转移和降低一次负荷电流，待渡过高峰负荷后，再停电处理。如果是电流互感器二次回路仪表螺钉或端子排螺钉松动造成开路，在尽量降低负荷电流和采取必要安全措施（有人监护，注意与带电部位保持安全距离，使用带有绝缘柄的工具等）的情况下，可以不停电修理。

如果是高压电流互感器二次出口端处开路，则限于安全距离，人不能靠近，必须在停电后才能处理。

# 第五章 高压电气回路继电保护装置与保护措施

## 第一节 高压电气回路继电保护装置

### 一、继电保护装置的任务

① 监视电力供电系统的正常运行。当电力供电系统发生异常运行时（如在中性点不直接接地的供电系统中，发生单相接地故障、变压器运行温度过高、油面下降等），继电保护装置应准确地做出判断并发出相应的信号或警报，以便使值班人员及时发现、迅速处理，使之尽快恢复正常。

② 当电力供电系统中发生损坏设备或危及系统安全运行的故障时，继电保护装置应能立即动作，使故障部分的断路器掉闸，切除故障点，防止事故扩大，以确保系统中非故障部分继续正常供电。

③ 继电保护装置还可以实现电力系统自动化和运动化，如自动重合闸、备用电源自动投入、遥控、遥测、遥信等。

### 二、继电保护装置的基本原理及其框图

#### 1.继电保护装置的基本原理

电力供电系统运行中的物理量，如电流、电压、功率因数角，这些参数都有一定的数值，这些数值在正常运行和故障情况不同（对于保护范围以内的故障和保护范围以外的故障都是不一样的）时是有明显区别的。如电力供电系统发生短路故障时，总是电流突增、电压突降、功率因数角突变。反过来说，当电力供电系统运行中发生某种突变时，那就是电力供电系统发生了故障。

继电保护装置正是利用这个特点，在反映、检测这些物理量的基础上，利用物理量的突然变化来发现、判断电力供电系统故障的性质和范围，进而做出相应的反应和处理，如发出警告信号或使断路器掉闸等。

## 2. 继电保护装置的原理框图

继电保护装置的原理框图如图 5-1 所示。继电保护装置是由以下单元组成的。

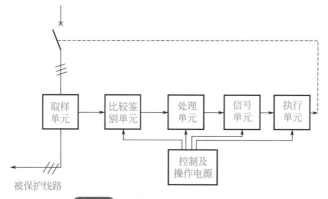

图 5-1　继电保护装置的原理框图

（1）取样单元　它将被保护的电力供电系统运行中的物理量进行电气隔离（以确保继电保护装置的安全）并转换为继电保护装置中比较鉴别单元可以接收的信号。取样单元一般由一台或几台传感器组成，如电流互感器、电压传感器等。

为了便于理解，以 10kV 系统的某类电流保护为例。对于电流保护，取样单元一般就是由两只（或两只以上）电流互感器构成的。

（2）比较鉴别单元　该单元中包含有给定单元，由取样单元来的信号与给定单元给出的信号相比较，以便确定往下一级处理单元发出何种信号。

在电流保护中，比较鉴别单元由四只电流继电器组成，两只作为速断保护，另外两只作为过电流保护。电流继电器的整定值部分即为给定单元，电流继电器的电流线圈则接收取样单元（电流互感器）来的电流信号，当电流信号达到电流整定值时，电流继电器动作，通过其接点向下一级处理单元发出使断路器最终掉闸的信号，若电流信号小于整定值，则电流继电器不会动作，传向下级单元的信号也不动作。本单元不但通过比较来确定电流继电器是否动作，而且能鉴别是要按"速断"还是按"过电流"来动作，并把"处理意见"传送到下一单元。

（3）处理单元　它接收比较鉴别单元送来的信号，并按比较鉴别单元的要求来进行处理。该单元一般由时间继电器、中间继电器等构成。

在电流保护中，若需要按"速断"处理，则让中间继电器动作；若需要按"过电流"处理，则让时间继电器动作，进行延时。

（4）信号单元　为便于值班人员在继电保护装置动作后尽快掌握故障的性质和范围，用信号继电器做出明显的标志。

（5）执行单元　继电保护装置是一种电气自动装置，由于对它要满足快速性的要求，因此有执行单元。对故障的处理通过执行单元实施。执行单元一般有两类，一类是声、光信号电器，例如电笛、电铃、闪光信号灯、光字牌等，另一类为断路器的操作机构，它可使断路器分闸及合闸。

（6）控制及操作电源 继电保护装置要求有自己的交流或直流电源，对此，将在以后章节进行较详细的介绍。

### 三、继电保护的类型

#### 1.电流保护

该继电保护是根据电力供电系统的运行电流变化而动作的保护装置，按照保护的设定原则、保护范围及原理特点可分为以下几种。

（1）过负荷保护 作为电力供电系统中重要电气设备（如发电机、主变压器）的安全保护装置，例如变压器的过负荷保护，是按照变压器的额定电流或限定的最大负荷电流而确定的。当电力变压器的负荷电流超过额定值而达到继电保护的整定电流时，即可在整定时间动作，发出过负荷信号，值班人员可根据保护装置的动作信号，对变压器的运行负荷进行调整和控制，以达到变压器安全运行的目的，使变压器运行寿命不低于设计使用年限。

（2）过电流保护 作为电力供电系统中变压器以及线路的重要继电保护，是按照避开可能发生的最大负荷电流而整定的（就是保护的整定值要大于电机的自启动电流和发生穿越性短路故障而流经本线路的电流）。当继电保护中流过的电流达到保护装置的整定电流时，即可在整定时间内使断路器掉闸，切除故障，使系统中非故障部分可以正常供电。

（3）电流速断保护 电流速断保护是对变压器和线路的主要保护。它是保证电力供电系统在被保护范围内发生严重短路故障时，以最短的动作时限迅速切除故障点的电流保护，是在系统最大运行方式的条件下，按照躲开线路末端或变压器二次侧发生三相金属性短路时的短路电流而设定的。当速断保护动作时，以零秒时限使断路器掉闸切除故障。

#### 2.电压保护

电压保护是电力供电系统发生异常运行或故障时，根据电压的变化而动作的继电保护。

电压保护按其在电力供电系统中的作用和整定值的不同可分为以下几种。

（1）过电压继电保护 这是一种为防止电力供电系统由于某种原因使电压升高导致电气设备损坏而装设的继电保护装置。

（2）低电压继电保护 这是一种为防止电力供电系统的电压因为某种原因突然降低致使电气设备不能正常工作而装设的继电保护装置。

（3）零序电压保护 这是一种用于三相三线制中性点绝缘的电力供电系统中，为防止一相绝缘破坏造成单相接地故障的继电保护。

### 3. 方向保护

这是一种具有方向性的继电保护。对于环形电网或双回线供电的系统，某部分线路发生短路故障时，若故障电流的方向符合继电保护整定的电流方向，则保护装置立即动作，切除故障点。

### 4. 差动保护

这是一种按照电力供电系统中被保护设备发生短路故障时在保护中产生的差电流而动作的一种保护装置。一般用作主变压器、发电机和并联电容器的保护装置，按其装置方式的不同可分为以下两种。

（1）横联差动保护　横联差动保护常作为发电机的短路保护和并联电容器的保护，一般设备的每相均为双绕组或双母线时，采用这种差动保护，其原理如图 5-2 所示。

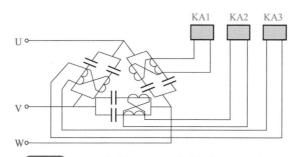

**图 5-2**　并联电容器的横联差动保护原理示意图

（2）纵联差动保护　一般常作为主变压器保护，是专门保护变压器内部和外部故障的主保护，其原理示意如图 5-3 所示。

### 5. 高频保护

这是一种主系统、高压长线路的高可靠性的继电保护装置。

### 6. 距离保护

这种继电保护是主系统的高可靠性、高灵敏度的继电保护，又称为阻抗保护，这种保护是按照线路故障点不同的阻抗值而整定的。

### 7. 平衡保护

这是一种高压并联电容器的保护装置。继电保护有较高的灵敏性，对于采用双星形接线的并联电容器组，采用

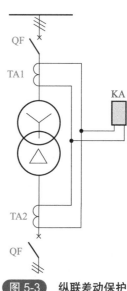

**图 5-3**　纵联差动保护
原理示意图

这种保护较为合适。它是根据并联电容器发生故障时产生的不平衡电流而动作的一种保护装置。

### 8. 负序及零序保护

这是三相电力供电系统中发生不对称短路故障与接地故障时的主要保护装置。

### 9. 气体保护

这是变压器内部故障的主保护，为区别故障性质，分为轻气体保护和重气体保护，监测变压器工作状况。当变压器内部故障严重时，重气体保护动作，使断路器掉闸，避免变压器故障范围的扩大。

### 10. 温度保护

这是专门监视变压器运行温度的继电保护，可以分为警报和掉闸两种整定状态。

以上十种类型的继电保护装置，其中的比较鉴别单元、处理单元、信号单元是由电磁式、感应式等各种继电器构成的。

## 第二节 变、配电所继电保护中常用的继电器

10kV 变、配电所一般容量不大，供电范围有限，故而常采用比较简单的继电保护装置，例如过流保护、速断保护等。这里仅重点介绍一些构成过流、速断保护用的继电器。继电器内部接线如图 5-4 所示。

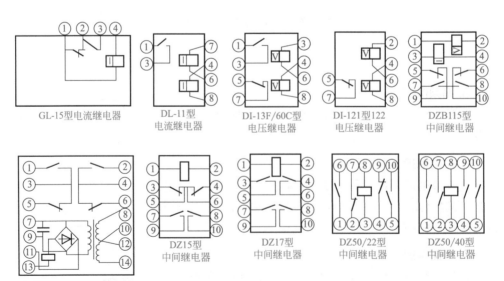

GL-15型电流继电器  
DL-11型电流继电器  
DI-13F/60C型电压继电器  
DI-121型122电压继电器  
DZB115型中间继电器  
DJ6型中间继电器  
DZ15型中间继电器  
DZ17型中间继电器  
DZ50/22型中间继电器  
DZ50/40型中间继电器

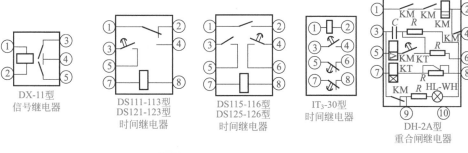

图 5-4　常用继电器内部接线图

## 一、感应型 GL 系列有限反时限电流继电器

这种继电器应用于 10kV 系统的变、配电所，作为线路变压器、电动机的电流保护。GL 型电流继电器是根据电磁感应的原理工作的，主要由圆盘感应部分和电磁瞬动部分构成。由于继电器既有根据感应原理构成的反时限特性的部分，又有电磁式瞬动部分，所以称为有限、反时限电流继电器。但是，这种继电器是以反时限特性的部分为主。GL-10 系列电流继电器的外形及结构如图 5-5 所示。

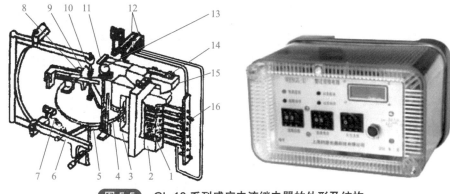

图 5-5　GL-10 系列感应电流继电器的外形及结构

1—线圈；2—电磁铁；3—短路环；4—铝盒；5—钢片；6—框架；7—调节弹簧；
8—制动永久磁铁；9—扇形齿轮；10—蜗杆；11—扁杆；12—继电器触点；
13—调节时限螺杆；14—调节速断电流螺钉；15—衔铁；16—调节动作电流的插销

### 1. GL 型电流继电器的结构

❶ 电流线圈　由绝缘铜线绕制而成，又分别连接到一些插座的抽头，以改变线圈匝数。继电器整定电流的调整，主要是改变电流线圈匝数，从而改变继电器的动作电流值（即整定电流值）。

❷ 铁芯及衔铁　这是继电器的主要磁通路，又是继电器的操动部分。继电器的电磁瞬动部分就是通过继电器铁芯与衔铁之间的作用而构成的，在铁芯的极面与衔铁之

间有气隙，调整气隙的大小可以改变速断电流的数值，铁芯是由硅钢片叠装而成的，在衔铁上嵌有短路环。

❸ 圆盘（铝盘）及其带螺杆的轴　这是继电器的驱动部分，也是构成继电器反时限特性的主要部分。

❹ 门型框架（也称可动框架）　用作继电器圆盘、蜗杆轴的固定部分。

❺ 扇形齿轮　这是继电器的机械传动部分，也是构成继电器反时限特性的主要组成部分。

❻ 永久磁铁　可以使继电器圆盘匀速旋转而产生电磁阻尼力矩的制动部分。

❼ 时间调整螺杆　这是继电器动作时限的调整部件。

此外，还有产生反作用力矩的弹簧、继电器动作指示信号牌、外壳等。

### 2. GL 型电流继电器的特点

继电器圆盘的转速主要取决于继电器线圈中流过电流的大小，而圆盘的转速又决

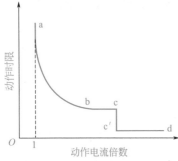

图 5-6　GL-15 型继电器反时限
特性曲线

定了继电器动作的时间，这样就形成了继电器的反时限特性。特性曲线如图 5-6 所示。曲线中 abc 部分为反时限特性部分，cc′d 部分为定时限特性部分。

继电器的电磁瞬动部分主要是由铁芯与衔铁组成。电磁部分的动作不需要时间，当继电器线圈的电流足够大时，衔铁靠铁芯中产生的漏磁通很快将衔铁吸下来，使继电器的触点瞬时闭合。它的动作时间一般为 0.05 ～ 0.1s。电磁瞬动部分的动作电流整定倍数，可借助于衔铁右端上面的气隙调整螺钉来调节。

GL 型电流继电器，具有速断和过电流两种功能，有信号掉牌指示，触点容量大就可以没有中间继电器。继电器触点可做成常开式（可用直流操作电源），常闭式和一对常闭、一对常开式等形式。

此种继电器结构复杂、精度不高，调整时误差较大，电磁部分的调整误差更大，返回系数低。

## 二、电磁型继电器

### 1. DL 系列电流继电器

这种继电器是根据电磁原理而工作的瞬动式电流继电器，是一种定时限过流保护和速断保护的主要继电器。这种继电器动作准确，电流的调整分粗调与细调，粗调靠改变电流线圈的串、并联方式，而细调主要是靠改变螺旋弹簧的松紧力而改变动作电流的。继电器的接点为一对常开接点，接点容量小时需要靠时间或中间继电器的接点

去执行操作。

### 2. J 系列电压继电器

这种继电器的构造和工作原理与 DL 系列电流继电器相同，只不过线圈为电压线圈，是一种过电压和低电压以及零序电压保护的主要继电器。

### 3. DZ 系列交、直流中间继电器

这种继电器是继电保护中起辅助和操作作用的继电器，通常又称为辅助继电器，是一种执行元件，型号较多，接点的对数也较多，有常开和常闭接点。继电器的额定电压应根据操作电源的额定电压来选择。

### 4. DS 系列时间继电器

它是一种构成定时限过流保护的时间元件，继电器有时间机构，可以依据整定值进行调整，是过电流保护和过负荷保护中的重要组成部分。

### 5. DX 系列信号继电器

这种继电器的结构简单，是继电保护装置中的信号单元。继电器动作时，掉牌自动落下，同时带有接点，可以接通音响、警报及信号灯部分。通过信号继电器的指示，反映故障性质和动作保护的类别。此种继电器可分为电压型和电流型，选择时必须注意这一点。

## 第三节  继电保护装置的操作电源及二次回路

### 一、交流操作电源

交流操作的继电保护，广泛用于 10kV 变配电所中，交流操作电源主要取自电压互感器、变配电所内用的变压器、电流互感器等。

#### 1. 交流电压作为操作电源

这种操作电源常作为变压器的气体保护或温度保护的操作电源。断路器操作机构一般可用 C82 型手力操动机构，配合电压切断掉闸（分励脱扣）机构。操作电源取自电压互感器（电压 100V）或变配电所内用的变压器（电压 220V）。

这种操作电源实施简单、投资节省、维护方便，便于实施断路器的远程控制。

交流电压操作电源的主要缺点是受系统电压变化的影响，特别是当被保护设备发生三相短路故障时，母线电压急剧下降，影响继电保护的动作，使断路器不能掉闸，造成越级掉闸，可能使事故扩大。这种操作电源不适合用在变配电所的主要保护中。

#### 2. 交流电流作为操作电源

对于 10kV 反时限过流保护，往往采用交流电流操作，操作电源取自电流互感器。

这种操作电源一般分为以下几种操作方式。

（1）直接动作式交流电流的操作方式　如图 5-7 所示。以这种操作方式构成的保护，结构简单，经济实用，但是动作电流精度不高，误差较大，适用于 10kV 以下的电动机保护或用于一般的配电线路中。

（2）去分流式交流电流的操作方式　这种操作方式的继电器采用常闭式接点，结构比较简单，如图 5-8 所示。

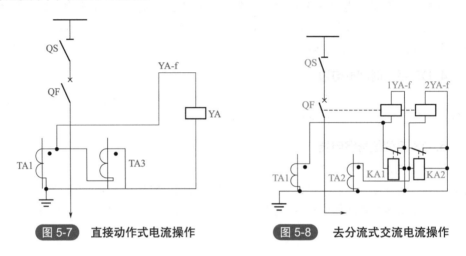

图 5-7　直接动作式电流操作　　　图 5-8　去分流式交流电流操作

（3）速饱和变流器的交流电流的操作方式　这种操作方式还需要配置速饱和变流器。继电器常用常开式接点，这种方式可以限制流过继电器和操作机构电流线圈的电流，接线相对简单，如图 5-9 所示。

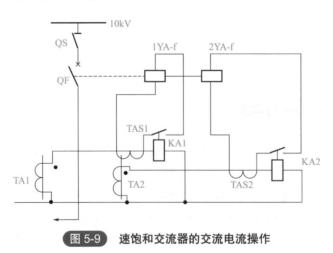

图 5-9　速饱和交流器的交流电流操作

在应用交流电流的操作电源时，应注意选用适当型号的电流继电器和适宜型号的断路器操作机构掉闸线圈。

## 二、直流操作电源

直流操作电源适用于比较复杂的继电保护，特别是有自动装置时更为必要。常用的直流操作电源分为固定蓄电池组和硅整流式直流操作电源。

### 1. 固定蓄电池组的直流操作电源

这种操作电源用于大中型变、配电所，配电出线较多，或双路电源供电，有中央信号系统并需要电动合闸时，较为适当（多用于发电厂）。它可以应用蓄电池组作直流电源，供操作、保护、灯光信号、照明、通信以及自动装置等使用，往往用于建蓄电池室，设专门的直流电源控制盘。这种操作电源是一种比较理想的电源。

### 2. 硅整流式操作电源

这种操作电源是交流经变压、整流后得到的，和固定蓄电池组相比，较经济实用，无需建筑直流室和增设充电设备，适用于中小型变、配电所采用直流保护或具有自动装置的场合。为使操作电源可靠，应采用独立的两路交流电源供电，硅整流操作电源的接线原理如图 5-10 所示。

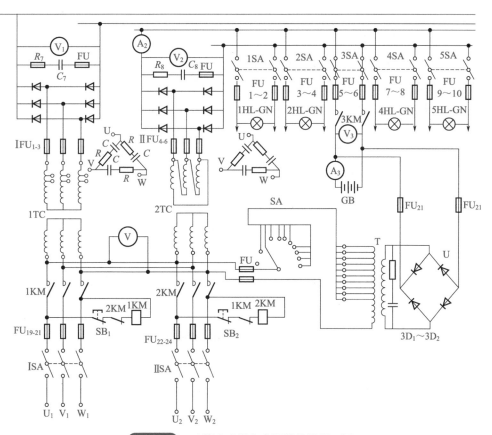

**图 5-10** 硅整流式操作电源的接线原理图

如果操作电源供电的合闸电流不大，硅整流柜的交流电源可由电压互感器供电，同时为了保证在交流系统整个停电或系统发生短路故障的情况下，继电保护仍能可靠动作掉闸，硅整流装置还要采用直流电压补偿装置。常用的直流电压补偿装置是在直流母线上增加电容储能装置或镉镍电池组。

## 第四节　电流保护回路的接线特点

电流保护的接线，根据实际情况和对继电保护装置保护性能的要求，可采用不同的接线方式。凡是需要根据电流的变化而动作的继电保护装置，都需要经过电流互感器，把系统中的电流变换后传送到继电器中去。实际上电流保护的电流回路的接线，是指变流器（电流互感器）二次回路的接线方式。为说明不同保护接线的方式对系统中各种短路故障电流的反应，进一步说明各种接线的适用范围，对每种接线的特点特做以下介绍。

### 一、三相完整星形接线特点

三相完整星形接线如图 5-11 所示。电流保护完整星形接线的特点：

❶ 其是一种合理的接线方式，用于三相三线制供电系统的中性点不接地、中性点直接接地和中性点经消弧电抗器接地的三相系统中，也适用于三相四线制供电系统。

❷ 对于系统中各种类型短路故障的短路电流，灵敏度较高，保护接线系数等于 1。因而对系统中三相短路、两相短路、两相对地短路及单相短路等故障，都可起到保护作用。

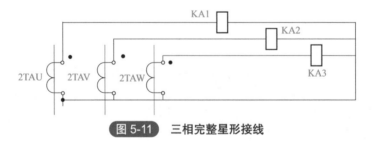

图 5-11　三相完整星形接线

❸ 保护装置适用于 10～35kV 变、配电所的进、出线保护和变压器。

❹ 这种接线方式，使用的电流互感器和继电器数量较多，投资较高，接线比较复杂，增加了维护及试验的工作量。

❺ 保护装置的可靠性较高。

## 二、三相不完整星形接线（V形接线）特点

V形接线是三相供电系统中10kV变、配电所常用的一种接线，如图5-12所示。电流保护不完整星形接线的特点：

❶ 应用比较普遍，主要是10kV三相三线制中性点不接地系统的进、出线保护。

❷ 接线简单、投资节省、维护方便。

❸ 这种接线不适宜作为大容量变压器的保护，V形接线的电流保护主要是一种反应多相短路的电流保护，对于单相短路故障不起保护作用，当变压器为Y，Y/$Y_0$接线，未装电流互感器的相发生单相短路故障时，保护不动作。用于Y，Y/△接线的变压器中，如保护装置设于Y侧，而△侧发生U、V两相短路，则保护装置的灵敏度将要降低，为了改善这种状态，可以采用改进型的V形接线，即两相装电流互感器，采用三只电流继电器的接线，如图5-13所示。

❹ 采用不完整星形接线（V形接线）的电流保护，必须用在同一个供电系统中，不装电流互感器的相应该一致。否则，在本系统内发生两相接地短路故障（恰恰在两路配电线路中的没有保护的两相上）时，保护装置将拒绝动作，会造成越级掉闸事故，延长故障切除时间，使事故影响扩大。

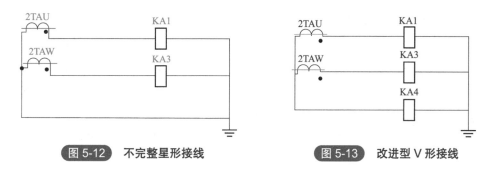

图 5-12　不完整星形接线　　　　图 5-13　改进型 V 形接线

## 三、两相差接线特点

这种保护接线是采用两相接电流互感器，只能用一只电流继电器的接线方式。其原理接线如图5-14所示。

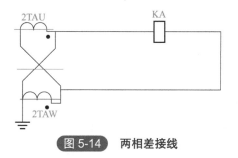

图 5-14　两相差接线

这种接线的电流保护的特点如下：

❶ 保护的可靠性差，灵敏度不够，不适用于所有形式的短路故障。

❷ 投资少，使用的继电器最少，结构简单，可以用于保护系统中多相短路的故障。

❸ 只适用于 10kV 中性点不接地系统的多相短路故障，因此，常用作 10kV 系统的一般线路和高压电机的多相短路故障的保护。

❹ 接线系数大于完整星形接线和 V 形接线，接线系数为 $\sqrt{3}$。

接线系数是指发生故障时反映到电流继电器绕组中的电流值与电流互感器二次绕组中的电流的比值，即

$$K_{Jc} = \frac{继电器绕组中的电流值}{电流互感器二次绕组中的电流值}$$

继电保护的接线系数越大，其灵敏度越低。

## 第五节 | 继电保护装置的运行与维护

### ■ 一、继电保护装置的运行维护工作的主要内容

继电保护的运行维护工作，是指继电保护及其二次线路，包括操作与控制电源及断路器的操作机构的正常运行状态的监测、巡视检查、运行分析以及在正常倒闸操作过程中涉及继电保护二次回路时的处理工作。例如，投入和退出继电保护、检查直流操作电压等，还包括继电保护装置的定期的校验、检查、改定值、更换保护装置元件及处理临时缺陷，此外，还应包括故障后继电保护装置动作的判断、分析、处理及事故校验等。

### ■ 二、继电保护装置运行中的巡视与检查

#### 1. 继电保护装置巡视检查的周期

变、配电所值班人员要定期或不定期地对继电保护装置进行检查，一般巡视周期是：

❶ 无人值班时每周巡视一次。

❷ 有人值班时至少每班一次。

在特殊情况时，还应适当增加检查次数，如新投入运行的继电保护装置、变压器新投入或换油后的试运行时应适当增加检查次数。

#### 2. 继电保护装置巡视检查内容

在日常巡视中，应对继电保护装置以下各项进行巡视检查：

❶ 首先应检查继电保护盘，检查各类继电器的外壳是否完整无损、清洁无污垢，

继电器整定值的指示位置是否符合要求，有无变动。

❷ 继电保护回路的压板、转换开关的运行位置是否与运行要求一致。

❸ 长期带电运行的继电器，例如电压继电器，接点是否抖动、有无磨损现象，带附加电阻的继电器，还应检查线圈和附加电阻有无过热现象。

❹ 感应型继电器应检查圆盘转动是否正常，机械信号掉牌的指示位置是否和运行状态一致。

❺ 电磁型继电器应检查接点有无卡住、变位、倾斜、烧伤以及脱轴、脱焊等问题。

❻ 各种信号指示例如光字牌、信号继电器、位置指示信号、警报音响信号等是否运行正常，必要时应进行检查性试验，例如光字牌是否能正常发光。

❼ 检查交流、直流控制电源和操作电源运行状况，电源的电压表指示是否正常，熔断器是否过热，熔体有无熔断指示。直流操作电源还应注意检查有无直流一极接地的情况。

❽ 掉、合闸回路，包括合闸线圈与掉闸线圈有无过热、短路、接点接触不良现象以及掉、合闸线圈的铁芯是否复位，有无卡住的现象。

### 3. 继电保护运行中的注意事项

为了保证继电保护的可靠动作，在运行中应注意下列各项。

❶ 继电保护装置在投入运行以前，值班人员、运行人员都应清楚地了解该保护装置的工作原理、工作特性、保护范围、整定值，以及熟悉二次接线图。

❷ 继电保护装置运行中，发现异常应加强监视并立即报告主管负责人。

❸ 运行中的继电保护装置，除经调度部门同意或主管部门同意，不得任意去掉保护运行，也不得随意变更整定值及二次接线。运行人员对运行中继电保护装置的投入或退出，必须经调度员或主管负责人批准，记入运行日志。如果需要变更继电保护整定值或二次回路接线时，应取得继电保护专业人员的同意。

❹ 运行值班人员对继电保护装置的操作，一般只允许：

a. 装卸熔断器的熔体；

b. 操作转换开关；

c. 接通或断开保护压板。

## 三、继电保护及其二次回路的检查和校验

### 1. 工作周期

为了保证继电保护装置可靠地动作，通常应对继电保护装置及二次回路进行定期的停电检查及校验。一般校验、检查的周期是：

❶ 3～10kV 系统的继电保护装置，至少应每两年进行一次。

❷ 要求供电可靠性较高的 10kV 重要用户和供电电压在 35kV 及以上的变、配电

所的继电保护装置，应每年进行检查。

### 2. 继电保护装置及二次回路的检查与校验

继电保护及二次回路一般在停电时，对电气元件及二次回路进行检查校验。主要应校验以下各项内容：

❶ 继电器要进行机械部分的检查和电气特性的校验。例如反时限电流继电器应做反时限特性试验，做出特性曲线。

❷ 测量二次回路的绝缘电阻。用 1000V 兆欧表测量。交流二次回路，每一个电气连接回路，应该包括回路内所有线圈，绝缘电阻不应小于 $1M\Omega$；全部直流回路系统，绝缘电阻不应小于 $0.5M\Omega$。

❸ 在电流互感器二次侧，进行通电试验（包括电流互感器的试验）。

❹ 进行继电保护装置的整组动作试验（即传动试验）。

## 第六节 电流速断保护和过电流保护

### ▌ 一、电流速断保护

#### 1. 保护特性和整定原则

电流速断保护是一种无时限或具有很短时限动作的电流保护装置，它要保证在最短时间内迅速切除短路故障点，减小事故的发生时间，防止事故扩大。

电流速断保护的整定原则是：保护的动作电流大于被保护线路末端发生的三相金属性短路的短路电流。对变压器而言则是：其整定电流大于被保护的变压器二次出线三相金属性短路的短路电流。

整定原则如此确定，是为了让无时限的电流保护只保护最危险的故障，而离电源越近，短路电流越大，也就越危险。

#### 2. 保护范围

电流速断保护不能保护全部线路，只能保护线路全长的 70% ～ 80%，对线路末端附近的 20% ～ 30% 不能保护。对变压器而言，不能保护变压器的全部，而只能保护从变压器的高压侧引线及电缆到变压器一部分绕组（主要是高压绕组）的相间短路故障。总之，速断保护有不足，往往要用过电流保护作为速断保护的后备。

### ▌ 二、过电流保护

#### 1. 保护特性和整定原则

过电流保护是在保证选择性的基础上，能够切除系统中保护范围内线路及设备故障的有时限动作的保护装置，按其动作时限与故障电流的关系特性的不同，分为定时限过电流保护和反时限过电流保护。

过电流保护的整定原则是要躲开线路上可能出现的最大负荷电流，如电动机的启动电流，尽管其数值相当大，但毕竟不是故障电流。为区别最大负荷电流与故障电流，常选择接于线路末端、容量较小的一台变压器的二次侧短路时的线路电流作为最大负荷电流。

整定时，对定时限过电流保护只要依据动作电流的计算值进行整定即可，而对反时限过电流保护则要依据启动电流及整定电流的计算值做出反时限特性曲线，并给出速断整定值才能进行。

过电流保护是有时限的继电保护，还要进行时限的整定。根据上述反时限特性曲线，进行电流整定时，已同时做了时限整定，对定时限过电流保护，则要单独进行时限整定。

整定动作时限必须满足选择性的要求，充分考虑相邻线路上、下两级之间的协调。对于定时限保护与定时限的配合，应按阶梯形时限特性来配合，级差一般满足0.5s 就可以了；对于反时限保护的配合，则要做出保护的反时限特性曲线来确定，要保证在曲线一端的整定电流这一点，动作时限的级差不能小于 0.7s。

### 2. 保护范围

过电流保护可以保护设备的全部和线路的全长，而且，它还可以用作相邻下一级线路的穿越性短路故障的后备保护。

### 3. 定时限与反时限过电流保护及其区别

（1）继电保护的动作时限与故障电流数值的关系　定时限过电流保护，其动作时限与故障电流之间的关系表现为定时限特性，即继电保护动作时限与系统短路电流的数值没有关系，当系统故障电流转换成保护电流，达到或超过保护的整定电流值，继电保护就以固有的整定时限动作，使断路器掉闸，切除故障。

反时限过电流保护，其动作时限与故障电流之间的关系表现为反时限特性，即继电保护动作时限不是固定的，而是依系统短路电流数值的大小而沿曲线做相反的变化，故障电流越大，动作时限越短。

继电保护动作时限与故障电流数值大小之间关系的不同是定时限与反时限过电流保护的最大区别。

（2）保护装置的组成及操作电源　定时限过电流保护装置主要由几种继电器构成，一般采用电磁式 DL 型电流继电器、电磁式 DS 型时间继电器和电磁式 DX 型信号继电器等。这些继电器一般要求用直流操作电源。

反时限过电流保护装置只用感应式 GL 型电流继电器就够了，它具有相当于电流继电器、时间继电器、信号继电器等多种功能的组合继电器，因此反时限过电流保护装置比起定时限的，其组成简单，经济实用。反时限过电流保护装置一般采用交流操作电源，这也比取用直流操作电源来得方便和经济。

应该指出，GL 型电流继电器还有电磁式瞬动部分，可作为速断保护用，所以 GL 型电流继电器不但可作为反时限过电流保护装置，还兼作电流速断保护装置，其经济性很突出，因而得到广泛采用。

（3）上、下级时限级差的配合　定时限过电流保护采用的 DL 型电流继电器设定值准确、动作可靠，因而上、下级时限级差采用 0.5s 就可以实现保护动作的选择性。

反时限过电流保护采用 GL 型电流继电器，它的设定值的准确性及动作的可靠性比 DL 型电流继电器差。因此，为了保证上、下级保护动作的选择性，要将时限级差定得大一些，一般取 0.7s。

### ▶ 三、主保护

主保护是被保护设备和线路的主要保护装置。对被保护设备的故障，能以无时限（即除去保护装置本身所固有的时间，一般为 0.03 ～ 0.12s）或带一定的时限切除。例如速断保护就是主保护，变压器的气体保护也是主保护。

---

第七节 | 二次回路的保护装置识图

### ▶ 一、零序保护二次回路识图

零序电流保护是利用其他线路接地时和本线路接地时测得的零序电流不同，且本线路接地时测得的零序电流大这一特点而构成的有选择性的电流保护。当为电缆引出线或经电缆引出的架空线路时，常用 LJ-$\Phi$75 型零序电流互感器构成零序保护，如图 5-15 所示。零序电流互感器的一次绕组就是被保护元件的三相母线，二次绕组绕在贯穿着三个相线的铁芯上。正常及发生相间短路时，二次绕组只输出不平衡电流，保护不动作；当电网中发生单相接地时，三相电流之和为 $i_U + i_V + i_W = 0$，在铁芯中出现零序磁通，该磁通在二次绕组中产生感应电动势，所以有电流流过的继电器，流过继电器的电流大于动作电流时，则继电器动作。必须指出，在发生单相接地故障时，接地电流不仅可能沿着非故障电缆的外皮流回，而且也可能沿着非故障电缆的外皮流出，在这种情况下，为了避免发生误动作，可将电缆头铠装层抽头接地，并且接地线穿过零序电流互感器的铁芯，如图 5-15 所示。

采取这一措施后，由于流过非故障电缆外皮的电流与接地线内的电流数值相等，方向相反，所以不会在铁芯中产生磁通，也不会产生感应电流。如果电缆头铠装层接地线没有穿过零序电流互感器铁芯，在故障电缆与非故障电缆外皮相连通的情况下，部分零序电流便会经非故障电缆的接地线沿着非故障电缆的外皮，经连通点至故障电缆的外皮流到故障的接地点，可能引起非故障电缆零序电流动作。此外，这样接地也可以防止当外来电流借电缆外皮经电缆头接地点流入时，引起零序电流的误动作，如图 5-15 所示。

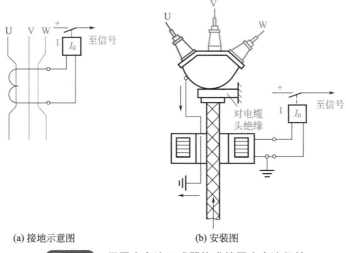

(a) 接地示意图　　　　　　(b) 安装图

图 5-15　用零序电流互感器构成的零序电流保护

　　将电缆头用图 5-15（b）的方式安装的另一优点是当电缆头发生单相接地故障时，零序电流保护装置也能正确动作。

## 二、自动重合闸的二次回路识图

　　当断路器跳闸后，能够不用人工操作而使断路器自动重新合闸的装置，叫作自动重合闸装置。由于导致被保护线路或设备发生故障的因素是多种多样的，特别是在被保护的架空线路发生故障时，有时属于暂时性故障（如瓷绝缘子闪络、线路被异物搭挂造成短路后异物被烧毁脱落等），故障消失后，只要将断路器重新合闸，便可恢复正常运行，从而减少停电所造成的损失。

### 1. 自动重合闸的种类

　　自动重合闸的种类很多。按用途分，有线路重合闸、变压器重合闸及母线重合闸。按动作原理分，有机械式重合闸和电气式重合闸。按复归方式分，有手动复归重合闸和自动复归重合闸。按自动次数分，有一次重合闸、二次重合闸和三次重合闸。按保护的配合方式分，有保护前加速、保护后加速及保护不加速的重合闸。

### 2. 自动重合闸的基本要求

❶ 动作时间尽量短。

❷ 在进行手动跳闸时，装置不应动作。

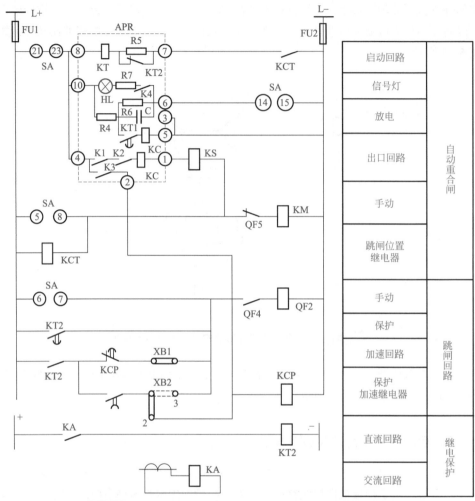

图 5-16　单侧电源电磁型三相一次电气重合闸装置的原理图

❸ 重合闸装置动作后，应能自动复归。

❹ 手动投入断路器时，若线路存在故障，随时由保护动作将其跳开，重合闸装置不应动作。

❺ 重合闸的次数应保证可靠。

❻ 在线路两端有电源的情况下设重合闸装置，应考虑重合闸是否有同期问题，防止造成不允许的非同期并列，使故障扩大。

### 3. 单侧电源供电线路三相一次电气重合闸装置

图 5-16 为单侧电源供电线路三相一次电气重合闸装置的原理接线图，它属于电气式一次重合闸、自动复归以及保护后加速的自动重合闸系统。

（1）电路说明　电路包括三部分，即自动重合闸回路、跳闸回路和继电保护回路。

SA 是断路器 QF 的控制开关，当手动合闸时，SA6—7 接通，跳闸后 SA14—15 接通，同时 SA21—23 断开。KCP 是加速保护跳闸用的中间继电器，利用连接片 XB1、XB2 配合，可以实现重合闸保护后加速回路动作。

图中虚线框为重合闸装置 APR，它是根据电容器充放电原理制成的。它由充电容器 C、充电电阻 R4、放电电阻 R6、时间继电器 KT、附加电阻 R5、带有电流自保持线圈的中间继电器 KC、信号灯 HL 及电阻 R7 组成。它们的作用分别如下。

❶ 充电电容 C：用于保证重合闸装置只动作一次。

❷ 充电电阻 R4：限制电容器充电速度，防止一次重合闸不成功时发生多次重合闸。

❸ 放电电阻 R6：在不需要重合闸时（如断路器手动跳闸），电容器 C 通过 R6 放电。

❹ 时间继电器 KT：整定重合闸装置的动作时间，是重合闸装置的启动元件。

❺ 附加电阻 R5：用于保证时间元件 KT 的热稳定性。

❻ 信号灯 HL：用于监视直流控制电源及中间继电器 KC 是否良好，正常工作时，信号灯亮。如这些元件之一损坏（或直流电源中断），信号灯灭。

❼ 电阻 R7：用来限制信号灯电流。

❽ 中间继电器 KC：重合闸的执行元件。它有两个线圈，电压线圈靠电容放电启动，电流线圈与 QF 的合闸线圈 KM 串联，起自保持作用，直至 QF 合闸完毕，继电器 KC 才能失磁复归。如果重合闸发生永久故障时，电容器 C 来不及充电到 KC 的动作电压，故 C 不动作，从而保证只进行一次重合闸。

（2）动作原理

❶ 线路正常运行时，重合闸装置 APR 中的电容 C 经 R4 充电至电源电压（充电时间约 15～20s），充电路径为 L+、FU1、SA21—23、APR8、APR10、APR 的 R4、C、APR6、FU2、L-。

APR 装置处于准备动作状态：

信号灯 HL 经 KC 的动合触点 K4 接通，表示控制 L+、L- 电源正常。回路为 L+、FU1、SA21—23、APR8、APR10、HL、R7、K4、APR6、FU2、L-。

❷ 当线路发生故障时，线路保护装置中过电流继电器 KA 启动（图中只画了一相），它的动合触点闭合，启动时间继电器 KT2 瞬间闭合，通过 KCP 动断触点、连接片 XB1 使 QF2 通电，断路器跳闸。跳闸位置继电器 KC 回路接通，其相应动合触点 KCT 闭合，自动重合闸装置 APR 启动，时间继电器 KT 启动，其瞬时动断触点 KT2 断开。将电阻 R5 串入 KT 的线圈回路中，以提高 KT 继电器的热稳定性。同时经过整定时间后，KT 的延时动合触点闭合使电容器 C 通过中间继电器 KC 电压线圈放电，KC 启动后，其相对应的动合触点 K1、K2 闭合接通合闸回路。合闸脉冲经 KC 的电流自保持线圈和信号继电器 KS 的线圈流入合闸接触器 KM 的线圈，使断路器自动合闸。同时 KC 继电器动断触点 K4 断开，信号灯 HL 熄灭，表示重合闸已动作。

重合闸回路串入 KC 的电流自保持线圈，是为了使断路器可靠合闸。自保持线圈回路是由断路器辅助触点 QF5 来切换的。若线路发生暂时性故障，则重合闸成功，跳闸位置继电器线圈断电，其动合触点返回，自动重合闸装置复归，准备好下一次动作。若线路发生永久性故障，继电保护装置能再次启动，使断路器跳闸。此时，自动重合闸装置虽然能再次启动，但是电容器 C 来不及重新充电，在时间继电器的延时触点闭合后，电容器 C 的端电压不足以使继电器 KC 启动，故断路器第二次跳开后，APR 装置不能再次重合闸。如果线路发生多次瞬时性故障，且故障的时间间隔大于电容 C 充电至 KC 启动所需要的时间，则第二次重合闸将会成功，这正是所需要的。特别是在雷电频繁的地区和季节，更体现出自动重合闸的优越性，这也是有时采用二次重合闸的原因。APR 出口回路中串联信号继电器 KS，以指示 APR 动作情况。当断路器重合闸的同时，KS 启动，向中央信号装置发出灯光或音响信号。

❸ 当手动跳闸时，SA14—15 触点闭合，使电容器 C 向电阻迅速放电，APR 不能启动。

❹ 当手动合闸于永久性故障时，因电容器充电时间很短，充电电压不足以使 KC 启动，APR 也不能启动。

## 三、变压器保护的二次回路识图

变压器是发电厂和变电所中最重要的电气设备之一，保证它的正常安全运行，对电力系统持续可靠供电起着举足轻重的作用。所以，对发电厂、变电所的主变压器，除采用先进、优良的产品外，还要配置技术先进、动作可靠的整套继电保护系统，以确保变压器发生故障时把损失和影响降到最低限度。变压器的继电保护装置主要有：

❶ 变压器油箱内部故障和油面降低时的气体保护。

❷ 变压器绕组及引出线的相间短路及短路的纵联差动或速断保护。

❸ 大电流接地系统零序电流保护。

❹ 后备过流保护。

❺ 过负荷保护。

另外，还可根据特殊要求加装相应的保护装置。

### 1. 变压器内部的气体保护

变压器气体保护是一种针对非电气量的保护，具有原理简单、动作可靠、价格便宜等突出优点，因此，长期以来一直得到广泛应用。气体保护的主要元器件是气体继电器，它安装在变压器油箱与油之间的信号连接管中，当变压器内部发生故障时，短路电流使油箱中的油加热膨胀，产生的煤气气体沿连接管经气体继电器向油枕中流动，当气体达到一定数量时，气体继电器的挡板被冲动，并向一方倾斜，带动继电器的触点闭合，接通跳闸或信号回路，如图 5-17 所示。

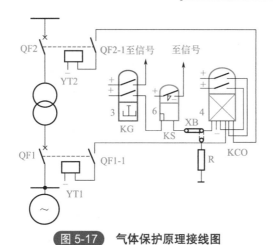

图 5-17　气体保护原理接线图

图 5-17 中，气体继电器 KG 的上触点为轻气体保护，接通后发出信号；下触点为重气体保护，触点闭合后经信号继电器 KS、连接片 XB 启动中间继电器 KCO，KCO 动作后两对触点闭合，分别经断路器 QF1、QF2 的辅助触点接通各自的跳闸回路，跳开变压器两侧的断路器。它们的动作程序为：

+ 电源→ KG → KS → XB → KCO 线圈→ - 电源，启动 KCO；

+ 电源→ KCO → QF1-1 → YT1 → - 电源，QF1 跳开；

+ 电源→ KCO → QF2-1 → YT2 → - 电源，QF2 跳开。

当要求气体保护只发信号不跳闸时，可把连接片 XB 连接在与电阻 R 接通的位置上，YT1、YT2 分别为断路器 QF1、QF2 的跳闸线圈。

气体保护图如图 5-18 所示，当气体保护触点闭合后，经延时（如需瞬动保护，可以将 $t$ 整定为零）动作于保护出口。

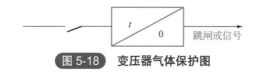

图 5-18　变压器气体保护图

## 2. 变压器外部的二次保护

（1）电流速断保护　变压器的气体保护只能保护变压器内部故障，包括漏油、油内有气、匝间故障、绕组相间短路等，而变压器套管以外的短路要靠电流速断保护和主保护、差动保护去切除。通常，对小容量变压器（单台容量 7500kV·A 以下）可装设电流速断保护；对于大容量变压器，则必须配置差动保护。电流速断保护一般只装在供电侧，动作电流按超过变压器外部故障（如图 5-19 中 K2 点）的最大短路电流整定，动作灵敏度则按保护安装处（即 K2 点）发生两相金属性短路时流过保护的最小短路电流校检，见图 5-19。

当变压器发生短路时，短路电流大于电流继电器保护动作设定值，电流继电器KA动作，经信号继电器 KS 启动出口中间继电器 KCO，KCO 动作后，两对触点分别经变压器保护两侧断路器 QF1、QF2 的辅助触点接通跳闸回路，跳开 QF1、QF2，排除故障，如图 5-20 所示。其跳闸二次逻辑回路及动件程序如下：

+电源→ KA → KS → KCO → −电源，启动 KCO；

+电源→ KCO1 → QF1-1 → YT1 → −电源，跳 QF1；

+电源→ KCO2 → QF2-1 → YT2 → −电源，跳 QF2。

（2）过电流保护　为反应变压器外部故障而引起的变压器绕组过电流，以及在变压器内部故障时，作为差动保护和气体保护的后备保护，变压器应装设过电流保护。过电流保护装在电源侧，对于双绕组降压变压器的负荷侧，一般不应配置保护装置，当过电流保护动作灵敏度不够时，可加低电压闭锁，因此过电流保护有不带低电压闭锁和带低电压闭锁两种。

❶ 不带低电压闭锁的过电流保护　过电流保护由测量单元（电流继电器 KA、延时继电器 KT）和保护单元（信号继电器 KS、中间继电器 KCO）构成，如图 5-20所示。

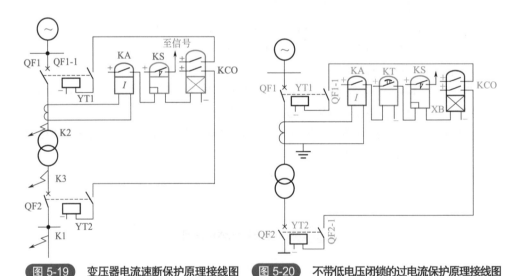

图 5-19　变压器电流速断保护原理接线图　　图 5-20　不带低电压闭锁的过电流保护原理接线图

当短路电流达到或超过电流继电器 KA 的动作设定值时，其触点动作，使延时继电器 KT 得电延时，经延时，KT 的动合触点闭合，经信号继电器 KS 启动中间继电器 KCO，它的两对触点 KCO1 和 KCO2 闭合后，使 YT1 和 YT2 线圈得电，分别跳开变压器原、副边的断路器 QF1、QF2。其过电流保护的直流回路展开图如图 5-21 所示。

其保护动作过程如下：

+电源→ KCO1 闭合→ QF1-1 → YT1 线圈→ −电源，使 QF1 断开；

+电源→ KCO2 闭合→ QF2-1 → YT2 线圈→ −电源，使 QF2 断开。

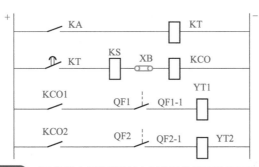

图 5-21　不带低电压闭锁的过电流保护的直流回路展开图

❷ 带低电压闭锁的过电流保护　当变压器的过电流保护设定值经核算，灵敏度不能满足要求时，应采取加低电压闭锁的措施。过电流保护有了低电压闭锁后，其动作值不必再按最大负荷电流整定，而可以按变压器的额定电流整定，以提高过电流继电器的动作灵敏度。变压器通过最大负荷电流时，过电流继电器可能动作，但由于电压降低不大，不足以使低电压（一般为 $0 \sim 70\%U$）继电器动作，闭锁过电流保护不会动作，它的过电流保护直流回路展开接线图如图 5-22 所示。

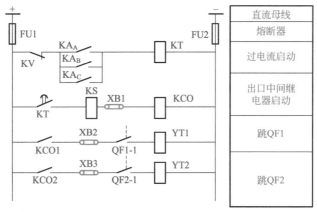

图 5-22　带低电压闭锁的过电流保护直流回路展开图

在过电流保护的动作回路中，当电压高于低电压继电器 KV 的动作值时，$KA_A$（或 $KA_B$、$KA_C$）处于在磁状态，其动断触点断开；尽管过负荷电流使过电流继电器的动合触点 $KA_A$（或 $KA_B$、$KA_C$）闭合，也不能接通保护的动作回路。如果发生相间短路，电压突然大幅度下降，则低电压继电器 KV 失磁动作，其动断触点闭合，同时电流突然大幅度升高，过电流继电器的动合触点 $KA_A$（或 $KA_B$、$KA_C$）闭合，接通保护的动作回路并启动时间继电器 KT，经给定延时后，触点闭合，接通跳闸回路，跳开变压器原、副边两侧的断路器 QF1、QF2，该保护回路的动作程序如下：

＋电源→ KV → KA → KT 线圈→－电源，启动 KT；

+电源→ KT → KS → XB1 → KCO 线圈→ -电源, 启动 KCO;

+电源→ KCO1 → XB2 → QF1-1 → YT1 → -电源, 跳开 QF1;

+电源→ KCO2 → XB3 → QF2-1 → YT2 → -电源, 跳开 QF2。

### (3) 零序电流保护及过负荷保护

❶ 变压器的零序电流保护 变压器的零序电流保护接线如图 5-23 所示, 它是在变压器低压侧中性点引线上装设一个电流互感器 TA 和具有常闭触点的 GL 系列电流继电器 KA, 当变压器低压侧发生单相接地故障时, 继电器 KCO 动作, 使跳闸线圈带电而跳闸, 将故障切除。

❷ 变压器的过负荷保护 变压器的过负荷保护, 只在变压器确有过负荷可能的情况时才装设, 过负荷保护能反映变压器正常运行时的过载情况, 一般作用于信号。

变压器的过负荷电流在大多数情况下都是三相对称的, 因此, 过负荷保护只需在一相上装设一个电流继电器 KA。为了防止在短路时发出不必要的信号, 还需装设一个时间继电器 KT, 使其动作时限大于过电流保护装置的动作时限, 一般取 10 ～ 15s, 最后再通过一个信号继电器发出报警信号。图 5-24 为变压器过负荷保护接线图, 对升压变压器 TM, 保护装置装设在发电机一侧; 对降压变压器, 保护装置装设在高压侧。

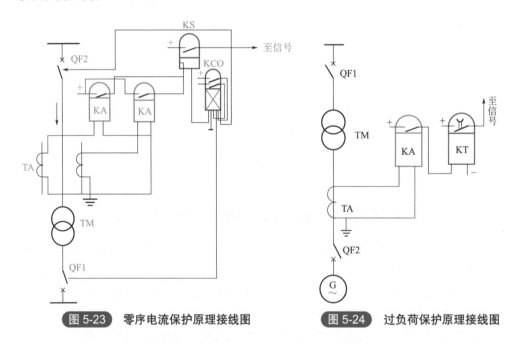

图 5-23 零序电流保护原理接线图    图 5-24 过负荷保护原理接线图

### 3. 三绕组变压器保护装置二次回路分析举例

现以一种三绕组变压器保护装置为例, 分析变压器保护的配置及工作情况。图 5-25 为三绕组降压变压器保护的二次回路接线图, 下面对各个部分分别介绍。

（1）一次接线　由图 5-26～图 5-29 可见，三绕组变压器的高、中、低三侧的电压等级分别为 110kV、35kV、10kV、110kV 侧中性点接地，并在中性点与大地之间安装零序过电流保护；35kV 侧中性点不接地，为小电流接地方式；10kV 侧为三角形接线。110kV、35kV 侧均接于双母线，10kV 侧接单母线。

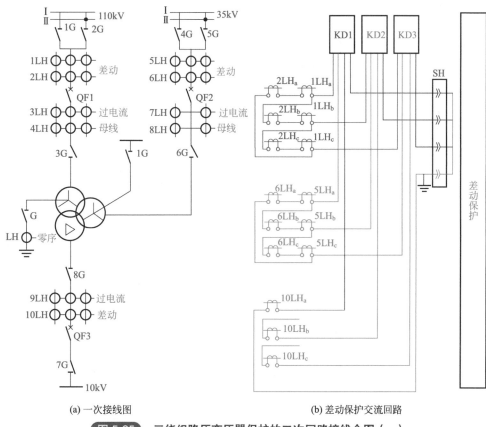

(a) 一次接线图　　　　(b) 差动保护交流回路

图 5-25　三绕组降压变压器保护的二次回路接线全图（一）

（2）继电保护配置　变压器除在主保护配置纵联差动保护和气体保护外，还在高、中压侧安装复合电压闭锁的过电流保护，低压侧则装不受电压闭锁的过电流保护，详见图 5-25（b）和图 5-26（a）、（b）。变压器保护的配置方案，按其动作速度的快慢可分为三个层次。

第一个层次为瞬时动作的保护，即纵差动保护和气体保护，在变压器发生故障时动作，同时跳开高、中、低压侧断路器，切除故障。

第二个层次是高压侧受复合电压闭锁的过电流保护，中压侧受复合电压闭锁的方向过电流保护及低压侧不受电压闭锁的过电流保护，它们的共同特点是保护的动作时间均为两段式，时间较短的为切母联断路器时间段，时间较长的为切本侧断路器时间段，两段的时间差一般为 0.5s。另外高压侧还有一套受零序电压闭锁的零序过电流保护，也有两个时间段，同属第二层次。设置这套保护的原因是，当高压侧线路发生接地短路时，由于某种原因，故障未被瞬时切除，则可提供用零序过电流保护延时切除故障的机会。若变电所为两台变压器并联运行，一台中性点接地，另一台中性点不接地，为减少不接地变压器的损伤，可先用较短时间将其断开，再用较长时间断开接地的变压器。

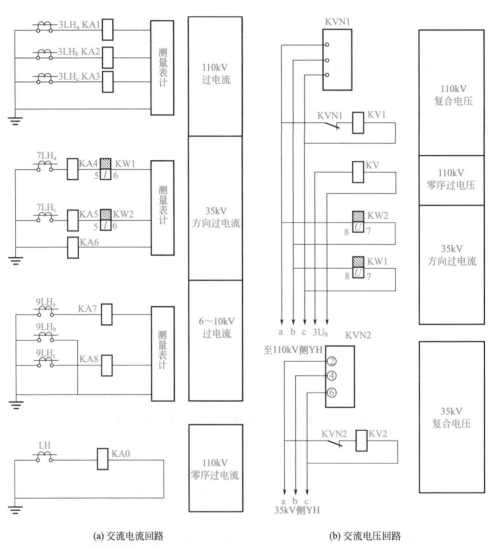

(a) 交流电流回路　　　　　　　　　　(b) 交流电压回路

图 5-26　三绕组降压变压器保护的二次回路接线全图（二）

第三个层次是中压侧受复合电压闭锁的过电流保护，它的动作时间比第二个层次又高出一个时间差，当变压器内部出现故障，第一、二层次保护拒动时，第三层次将以更长时间动作，跳开高、中、低压侧断路器，切除故障。

另外，需要指出的是高、中压受复合电压闭锁的过电流保护中的复合电压，是负序电压和低电压的复合。在 110kV 和 35kV 的复合电压回路中，低电压继电器 KV1 和 KV2 分别受负序电压继电器动断触点 KVN1 和 KVN2 的控制。

在正常运行情况下，负序电压为零，负序电压继电器失磁，其动断触点闭合，接通低压继电器 KV1 和 KV2 的电源，使之励磁，它的动断触点 KV1 和 KV2 断开保护动作回路。若发生两相短路时，负序电压突然产生并且幅值很大，负序电压继电器励磁，其动断触点断开低压继电器的电源，使之失磁，它的动断触点闭合，接通保护动作回路。

### （3）各种保护装置的二次逻辑回路

❶ 纵联差动保护　纵联差动保护由差动继电器 KD1 ～ KD3 和信号继电器 KS 及总出口中间继电器 KCO 构成，当变压器发生故障时纵联差动保护使三侧断路器瞬时跳闸，保护动作回路见图 5-27（a）、（b），其动作程序如下：

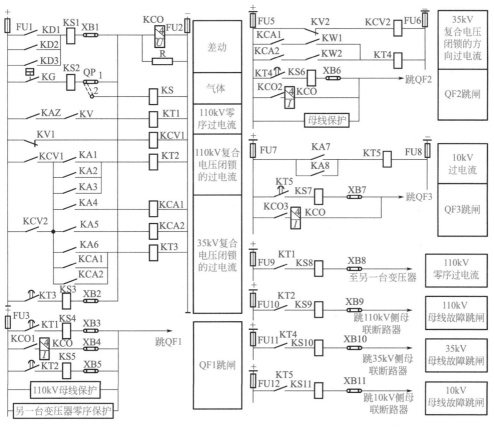

(a) 直流逻辑回路　　　　　　　　(b) 交流逻辑回路

**图 5-27**　**三绕组降压变压器保护的二次回路接线全图（三）**

+电源→ FU1 → KD1 ～ KD3 → KS1 → XB1 → KCO 电压线圈→ FU2 → -电源，启动 KCO；

+电源→ FU3 → KCO1 → KCO 电流线圈→ XB4，跳开 QF1；

+电源→ FU5 → KCO2 → KCO 电流线圈，跳开 QF2；

+电源→ FU7 → KCO3 → KCO 电流线圈，跳开 QF3。

❷ 气体保护　气体保护由气体继电器 KG、信号继电器 KS、切换连接片 QP 组成，当变压器内部发生故障时，跳开三侧断路器，逻辑回路见图 5-27（a），保护的动作程序为：

+电源→ FU1 → KG → KS2 → QP1 → KCO 电压线圈→ FU2 → -电源，启动 KCO。

总出口中间继电器 KCO 动作后，其三对触点 KCO1 ～ KCO3 分别跳开三侧断路器 QF1、QF2、QF3。气体继电器的另一种运行方式是只发信号而不跳闸（又叫轻气体保护动作），把切换压板由 "1" 切换到 "2" 即可。

❸ 110kV 侧复合电压闭锁过电流保护　110kV 侧复合电压闭锁的过电流保护由电流继电器 KA1 ～ KA3、电压继电器 KV1、负序电压继电器 KVN1、中间继电器 KCV、时间继电器 KT2 构成。保护的逻辑回路为图 5-28（a）、（b），保护的动作程序为：

+电源→ FU1 → KV1 → KCV1 线圈→ FU2 → -电源，启动 KCV1；

+电源→ FU1 → KCV1 → KA1 ～ KA3 → KT2 线圈→ FU2 → -电源，启动 KT2。

KT2 有两个时间定值，用较小的定值跳开 110kV 侧母联断路器，用较大的定值跳开本侧断路器，其动作程序为：

+电源→ FU10 → KT2 → KS9 → XB9 →跳开 110kV 侧母联断路器；

+电源→ FU3 → KT2 → KS5 → XB5 →跳开本侧断路器 QF1。

❹ 110kV 零序电压闭锁零序过电流保护　110kV 零序电压闭锁的零序过电流保护由电流继电器 KAZ、电压继电器 KV、时间继电器 KT1 和信号继电器 KS4 构成。当发生接地短路时，出现零序电压和零序电流，当灵敏度足够大时两者均动作。逻辑回路为图 5-28（a）、（b）的 110kV 零序电压闭锁的过电流保护，其动作程序为：

+电源→ FU1 → KAZ → KV → KT1 线圈→ FU2 → -电源，启动 KT1；

+电源→ FU3 → KT1 → KS4 → XB3 →跳开本侧断路器 QF1。

若本变电所为两台变压器并联运行，应先切除中性点不接地者，其动作程序为：

+电源→ FU9 → KT1 → KS8 → XB8 →切中性点不接地变压器。

❺ 35kV 侧复合电压闭锁过电流保护　该侧复合电压闭锁过电流保护有两套：一是带方向，二是不带方向。

• 复合电压闭锁方向过电流保护为两相式保护，它由电流继电器 KA4、KA5，电流重动继电器 KCA1、KCA2，方向继电器 KW1、KW2，电压重动中间继电器 KCV2，电压继电器 KV2，负序电压继电器 KVN2，时间继电器 KT4，信号继电器 KS6 组成。

当发生不对称故障时，负序电压继电器 KVN2 动作，保护动作程序为：

　　+ 电源→ FU5 → KV2 → KCV2 线圈→ FU6 → − 电源，启动 KCV2；

　　+ 电源→ FU1 → KCV2 ┬→ KA4 → KCA1 线圈→ FU2 → − 电源，启动 KCA1；
　　　　　　　　　　　　 └→ KA5 → KCA2 线圈→ FU2 → − 电源，启动 KCA2；

　　+ 电源→ FU5 → KCA1 → KW1 ┐
　　　　　　　　　　　　　　　　 ↓
　　+ 电源→ FU5 → KCA2 → KW2 → KT4 线圈→ FU6 → − 电源，启动 KT4；

　　+ 电源→ FU11 → KT4 → KS10 → XB10 →跳开母联断路器；

　　+ 电源→ FU5 → KT4 → KS6 → XB6 →跳开 QF2。

● 不带方向的复合电压闭锁过电流保护　是由电压继电器 KV2，电压重动中间继电器 KCV2，电流重动继电器 KCA1、KCA2，电流继电器 KA1 ～ KA6，时间继电器 KT3，信号继电器 KS3 构成的。当发生不对称故障时，负序电压继电器动作，保护的动作程序为：

　　+ 电源→ FU5 → KV2 → KCV2 → FU6 → − 电源，启动 KCV2；

　　+ 电源→ FU1 → KCV2 ┬→ KA4 → KCA1 线圈→ FU2 → − 电源，启动 KCA1；
　　　　　　　　　　　　 ├→ KA5 → KCA2 线圈→ FU2 → − 电源，启动 KCA2；
　　　　　　　　　　　　 └→ KA6 → KT3 线圈→ FU2 → − 电源，启动 KT3；

　　+ 电源→ FU1 → KT3 → KS3 → XB2 → KCO 线圈→ FU2 → − 电源，KCO 动作，其三对触点 KCO1、KCO2、KCO3 闭合后，分别断开三侧断路器 QF1、QF2、QF3，切除故障。

⑥ 10kV 侧过电流保护　该侧过电流保护由电流继电器 KA7、KA8，时间继电器 KT5，信号继电器 KS7 组成，保护的动作程序为：

　　+ 电源→ FU7 → KA7（或 KA8）→ KT5 线圈→ FU8 → − 电源，启动 KT5；

该继电器有两对触点，闭合后分别去跳开本侧断路器 QF3 和母联断路器，即

　　+ 电源→ FU7 → KT5 → KS7 → XB7 →跳开 QF3；

　　+ 电源→ FU12 → KT5 → KS11 → XB11 →跳开 10kV 母联断路器。

⑦ 信号回路　在信号回路中有气体、温度、110kV 侧及 35kV 侧电压回路断线等信号，各种信号动作后，均有光字牌显示，见图 5-28。该变压器所设各种保护动作后均有信号表示，并发出掉牌未复归光字牌。

### 4. 主变压器气体继电器故障分析

故障现象：Zn（110kV）变电站直流屏发出"直流系统接地"报警信号不能复归。

故障分析：继电保护人员到达现场后，首先测试直流系统对地电压，正极对地为 0V，负极对地为 220V，判断为直流系统正极金属性直接接地故障。

采用选线方式将各线路保护起来，控制电源熔断器逐个取下，并同时观察"直流系统接地"信号变化情况，发现"直流系统接地"报警信号未能消失，判断电流接地与各线路的保护、控制电源无关。继续选线，当取下 1# 主变压器保护电源熔断器时，

"直流系统接地"信号消失,确定直流接地发生在1#主变压器保护回路中。

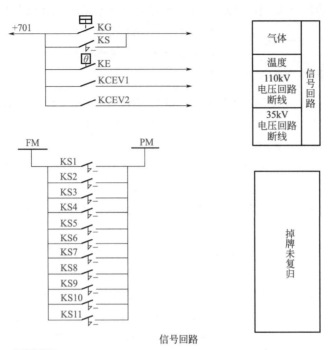

图 5-28　三绕组降压变压器保护的二次回路接线全图(四)

　　用解列二次接线逐级排除的方法,先室外后室内,在1#主变压器保护屏端子排上,当解列开保护屏至1#主变压器端子箱的回路编号为"01"电缆芯线时,"直流系统接地"报警信号消失,再在1#主变压器端子箱内分别解列端子箱至有关各附件的回路编号"01"电缆芯线,当解列至有载调压气体继电器的"01"电缆芯线时,"直流系统接地"信号消失,判断主变压器有载调压气体继电器二次回路有直流接地点。电力调度人员将1#主变压器负荷全部转移到2#主变压器,并操作1#主变压器停电和做好安全措施,随后将1#主变压器及三侧断路器控制电源熔断器全部取下,解列开有载调压气体继电器二次电缆接线,测主变压器端子箱至有载调压气体继电器电缆芯线对地绝缘电阻值,都为10MΩ以上,说明电缆芯线绝缘良好。再测有载调压气体继电器接线柱,见原回路编号为"01"的电缆芯线接线柱对地绝缘电阻值为0,从而判断有载调压气体继电器内部组件的二次回路接地。将有载调压气体继电器内及其油枕内变压器油放出,并用备用容器盛装好做好防灌措施,然后打开气体继电器,发现重气体干簧触点的玻璃管已全部破碎,其中至回路编号为"01"电缆芯线接线柱的干簧触点片搭落在固定触点的金属架上,另一干簧触点片悬空。若是两触点片触或同时接地,将引起主变压器有载调压重气体保护误动作,会误跳1#主变压器三侧断路器,后果严重。一次设备检修人员将合格的备用气体继电器迅速送到现场,更换有载调压气体继电器，恢复其二次接线，在 1# 主变压器端子箱内再测端子排上回路编号为 "01" 电缆芯线的二次回路对地绝缘，绝缘电阻值为 180MΩ，投入 1# 主变压器保护电源及三侧断路器控制电源熔断器，"直流系统接地" 报警信号消失。测试直流系统对地电压，正极对地为 +110V，负极对地为 -112V，判断直流系统接地故障处理完毕，随后对有载调压气体继电器及其有载调压装置内注入变压器油，经验收和操作，变电站恢复正常运行。

经详细分析，由于 Zn 变电站 1# 主变压器有载调压气体继电器内重气体干簧触点的玻璃管破碎，使干簧触点片失去支承，接入直流电源正极的干簧触点片搭落在固定触点的金属架上，导致直流电源正极金属性直接接地故障。

## ■ 四、母线差动及失灵保护的二次回路识图

### 1. 母线差动保护的适用条件与要求

在发电厂、变电所中的母线绝缘子或断路器套管发生闪络，运行人员误操作或外力破坏等情况下，造成母线单相接地成多相短路的可能性是不容忽视的。一旦母线发生短路，众多与之相连的元件随之中断供电，可能导致系统瓦解，造成重大事故。因此，在母线上配置广泛使用的单母线差动保护、双母线固定连接的差动保护及电流相位比较式母线差动保护等，及时准确地切除故障母线，消除或降低故障造成的损失是十分重要的。

当母线发生故障时，可以利用电源侧的保护装置（如过电流或距离保护、零序过电流保护等）切除故障，这样的保护方式是最简单的，母线本身不需加任何保护装置，但其最大的缺点是切除故障时间过长，往往不能满足系统稳定性的需求。因此，这种保护方式只适用于不重要的较低电压的网络中，至于是否需要装设母线差动保护，应根据以下条件而定：

❶ 当母线上发生故障，不能快速切除，会破坏系统的稳定性时，应装设母线差动保护。

❷ 对于具有分段断路器的双母线，并带有重要负荷而线路数又较多时，视具体情况确定是否装设母线差动保护。

❸ 对于发电厂或变电所送电线路的断路器，当其切断容量是按电抗器后短路选择的，则在电抗器前（即线路端）发生短路时保护不能启动，此时应装设母线差动保护。

对于母线差动保护的基本要求主要有以下几方面：

❶ 应能快速地、有选择性地将故障切除。

❷ 保护装置必须是可靠的，并有足够的灵敏度。

❸ 对于中性点直接接地系统应装设三相电流互感器，对于中性点非直接地系统应装设两相电流互感器，因为这时只要针对相同故障做出反应即可。

### 2. 单、双母线差动电流保护

（1）单母线完全差动电流保护　单母线完全差动电流保护的原理接线图如图 5-29 所示，从图中可知，流过差动电流继电器 K 的电流等于各支路二次电流的相量和（假定流向母线的方向为一次电流的正方向），若不考虑电流互感器的励磁电流，则一次电流与二次电流的关系是：

$$\dot{I}_B = \dot{I}_A / n$$

式中　$\dot{I}_A$，$\dot{I}_B$——分别为一次电流和二次电流；

　　　　$n$——电流互感器的变比。

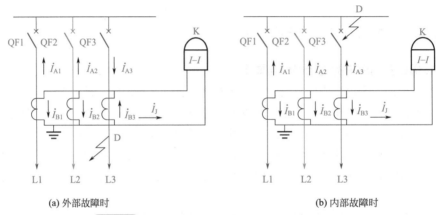

(a) 外部故障时　　　　　　　　　　　　　　　　(b) 内部故障时

图 5-29　单母线完全差动电流保护的原理接线图

以下分析各种运行方式下母线差动保护动作的情况。

❶ 正常运行时　根据电工学中的基尔霍夫定律：在任意瞬间，流入节点的电流之和等于流出节点的电流之和，假定各线路中一次电流的正方向均流向母线，则流进母线的电流应等于流出母线的电流，所以三条线路中的一次电流之和应为零，即 $\dot{I}_{A1} + \dot{I}_{A2} + \dot{I}_{A3} = 0$，所以，流过差动继电器 K 的电流也为零，故保护装置不会动作。

❷ 外部故障时　如图 5-29（a）所示，线路 L3 在 D 处发生故障，则一次电流的关系式为 $\dot{I}_{A1} + \dot{I}_{A2} - \dot{I}_{A3} = 0$。

流入继电器 K 中的电流为 $\dot{I}_J = \dfrac{\dot{I}_{B1} + \dot{I}_{B2} - \dot{I}_{B3}}{n} = 0$。

通常，实际流入继电器中的电流不为零，而是有个很小的不平衡电流，但是不足以使继电器动作。所以，保护装置也不会动作。

❸ 内部故障时　如图 5-29（b）所示，若母线 D 处发生故障，则三条线路的短路电流均向母线流去，一次短路电流之和为 $\dot{I}_D = \dot{I}_{A1} + \dot{I}_{A2} + \dot{I}_{A3}$。

流入继电器 K 中的电流则为 $\dot{I}_J = \dfrac{\dot{I}_{B1} + \dot{I}_{B2} + \dot{I}_{B3}}{n} = \dfrac{\dot{I}_D}{n}$。

由于继电器动作值 $I_{dz}$ 远小于 $\dfrac{\dot{I}_D}{n}$，所以继电器动作。

（2）固定连接的双母线差动保护　为了提高发电厂、变电所运行的可靠性和灵活性，多采用双母线接线方式，而在运行中又多采用母联断路器在闭合状态的同时运行方式。所谓固定连接，就是按照一定的要求，将引出线和有电源的支路分别固定连接在两条母线上。为满足这种运行方式对保护的要求，选择配置了双母线固定连接的差动保护，当其中任一条母线短路时，只切除连接于该母线的元件，另一条母线仍继续运行，缩小了停电范围，提高了供电的可靠性。

❶ 构成原理　图 5-30 为固定连接的双母线差动保护原理接线图。该保护由三部分组成。

第一部分由线路 L1、L2 和母联断路器下端的三组电流互感器构成差动回路，反映三者电流之和，该回路和差动继电器 KD 构成母线 I 故障的选择元件。

第二部分由线路 L3、L4 和母联断路器上端的三组电流互感器构成差动回路，反映三者电流之和，该回路输出端接入差动继电器 KD2 构成母线故障的选择元件。

第三部分是反映第一、二部分电流之和的完全电流差动回路，该回路的输出端接入差动继电器 KD3 构成双母线的电流差动保护。

在正常运行情况下，母线 I 和母线 II 差动回路，由于连接元件的流入和流出电流平衡，故流入差动继电器 KD1、KD2、KD3 的电流为零，差动保护不动作。

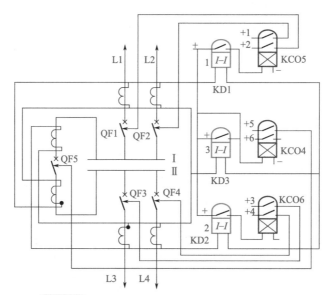

**图 5-30　固定连接的双母线差动保护原理接线图**

❷ 正常运行或外部发生故障时的情况　如图 5-31 所示，在正常运行情况下以及保护范围外部发生故障时，流过差动继电器的电流是数值很小的不平衡电流，在整定母线差动保护电流动作值时，已考虑跳过此不平衡电流，故母线差动保护的两组选择元件 KD1、KD2 和启动元件 KD3 均不动作。

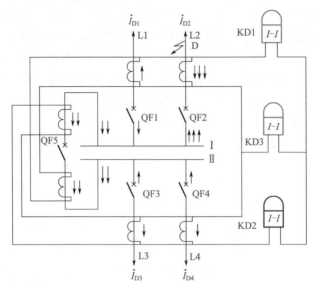

图 5-31　固定连接的母线差动保护外部故障时的电流接线图

❸ 母线故障时的情况　当图 5-32 中的第 Ⅰ 段母线发生故障时，差动继电器 KD1 和 KD3 中流过全部的故障电流而动作（第 Ⅱ 段母线正常，差动继电器 KD2 不动作），并跳开第 Ⅰ 段故障母线上所连接的断路器 QF1、QF2 和 QF5。

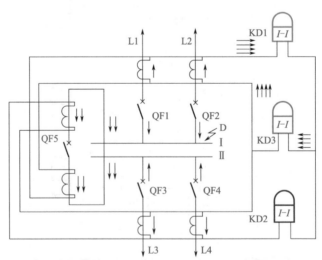

图 5-32　第 Ⅰ 段母线故障时电流分布

从两条母线差动回路工作情况分析可知，当母线 Ⅰ 故障时，差动继电器 KD1 动作是跳开与第 Ⅰ 段母线相连的 L1、L2 的断路器 QF1、QF2，而 KD3 动作是跳开母联断路器 QF5，达到快速可靠地切除第 Ⅰ 段母线故障，而第 Ⅱ 段母线及与其相连的线路仍可继续供电的目的。该原理保护具有良好的选择性。它的缺点是，当固定连接破坏后，母线上发生故障保护将无选择地跳开与两条母线相连的所有断路器。

④ 固定连接方式破坏后的情况　当固定连接方式破坏后，仍采用双母线同时运行时，若母线上发生故障，则会将母线上所连接的断路器全部跳掉，如图 5-33 所示。

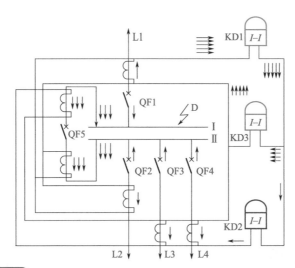

图 5-33　固定连接方式破坏后 I 段母线发生故障时电流分布情况

从图 5-33 可以看出，当 I 段母线 D 处发生故障时，差动继电器 KD1、KD2、KD3 均有短路电流流过，并都动作，会无选择性地将 I 段和 II 段母线上连接的断路器全部切除。

若固定连接方式受到破坏后仍采用双母线运行，而保护区外部又发生故障时，差动继电器 KD1 和 KD2 将流过全部故障电流，但差动继电器 KD 则未流过故障电流，所以不会造成整套保护装置的误动作。

### 3. 电流相位比较式母线差动保护

元件固定连接母线差动保护的缺点是一旦装置的连接方式受到破坏后，如果二次电流不做相应的改变，则将造成无选择性地切除故障。要解决这个问题，可采用电流相位比较式母线差动保护。这种保护既可以保留固定连接母线差动保护的优点，又可以克服元件固定连接母线差动保护受到破坏后的不足。电流相位比较式母线差动保护常广泛应用于 110 ～ 220kV 的电力系统中。

（1）电流相位比较式母线差动保护的原理　电流相位比较式母线差动保护原理接线图如图 5-34 所示，保护装置每相都有两个差动继电器：一个差动继电器 KDW 接在双母线的差动回路上，作为母线故障的整套保护启动元件，它具有在母线外部故障不动作，在母线上故障瞬时动作的功能；另一个差动继电器 KDA 是电流相位比较继电器，作为母线故障的选择元件，具有判断故障发生在 I 母线还是 II 母线的功能，KDA 有两个电流线圈，一个接于双母线差动回路（9 端与 16 端），另一个接于母联断路器的电流回路中（12 端与 13 端）。

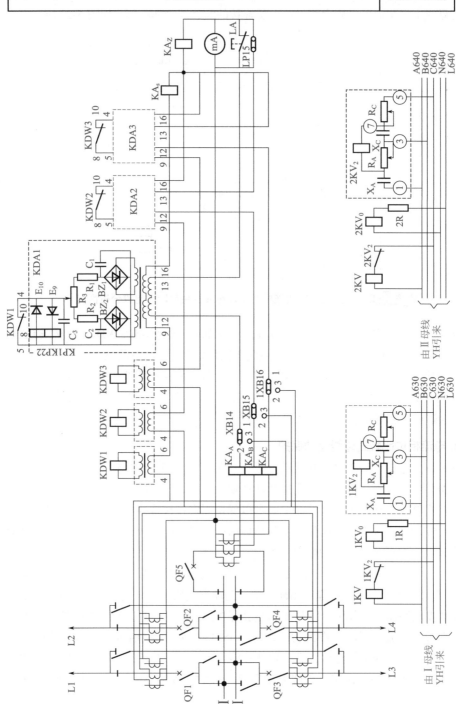

图 5-34 电流相位比较式母线差动保护原理接线图

当双母线差动电流和母联断路器电流均从同极性端子（9 端和 12 端）分别流入 KDA 的两个电流线圈时，KDA 处于 0° 动作区的最灵敏状态，判定故障在母线 Ⅰ 上，执行元件 KP1 动作，切除与母线 Ⅰ 相连的所有元件；当两路电流从异性端子（9 端和 13 端）流入 KDA 的两个电流线圈时，KDA 处在 180° 动作区的最灵敏位置，判定故障在母线 Ⅱ 上，执行元件 KP2 动作，切除与母线 Ⅱ 相连的所有元件。

（2）固定连接方式下内、外部故障保护的动作分析

❶ 保护区外发生故障的分析　在线路 L1 上 D 点短路，短路电流的分布情况如图 5-35 所示，两母线上各元件的短路电流之和为零，母线差动回路中无电流通过，启动元件 KDW 不动作，母联断路器 QF5 中有短路电流从端子 12 通过选择元件 KDA 的另一个电流线圈，但由于母线差动电流为零，作为电流相位比较的 KDA 也不动作。

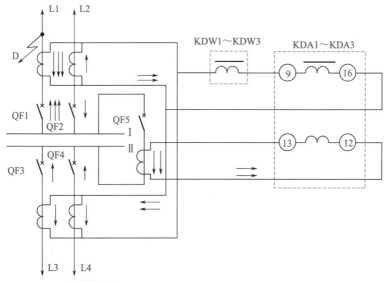

图 5-35　保护区外发生故障时的电流分布情况

❷ 母线 Ⅰ 发生故障的分析　当母线 Ⅰ 上发生 D 点短路故障时，短路电流的分布情况如图 5-36 所示，母线差动回路的电流为 4 条线路短路电流之和，启动元件 KDW 动作，KDA 的常闭触点打开，解除对选择元件 KDA 的闭锁，故 KDA 工作，由于差动回路中的故障电流和母联回路中电流分别从 KDA 的两个线圈的正极性端子（9 端和 12 端）流入，因此，选择元件 KDA 处在 0° 动作区的最灵敏位置，其执行元件 KP1 动作，切除母线 Ⅰ 上的所有元件。

从以上母线 Ⅰ 故障的短路动作情况，也可以推断出母线 Ⅱ 故障时保护的动作行为。当母线 Ⅱ 故障时，母线差动回路电流的大小、方向与母线 Ⅰ 故障时相同，KDW 动作，其常闭触点打开，解除对选择元件 KDA 的闭锁，故 KDA 工作，差

动回路中的故障电流仍从 KDA 的正极性端子（9 端）流入电流线圈；而通过母联断路器 QF5 回路的电流为线路 L1、L2 的短路电流，其电流方向与母线 I 短路时的电流方向相反，从 KDA 的另一个电流线圈的非极性端（13 端）流入，选择元件 KDA 则处在 180° 动作区的最灵敏位置，执行元件 KP2 动作，切除与母线 II 相连的所有元件。

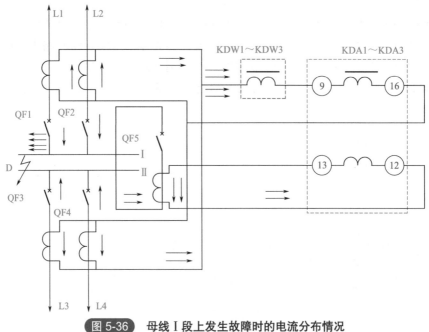

图 5-36　母线 I 段上发生故障时的电流分布情况

（3）固定连接破坏后发生内、外部故障时保护的动作分析　双母线固定连接破坏后，电流相位比较式母线差动保护具有外部故障不误动、内部故障有选择切除的功能。

当固定连接破坏后外部故障引起短路时，如线路 L1 的 D 点短路时，短路电流分布及差动继电器工作情况如图 5-37 所示。母线差动回路无电流，启动元件 KDW 不动作，故障选择元件 KDA 的 9 端、16 端电流线圈中无电流，12 端、13 端的电流线圈虽通入了母联断路器电流，但不能构成电流相位比较，故不动作。

固定连接破坏后，母线 I 故障时短路电流分布及差动继电器工作情况如图 5-38 所示，通过双母线差动回路的电流是 4 条线路短路电流之和，启动元件 KDW 动作。

母线差动电流同时从正极性端子（9 端）通过故障选择元件 KDA 的电流线圈，母联断路器电流则从正极性端子（12 端）通过 KDA 的另一个电流线圈，两电流相位比较为 0°，判定故障发生在母线 I，KDA 动作，由执行元件 KP1 动作，切除与母线 I 相连的所有元件。同理，可以分析母线 II 故障时保护的动作情况。双母线差动电流仍为 4 条线路短路电流之和，启动 KDW 并流过 KDA 电流线圈；所不同的是，通过母联断路器的电流仅为线路 L1 的短路电流，并从非极性端子（13 端）通过 KDA 另一个电流线圈，两电流相位比较为 180°，判定故障在母线Ⅱ上，KDA 动作，执行元件 KP2 动作，切除与母线Ⅱ相连的所有元件。

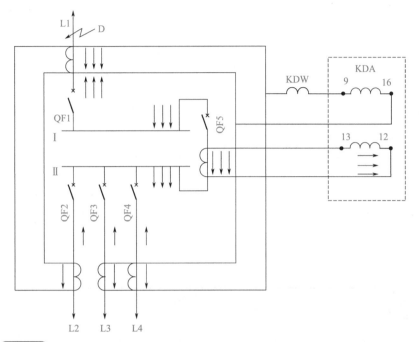

**图 5-37** 固定连接破坏后母线Ⅰ外部故障时短路电流分布及差动继电器工作情况

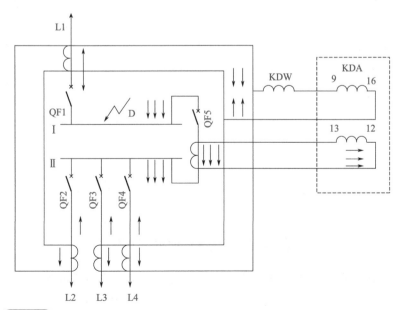

**图 5-38** 固定连接破坏后母线Ⅰ故障时短路电流分布及差动继电器工作情况

由以上分析可见，固定连接破坏后仍具有对故障内、外的明确选择性，是电流相位比较式母线保护的突出优点。

（4）电流相位比较式母线差动保护的自身保护措施　为了保证电流相位比较式母线差动保护的自身保护可靠性，在二次回路的一些关键部位采取了若干闭锁措施。

选择元件采用出口闭锁，为了防止选择元件 KDA 正常运行情况下误动作，用启动元件 KDW 的动断触点对 KDA 的出口（8 端、10 端）闭锁，只有 KDW 动作后才能开放 KDA 的出口，如图 5-38 所示。

电流互感器二次侧采用断线闭锁回路，该回路由零序电流继电器 KAZ、时间继电器 KT 和闭锁继电器 KCB 构成。当电流继电器二次侧断线时，三相电流不对称所产生的零序电流使 KAZ 动作，启动 KT 延时后，使 KCB 得电动作，切除母线差动保护的正电源，可防止二次回路保护误动作。

交流电压回路采用闭锁回路，它是为防止在正常运行情况下，因交流电压回路使保护误动作而设置的。该回路的主要功能是，正常状况下将断路器的跳闸断开，而在母线发生各种类型故障时，立即将跳闸回路接通，解除闭锁。

## 第八节　断路器失灵保护的二次回路

在电力系统中某一部位发生故障时，继电保护已经启动，但因断路器失真而不能跳闸，不能切除故障时，若利用已启动的继电保护装置，通过一定的逻辑回路使发生故障的线路（或变压器等元件）所在母线上的其他元件（包括母联断路器）全部跳开，达到切除故障的目的，称具有这种保护功能的自动装置为断路器失灵保护。例如，某变电所有四条出线和一个母联断路器，如图 5-39 所示。

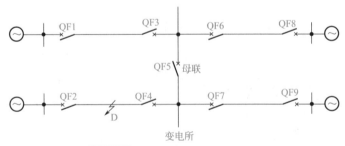

图 5-39　失灵保护的作用示意图

当变电所 4 号断路器 QF4 的线路 D 点发生故障时，线路两侧的继电保护装置均已启动，断路器 QF2 跳闸，若 4 号断路器 QF4 因机构失灵未跳开，则此时可通过失灵保护装置首先将母联断路器 QF5 跳开，然后再跳开 7 号断路器 QF7，将故障切除。

　　该保护外部的二次回路比较复杂，它要把母线所有断路器的保护装置跳闸回路都集中在一面失灵保护盘上。一般只有在 220kV 及以上电压等级的变电所（发电厂）中才使用。

　　断路器失灵保护一般由启动、延时、逻辑回路、低压闭锁等部分组成，其二次回路接线如图 5-40 所示。被保护各元件的继电保护出口为启动元件；延时元件的动作定值，要躲过断路器完好情况下，保护动作和断路器跳闸熄弧时间之和；还要考虑断路器失灵拒动情况下，给予失灵保护准确选择切除对象和切除次序等逻辑判断的充足时间；失灵保护还受母线低电压闭锁。

## 1. 回路接线与动作过程

　　图 5-40（a）是一次接线为带有母联断路器的双母线接线；L1、L3 两条线路接在 1# 母线上运行。L2 线路及主变压器接在 2# 母线上运行。

　　当 L1 线路发生故障，断路器 QF1 失灵不跳闸，失灵保护切除故障。

　　当 L1 线路发生故障时，断路器 QF1 的保护装置已经启动，即 L1 线路的相电流继电器 KA1 ～ KA3，分相跳闸继电器 KTF1 ～ KTF3 均已动作，见图 5-40（d）。正电源通过 KA1（或 KA2、KA3）、KTF1（或 KTF2、KTF3）动合触点的闭合，使延时继电器 1KT 启动延时，其逻辑回路为：

　　+ 电源→ KA1（或 KA2、KA3）→ KTF1（或 KTF2、KTF3）→ XB1 → 1KT 线圈→电源，启动 1KT，见图 5-40（b）。

　　延时元件 1KT 有两对触点。一对是滑动触点 $1KT_1$，它为短延时，动作闭合后启动信号继电器 KS1 和跳母联断路器的中间继电器 KTW，发出跳母联断路器的信号，并跳开母联断路器，其逻辑回路为：

　　+ 电源→ $1KT_1$ → KS1 线圈→ KTW（母联断路器跳闸中间继电器）线圈→ 1KT 线圈→ - 电源，启动 KTW；

　　+ 电源→ KCV1 → KTW → XB →跳开母联断路器，见图 5-40（c）。

　　1KT 的另一对终端触点 $1KT_2$，它较 $1KT_1$ 延时长。其动作闭合后，启动信号继电器 KS2 和跳 L3 线路断路器 QF3 的出口中间继电器 KCW1，即：

　　+ 电源→ $1KT_2$ → KS2 线圈→ KCW1（母线保护出口中间继电器）线圈→ - 电源，启动 CTW1；

　　+ 电源→ KCV1 → KCW1 → XB7 →跳 QF3，见图 5-40（c）。

　　此外，断路器失灵保护还受低电压闭锁，若故障未切除，1# 母线上的电压下降，低电压继电器 KV1 动作，1# 低电压启动逻辑回路见图 5-40（d）；

　　+ 电源→ KV1 → KCV1（电压重动中间继电器）线圈→ - 电源，KCV1 触点闭合，为断开母联断路器做好准备。

　　至此，已把 1# 母线上与之相连的所有元件全部断开，故障切除。若 L3 所接的线路为负荷线，在母联断路器断开后，已无故障电流，保护返回，不再跳 QF3。

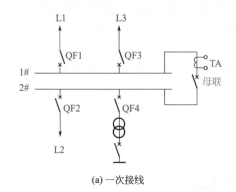

(a) 一次接线

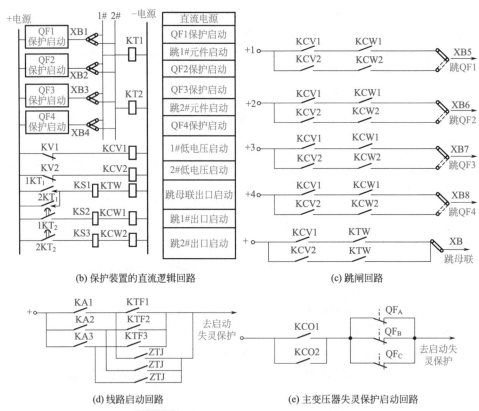

(b) 保护装置的直流逻辑回路　　　　　　(c) 跳闸回路

(d) 线路启动回路　　　　　　(e) 主变压器失灵保护启动回路

图 5-40　断路器失灵保护二次回路接线图

### 2. 主变压器故障，QF4 断路器失灵保护电路动作分析

（1）若主变压器侧发生过电流故障，差动保护动作，断路器 QF4 失灵拒动的
保护　由于此时差动保护处在动作状态，过电流保护的出口中间继电器 KCO1 动作后
不返回，直流电源通过 KCO1 的触点和主变断路器 QF4 的辅助触点，构成断路器

失灵保护的启动回路，启动 2KT 时间继电器，见图 5-40（e）。2KT 启动后，第一段延时 2KT$_1$ 触点闭合，跳开母联断路器；第二段延时使 2KT$_2$ 触点闭合，跳 QF2，切除故障。

（2）若变压器发生差动或气体故障，差动或气体保护动作，断路器 QF4 失灵拒动的保护　由于差动或气体保护处在动作状态，差动或气体保护的出口中间继电器 KCO2 闭合后不断开，直流电源通过 KCO2 的触点和 QF4 的辅助触点，构成断路器失灵保护的启动回路，见图 5-40（e），启动 2KT 时间继电器。2KT 启动后，第一段延时 2KT$_1$ 闭合，跳开母联断路器；第二段延时 2KT$_2$ 闭合，经 2# 母线上的低电压中间继电器 KCV2 和 KCW2 及切换连接片 XB6，去跳开 QF2，将 2# 母线上与之相连的所有元件全部断开，切除故障，见图 5-40（c）。

重要提示：当变压器内部轻微故障，电压达不到 KCV2 的动作值时，则失灵保护也不能切除故障。

Chapter

# 第六章 测量回路及控制回路

## 第一节 二次回路中各种测量回路

### 一、电流互感器回路

电流互感器的二次回路根据接线方式的不同分为三相星形接线、两相不完全星形接线、三相三角形接线、两相电流差接线和零序接线。

#### 1. 三相星形接线

（1）接线方式　电流互感器三相星形接线如图 6-1 所示，这是电流互感器最完整的接线，所以又称为三相完全星形接线。

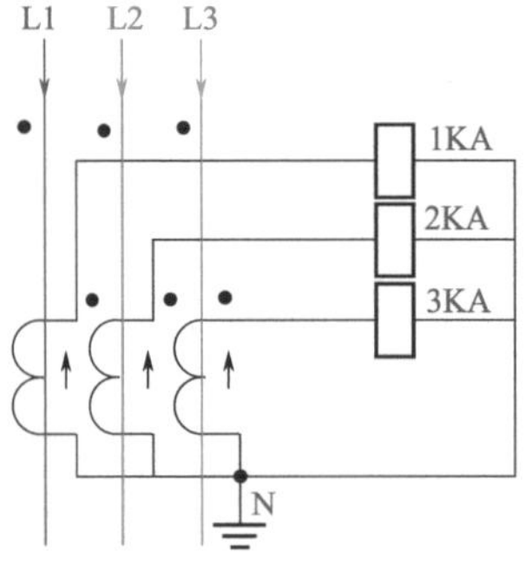


图 6-1　电流互感器三相星形接线

图 6-1 中垂直排列的 L1、L2、L3 三相导线表示一次导线和电流互感器的一次绕组。3 个电流互感器的二次绕组分别与 3 个负荷（图中是 3 个电流继电器 1KA、2KA、3KA）形成闭合的电路，即构成所谓的回路。具体走向为：L1 相的电流互感器的二次电流从其二次绕组的正极性侧流出，经过继电器 1KA 的线圈后回到负极性侧；L2 相电流互感器的二次电流从其二次绕组的正极性侧流出，经过继电器 2KA 的线圈后回到负极性侧；L3 相电流互感器的二次电流从其二次绕组的正极性侧流出，经过继电器 3KA 的线圈后回到负极性侧。根据这个道理，好像需要 6 条导线，而图中实际只有 4 条导线，即 3 条相线和 1 条中性线。根据电路原理和相量图可以知道，三相交流电负荷平衡时，中性线中的电流为零，所以可省去 2 条导线。

（2）接线系数　三相完全星形接线的接线系数是 1，即互感器二次绕组中的电流与流过该继电器中的电流的数值是一致的，而且相位也是一致的。这种接线方式广泛应用于继电保护和测量仪表回路。

## 2.两相不完全星形接线

（1）接线方式 两相不完全星形接线如图 6-2 所示，由于其与三相完全星形接线相比只是少了一相的元件，所以常称其为不完全星形接线，也可称为两相 V 形接线。

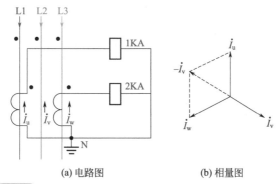

(a) 电路图　　　　(b) 相量图

图 6-2　电流互感器的不完全星形接线（两相 V 形接线）

两相不完全星形接线的原理及电流走向和三相完全星形接线相同；不同的只是流过中性线的电流为两相电流之和。根据相量图可知，在一次侧电流完全平衡时，两相电流相加结果在数值上正好等于未装互感器的第三相电流，在相位上与实际的第三相电流成反向 180°。

（2）接线系数 两相不完全星形接线的接线系数也是 1。互感器二次侧电流与流过继电器中的电流的相位一致。

## 3.三相三角形接线

（1）接线方式 三相三角形接线如图 6-3 所示。它的接线特点是，每个电流互感器的正极性端都与相邻的负极性端连接，最后连接出 3 根导线至负荷元件（即继电器），无中性线。注意 3 个继电器线圈的另一端必须连接在一起。

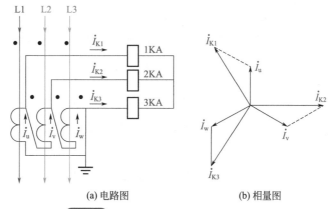

(a) 电路图　　　　(b) 相量图

图 6-3　电流互感器的三相三角形接线

（2）接线系数　在三角形接线中，线电流（即流过继电器的电流）的数值是相电流（即流过电流互感器二次绕组中的电流）的$\sqrt{3}$倍，且相位差30°。

（3）电流路径　三相三角形接线图的电流路径与星形接线基本相同，也是由互感器的正极性端经过负荷流回同一互感器的负极性端；不同的只在于每相电流都要流过两个负荷。例如 L1 相互感器的相电流从正极性端流出，经过继电器 1KA 和 3KA 两线圈后流回其负极性端构成一个回路。其他两相的电流和线电流也可用同样的方法分析。

### 4. 两相电流差接线

（1）接线方式　两相电流差接线如图 6-4 所示。它是把两电流互感器的相反极性端相互连接后再连接到一个继电器元件。

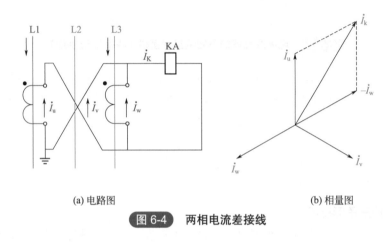

(a) 电路图　　　　　　　　　　　(b) 相量图

**图 6-4**　**两相电流差接线**

（2）接线系数　这种接线方式，流入继电器的电流为两相电流互感器二次电流之差。

❶ 在正常运行和三相短路时，三相电流是对称的，由图 6-4（b）可知，此时流过继电器中的电流为$\sqrt{3}$倍的互感器二次电流。

❷ 装有互感器的任何一相与未装互感器的一相之间发生两相短路时，只有一相电流互感器中有电流流过继电器，所以继电器中的电流与互感器的电流大小相同。

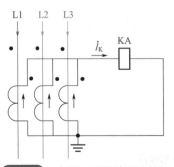

**图 6-5**　**电流互感器的零序接线**

❸ 装有互感器的两相之间发生两相短路时，继电器中流过的是两互感器电流之和，即 2 倍的故障电流。

### 5. 零序接线

电流互感器的零序接线如图 6-5 所示。

根据电路原理可知，电流互感器的零序接线在正常运行时，理论上继电器中是不流过电流的，所以这种接线主要用于继电保护中单相接地保护的测量元件。

## 二、电压互感器回路

### 1. 电压互感器的单相式接线
单台单相电压互感器的接线原理与一般变压器是一样的，只用于测量单相电压。

### 2. 电压互感器的三相式接线
（1）接线方式　电压互感器的三相式接线如图 6-6 所示，互感器可以是一台三相电压互感器，也可以由三台单相电压互感器组成。一次绕组和二次绕组都接成三相星形接线，二次绕组有中性线引出。

（2）作用　用于测量相电压和相间电压（线电压）。当相间电压为100V时，每相的电压为 $100/\sqrt{3}$ V。

（3）特点　采用此接线，电压互感器的二次回路可以在中性点接地，也可在任何一相接地，例如过去常采用的 V 相接地方式。

### 3. 电压互感器的 V 形接线
（1）接线方式　如图 6-7 所示为电压互感器的 V 形接线，采用两个单相电压互感器组成。

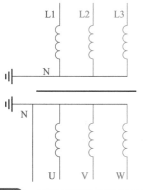

图 6-6　电压互感器的三相式接线

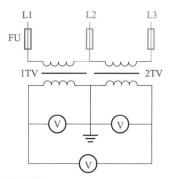

图 6-7　电压互感器的 V 形接线

（2）特点
❶ 可以省一台互感器。
❷ 只能用于测量三相线电压。
❸ 二次绕组不能采用中性点接地的方式。
（3）使用范围　V 形接线在继电保护专业中有明文规定已不能采用，但可在仪表等回路采用。

### 4. 开口三角形接线

（1）接线方式　如图 6-8 所示，电压互感器可以是一台三相五柱式电压互感器，也可以由三台单相电压互感器组成（有两组二次绕组，其中一组绕组接成开口三角形方式）。

（2）特点与用途　当一次系统正常运行时，输出电压为零。当一次系统发生接地时，有电压输出，常用于绝缘监察装置。

（3）使用范围　实际使用中，很少有为开口三角形接线而单独配置电压互感器的。一般都是采用一台三相五柱式双二次绕组电压互感器或三台双二次绕组的单相电压互感器构成两个二次电压回路，其中的一组接成三相星形，供测量三相电压使用；另一组绕组接成开口三角形方式，供绝缘监察使用。

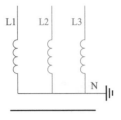
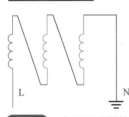

**图 6-8**　电压互感器的开口三角形接线

### 5. 三相三柱电压互感器的接线特点

当采用三相三柱电压互感器时，要注意一次绕组（高压侧线圈）的中性点不能接地。这是因为如果一次系统出现单相接地，就会引起互感器过热甚至烧毁。

## ◼ 三、功率测量回路

### 1. 电动系功率表的测量电路

（1）功率表的正确接线　电动系仪表的转矩方向与两线圈的电流方向有关。为此要规定一个能使指针正确偏转的电流方向，即功率表的接线要遵守"电源端"守则。

"电源端"用符号"*"或"±"表示，接线时要使两线圈的"电源端"接在电源的同一极性上，以保证两线圈电流都能从该端子流入。按此原则，正确接线有两种方法，如图 6-9 所示。

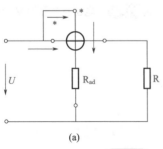
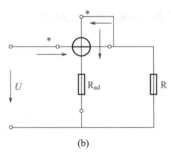

(a)　　　　　　　　　　　　(b)

**图 6-9**　功率表的正确接线

在测量三相功率时，有时接线并没有错误，但由于三相相位关系，指针也会反偏。遇到此情况，可将其中一个线圈的电流调换一个方向。

（2）功率表量程的扩大与选择

❶ 功率表量程的扩大　扩大功率表量程应包括扩大功率表的电流量程或扩大功率表的电压量程。改变电流量程，通常可将固定线圈接成串联或并联。改变电压量程一般加附加电阻，功率表加附加电阻多数为内附式。

❷ 功率表量程的选择　功率表量程包括功率、电压、电流三个要素。功率表的量程表示负载功率因数 $\cos\varphi=1$ 时，电流和电压均为额定值时的乘积。所以功率表量程的选择，实则是选择电压和电流的额定值。

### 2. 直流功率的测量电路

（1）用电流表和电压表测量直流功率　在直流电路中，直流功率的计算公式为 $P=UI$，可见可以通过测量 $U$、$I$ 值间接求得直流功率。这种间接测量的电路图如图 6-10 所示。图 6-10（a）将电压表接在靠近电源的一端，故所测电压为负载电压和电流表两端压降之和。图 6-10（b）则将电压表接在靠近负载的一端，故所测电流为负载电流和电压表电流之和。

一般情况下，电流表压降很小，所以多用图 6-10（a）的接法。只有在电阻负载小，即低电压、大电流的线路中，才用图 6-10（b）的接法。另外在精密测量中，可以用图 6-10（b）的接法，然后在电流表读数中扣除电压表电流。

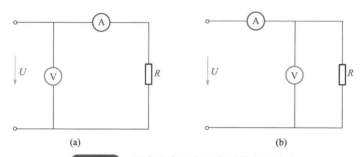

**图 6-10**　用电流表和电压表测量直流功率

用这种方法测量直流功率，其测量范围受电压表和电流表测量范围的限制。常用电流表的测量范围约为 0.1mA ～ 50A，电压表的测量范围为 1 ～ 600V。

（2）用功率表测量直流功率　测量直流功率最方便的方法则是用电动系功率表进行直接测量。由于电动系功率表有电压线圈和电流线圈，所以和第一种方法一样，也有电压线圈接在电源端和接在负载端的区别。

（3）用数字功率表测量直流功率　数字功率表实际上是数字电压表配上功率变换器构成的，由于数字电压表能快速且比较准确地测出电压值，所以只要功率变换器足够准确，测出的功率也就比较准确。

### 3.交流功率的测量电路

（1）单相交流功率的测量

❶ 用间接法测量交流功率　在交流电路中交流功率可表示为有功功率、无功功率和视在功率。其计算公式分别为

$$P=UI\cos\varphi$$
$$Q=UI\sin\varphi$$
$$S=UI$$

可见，视在功率 $S$ 可以通过测量交流电压 $U$ 和交流电流 $I$，然后间接求出。

有功功率 $P$ 原则上也可以用间接法测量，即通过电压表、电流表、相位表分别测出 $U$、$I$、$\cos\varphi$，然后再间接算出 $P$ 的值。由于相位表的准确度不高，所以用这种方法求有功功率的很少。

将 $S$ 和 $P$ 的测量结果，代入公式 $Q=\sqrt{S^2-P^2}$ 中，即可求得无功功率 $Q$。

❷ 用功率表测量单向交流功率　电动系功率表既可作为直流功率表，也可作为交流功率表。因为电动系功率表有两组线圈，它不但能反映电压与电流的乘积，而且能反映电压与电流间的相位关系，是一种测量功率的理想仪表。

（2）三相功率的测量接线图　三相有功功率可以用单相功率表分别测出各相功率，然后求总和，即所谓三表法。在一些特殊情况下，例如完全对称的三线制，也可以用一表法。三相三线制也可以用二表法。三相无功功率和单相交流电路一样也可以采用间接法，先求得三相有功功率和视在功率，然后计算出无功功率；也可通过测量电压、电流和相位计算求得。

❶ 一表法测三相对称的负载功率　在对称三相系统中，如果负载也是对称的，则可用一只功率表测量其中一相负载功率。一表法测三相功率接线如图 6-11 所示。三相总功率等于单相功率表读数乘以 3。

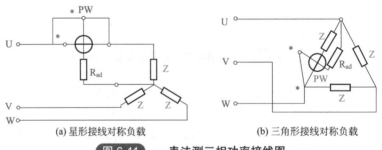

(a) 星形接线对称负载　　　　　(b) 三角形接线对称负载

图 6-11　一表法测三相功率接线图

❷ 二表法测三相三线制的功率　二表法适用于三相三线制，不论对称或不对称都可以使用。如负载为星形接法，功率表接线如图 6-12 所示。

❸ 三表法测三相四线制的功率　三相四线制的负载一般是不对称的，此时可用三只功率表分别测出各相功率，而三相总功率则等于三只功率表读数之和。三表法的接

线如图 6-13 所示。

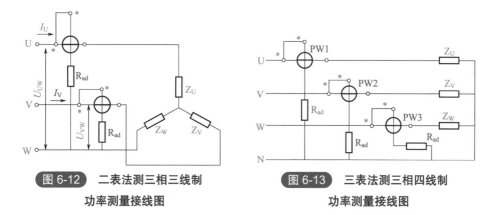

图 6-12　二表法测三相三线制
功率测量接线图

图 6-13　三表法测三相四线制
功率测量接线图

## 四、电能测量回路

　　测量电能普遍使用电能表，直流电能表多为电动系，交流电能表一般用电感系。当然也可用间接法测量电能，即用功率表测量出功率 $P$，用测时仪器测出时间 $t$，然后计算出电能。这种方法只适用于功率在被测时间范围内保持不变的场合，但由于功率表、测时仪器的准确度大大超过电能表的准确度，所以可用这种方法校准电能表。

### 1. 电能表的正确使用

　　正确使用电能表，首先是正确选择额定电压、额定电流和准确度。电能表额定电压与负载额定电压相符。电能表最大额定电流应大于或等于负载最大电流。电能表准确度分为 0.5 级、1.0 级、2.0 级和 3.0 级。电能表的正确接线，如同功率表一样，应遵守"电源端"守则。不过电能表都有接线盒，电压和电流线圈的电源端已经连接在一起，接线盒有四个端子，即相线的一进一出和中性线的一进一出，配线应采取进端接电源端，出端接负载端，电流线圈应接于相线，而不要接中性线，接线方式如图 6-14 所示。

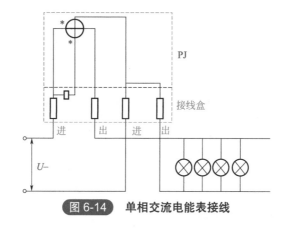

图 6-14　单相交流电能表接线

## 2. 有功电能的测量回路

（1）三相四线制电路中有功电能的测量接线图  测量三相四线制电路中的有功电能可以用三只单相电能表，也可以用一只三相四线制有功电能表。由于电能 $W=Pt$，所以测量电能的接线原理与测量功率时相同，只是所用表计不同而已。所以下面对接线原理的分析为简化起见，也是用功率 $P$ 来表示的。

用三只单相电能表测量三相四线制电路电能的接线如图 6-15 所示。用一只三相三元件电能表时的接线图如图 6-16 所示。

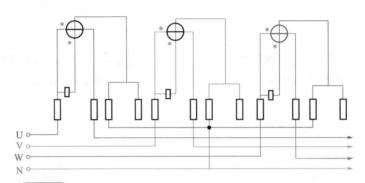

**图 6-15**  用三只单相电能表测量三相四线制电路电能的接线图

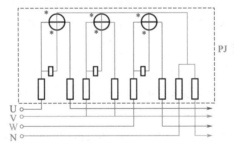

**图 6-16**  用一只三相三元件电能表测量三相四线制电路电能的接线图

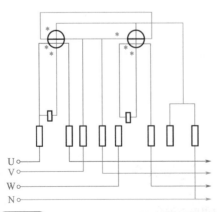

**图 6-17**  三相四线制二元件电能表接线图

另一种三相四线制二元件电能表，体积小，但使用范围仍与三相四线制电能表相同，其接线特点是：不接 V 相电压，V 相电流线圈分别绕在 U、W 相电流线圈的电磁铁上，但方向相反，如图 6-17 所示。

只要三相电压对称，不论负载是否平衡，用三相四线制二元件电能表计量电能所得的结果都是正确的。

（2）三相三线制电路中有功电能的测量接线图  在三相三线制电路中可以用两只单相电能表测量三相电路的电能，也可用一只三相二元件电能表进行测量，用三相电能表的方法更普遍。图 6-18 为三相三线制二元件电能表的接线图，图中第一个元件（左边的）电流线圈接在 U 相上，电压线圈跨接在 U、V 相上。其接线原理与前述测量三相三线制电路中有功功率的情况相同。

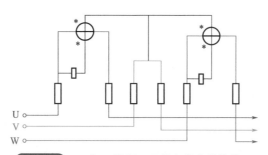

**图 6-18** 三相三线制二元件电能表的接线图

在高压网络中，电能表通常是通过电流互感器和电压互感器接线的，图 6-19 为国产 DS2 型三相有功电能表的内部接线及外部接线图。

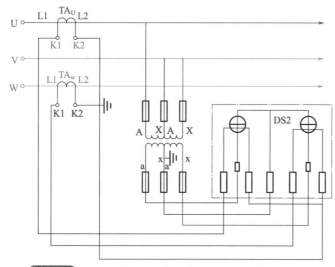

**图 6-19** DS2 型有功电能表的内部接线及外部接线图

### 3. 三相无功电能的测量接线图

为了充分发挥设备的效率，应尽量提高用户的功率因数，即尽量减少负载无功电能的损耗。为此，有必要对用户的无功电能的损耗进行监督，也就是需要用三相无功电能表测量用户的无功电能。测量无功电能除了用无功电能表以外，也可以用单相有功电能表或三相有功电能表通过接线的变化来测量无功电能。

（1）三相四线制电路的无功电能的测量接线图　测量三相四线制电路的无功电能

可以用一种带附加电流线圈的三相无功电能表，接线如图6-20所示，该电能表的电流线圈除基本线圈外还有附加线圈，两个线圈的匝数相同，极性相反并绕在同一铁芯上，所以铁芯的总磁通为两者所产生的磁通之差，产生的转矩也与两个线圈的电流之差有关。基本线圈和串联后的附加线圈分别通过三相线电流，这种电能表不仅适用于三相四线制无功电能的测量，也适用于三相三线制无功电能的测量。

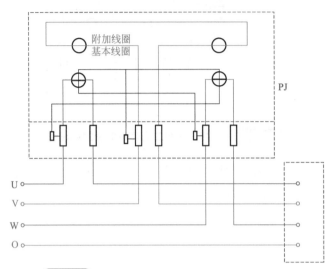

**图 6-20**　有附加线圈的三相无功电能表接线图

（2）三相三线制电路无功电能的测量接线图

❶ 带60°相位差的三相无功电能表测量三相三线制电路的无功电能，如图6-21所示。

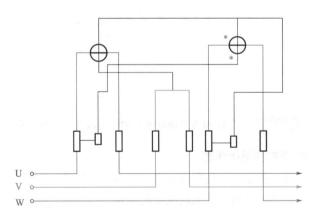

**图 6-21**　带60°相位差的三相无功电能表测量接线图

❷ 用单相有功电能表测对称的三相三线制电路的无功电能，如图6-22所示。

一般单相有功电能表按图6-22接线，其读数乘以3就是三相总有功电能，但只限于对称三相三线制。

❸ 用三相有功电能表测量三相三线制电路的无功电能，如图 6-23 所示。

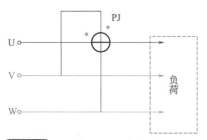

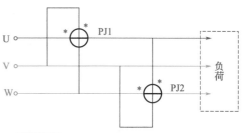

图 6-22 用单相有功电能表测三相
三线制电路的无功电能

图 6-23 用二元件三相有功电能表测量
三相三线制电路的无功电能

## 五、绝缘监察装置回路

因为发生直流接地故障将产生许多害处，所以对直流系统专门设计一套监视其绝缘状况的装置，让它及时地将直流系统的故障提示给值班人员，以便迅速检查处理。

### 1. 电压的测量及绝缘监察

图 6-24 中通过转换开关 1SA 可以对两组直流母线进行绝缘测量、绝缘监察及电压测量。

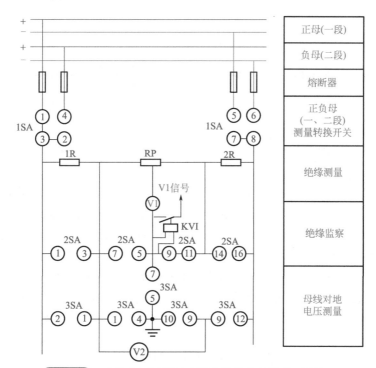

图 6-24 直流电压测量及电流绝缘监察装置原理接线图

（1）母线对地电压和母线间电压的测量　图6-24为直流电压测量及电流绝缘监察装置原理接线图，用一只直流电压表 V2 和一只转换开关 3SA 来切换，分别测出正极对地电压（3SA 触点 1—2 和 9—10 闭合）或负极对地电压（3SA 触点 1—4 和 9—12 闭合）。如果直流系统绝缘良好，则在此两次测量中电压表 V2 的指针不动。在不进行正、负极对地电压测量时，转换开关 3SA 的 1—2 和 9—12 触点闭合，电压表 V2 指示出直流母线间电压值。

（2）绝缘监察　绝缘监察装置能在某一绝缘下降到一定数值时自动发出信号。其监察部分由电阻 1R、2R 和一只内阻较高的继电器 KVI 构成。当不测量母线对地电压时，3SA 触点 5—7 及 2SA 触点 7—5 和 9—11 都在闭合状态。其电气接线如图 6-25 所示。

1R 和 2R 与正极对地绝缘电阻 R3 和负极对地绝缘电阻 R4 组成电桥，KVI 相当于一个检流计，如图 6-26 所示。

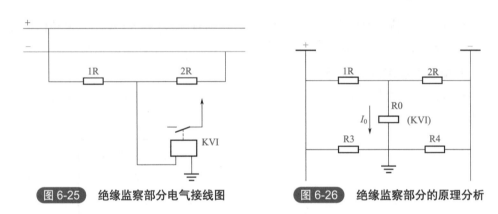

图 6-25　绝缘监察部分电气接线图　　　图 6-26　绝缘监察部分的原理分析

通常，1R=2R=1000Ω。正常运行时，正、负极对地绝缘电阻都较大，可假设 R3=R4，故 KVI 线圈中没有电流，继电器不动作。当任一极对地电阻下降时，电桥就将失去平衡，KVI 线圈中就有电流流过，当电流足够大时，继电器就动作，自动发出信号。

由于 KVI 是接地的，直流系统中存在了一个接地点。如果在直流二次回路中任一中间继电器 KC 之前再发生接地，继电器 KC 有可能产生误动作，如图 6-27 所示。因此，对继电器 KVI 提出了两个要求：其一，KVI 内阻要足够大，使得在直流系统中所接入的最灵敏的中间继电器之前发生接地故障时，该中间继电器应保证不动作。为满足此要求，一般在 220V 和 110V 直流系统中 KVI 继电器内阻应分别为 20～30kΩ 和 6～10kΩ；其二，KVI 的整定值要足够灵敏，当在直流系统中最灵敏的中间继电器之前发生接地故障时能动作发出信号，即当直流系统中任何一极对地绝缘电阻小于最灵敏的中间继电器的内阻时，绝缘监察继电器 KVI 能动作发出信号。为此，在 220V 或 110V 直流系统中，KVI 的动作值一般均为 2mA 左右。

（3）绝缘测量　绝缘测量部分由 1R、2R、电位器 RP、转换开关 2SA 和一只高内阻磁电式电压表 V1（俗称欧姆表）组成，如图 6-24 所示。欧姆表的标尺是双向的，其内阻为 100kΩ，欧姆表的一端接到电位器 RP 的滑动触头上，另一端经 3SA 的 5—7 触点接地。1R、2R 和 RP 的阻值相等，都为 1kΩ。

平时，2SA 的 1—3 和 14—16 两对触点断开，由于正、负极对地绝缘电阻都很大，可以认为它们相等（即 R3= R4），将电位器 RP 的滑动触头放在中间，则电桥处于平衡状态，欧姆表上读数为无穷大。这和绝缘监察部分原理相同，如图 6-28 所示。

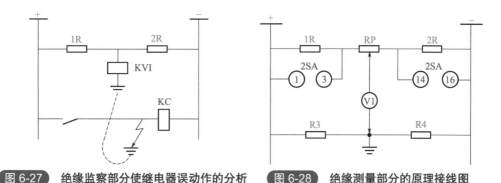

图 6-27　绝缘监察部分使继电器误动作的分析　　图 6-28　绝缘测量部分的原理接线图

当某一极对地绝缘电阻下降时，例如负极对地绝缘电阻 R4 下降，则电桥失去平衡，欧姆表 V1 指针偏转，指出负极对地绝缘电阻下降。若欲测量直流系统对地绝缘电阻，先将 2SA 的 14—16 触点闭合，短接 2R，调节电位器 RP（见图 6-24），使电桥重新平衡，欧姆表上的读数为无穷大，随后转动 2SA，使 2SA 的 14—16 触点断开，而 2SA 的 1—3 触点闭合，这时 V1 指针指示出直流系统对地的绝缘电阻。若正极对地绝缘电阻 R3 下降，测量时则应先将 2SA 的 1—3 触点闭合，这时 V1 就指示出直流系统对地的绝缘电阻。

**2. 直流系统的电压监控电路典型图例**

电压监察装置用来监察直流系统母线电压，其典型电路如图 6-29 所示。

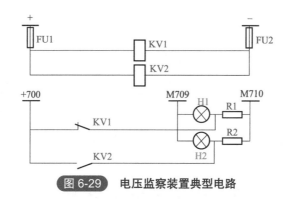

图 6-29　电压监察装置典型电路

图中 KV1 为低电压继电器，KV2 为过电压继电器。当直流母线电压低于或高于允许值时，KV1 或 KV2 动作，点亮光字牌 H1 或 H2，发出预告信号。

直流母线电压过低，可能使继电保护装置和断路器操动机构拒绝动作；电压过高，长期带电的继电器、信号灯会损坏或缩短使用寿命。所以通常低电压继电器 KV1 动作电压整定为直流母线额定电压的 75%，过电压继电器 KV2 动作电压整定为直流母线额定电压的 1.25 倍。

## 第二节 控制回路识图

### 一、断路器的控制信号回路

具有就地 / 远方切换控制的断路器控制和信号回路如图 6-30 所示，多用于 110kV 及以下电压等级的变电站综合自动化系统中。就地 / 远方切换控制开关的型号为 LW21-16D/49、LW21-5858、LW21-4GS，其开关面板标示及触点表如图 6-31 所示。

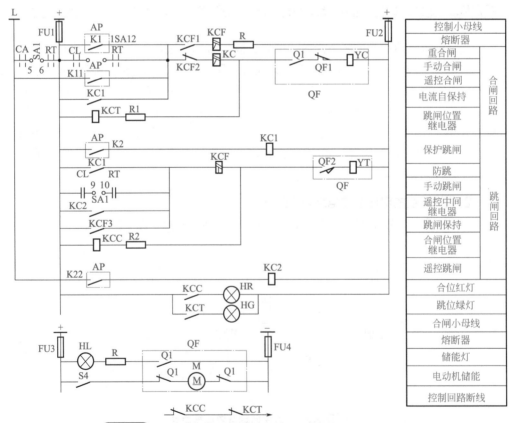

图 6-30　具有就地 / 远方切换控制的断路器控制和信号回路

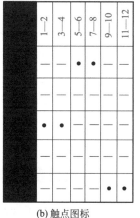

(a) 面板标本

| | 1—2 | 3—4 | 5—6 | 7—8 | 9—10 | 11—12 |
|---|---|---|---|---|---|---|
| | — | — | ● | ● | — | — |
| | — | — | — | — | — | — |
| | ● | ● | — | — | — | — |
| | — | — | — | — | — | — |
| | — | — | — | — | ● | ● |

(b) 触点图标

**图 6-31** LW21-16D/49、LW21-5858、LW21-4GS 型切换开关

该控制开关有三个固定位置，即两个"就地"、一个"远方"位置，有两个自动复归位置，即就地"分"、就地"合"。例如，手柄置于"远方"位置，触点 5—6、7—8 接通，置于"就地 1"位置，无触点接通，接着再置于"分"位置，触点 9—10、11—12 接通，放开手柄，手柄自动复归至"就地"位置。"就地 2"及"合"位置情况类似，一般情况下，SA1 置"远方"位置，就地操作时，置于就地操作。

## 二、隔离开关控制及闭锁回路

### 1. 隔离开关控制电路构成原则

❶ 由于隔离开关没有灭弧机构，不允许用来切断和接通负载电流，因此控制电路必须受相应断路器的闭锁，以保证断路器在合闸状态下，不能操作隔离开关。

❷ 为防止带接地合闸，控制回路必须受接地开关的闭锁，以保证接地开关在合闸状态下，不能操作隔离开关。

❸ 操作脉冲应是短时的，在完成操作后，应能自动解除。

### 2. 隔离开关的控制电路

隔离开关的操动机构一般有气动、电动和电动液压操作三种形式，相应的控制电路也有三种类型。

（1）气动操作控制电路　对于 GW4-110、GW4-220、 GW7-330 等型的户外高压隔离开关，常采用 CQ2 型气动操动机构，其控制电路如图 6-32 所示。

图 6-32 中，SB1、SB2 为合、跳闸按钮， YC、YT 为合、跳闸线圈， QF 为相应断路器辅助动断触点，QSE 为接地开关的辅助动断触点，QS 为隔离开关的辅助触点，S1、S2 为隔离开关合、跳闸终端开关，P 为隔离开关 QS 的位置指示器。

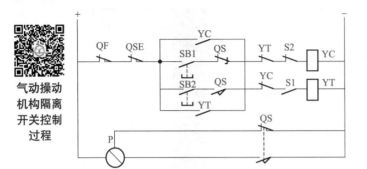

图 6-32 CQ2 型气动操动机构隔离开关控制电路

隔离开关合闸操作时，在具备合闸条件下，即相应的断路器 QF 在跳闸位置（其辅助动断触点闭合），接地开关 QSE 在断开位置（其辅助动断触点闭合），隔离开关 QS 在跳闸终端位置（其辅助动断触点 QS 和跳闸终端开关 S2 闭合）时，按下合闸按钮 SB1，合闸线圈 YC 带电，隔离开关进行合闸，并通过 YC 的动合触点自保持，使隔离开关合闸到位。隔离开关合闸后，跳闸终端开关 S2 断开（同时 S1 合上为跳闸做好准备），合闸线圈失电返回，自动解除合闸脉冲；隔离开关辅助动合触点闭合，使位置指示器 P 处于垂直的合闸位置。

隔离开关跳闸操作与合闸操作过程类似。

（2）电动操作控制电路　对于 GW4-220D/1000 型的户外高压隔离开关，常采用 CJ5 型电动操动机构，其控制电路如图 6-33 所示。图 6-33 中 KM1、KM2 为合、跳闸接触器，KR 为热继电器，SB 为紧急解除按钮，其他符号含义与图 6-32 相同。

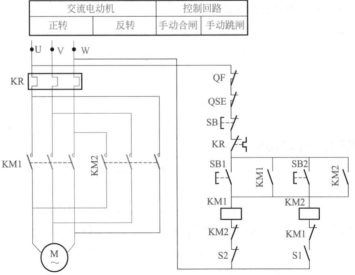

图 6-33 CJ5 型电动操动隔离开关控制电路

隔离开关合闸操作时，在具备合闸条件下，即相应的断路器 QS 在跳闸位置（其辅助动断触点闭合），接地隔离开关 QSE 在断开位置（其辅助动断触点闭合），隔离开关 QS 在跳闸终端位置（其跳闸终端开关 S2 闭合）并无跳闸操作（即 KM2 的动断触点闭合）时，按下合闸按钮 SB1，启动合闸接触器 KM1，使三相交流电动机 M 正方向转动，进行合闸，并通过 KM1 的动合触点自保持，使隔离开关合闸到位。隔离开关合闸后，跳闸终端开关 S2 断开，合闸接触器 KM1 失电返回，电动机 M 停止转动。这样当隔离开关合闸到位后，由 S2 自动解除合闸脉冲。

隔离开关跳闸操作与合闸操作过程类似。

在合、跳闸操作过程中，由于某种原因，需要立即停止合、跳闸操作时，可按下紧急解除按钮 SB，使合、跳闸接触器失电，电动机立即停止转动。电动机 M 启动后，若电动机回路故障，则热继电器 KR 动作，其动断触点断开控制回路，停止操作。此外，利用 KM1、KM2 的动断触点相互闭锁跳、合闸回路，以避免操作程序混乱。

（3）电动液压操作控制电路 对于 GW6-200G、GW7-200 和 GW7-330 等型的户外高压隔离开关，可采用 CYG-1 型电动液压操动机构，其控制电路如图 6-34 所示。

隔离开关合、跳闸操作与电动操作类似。

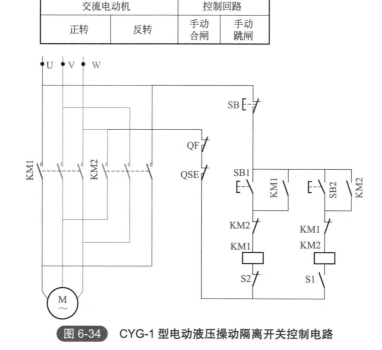

**图 6-34** CYG-1 型电动液压操动隔离开关控制电路

### 3. 隔离开关的电气闭锁电路

为了避免带负载分、合隔离开关，除了在隔离开关控制电路中串入相应断路器的辅助动断触点外，还需要装设专门的闭锁装置。闭锁装置分机械闭锁、电气闭锁和微机防误闭锁装置三种类型。6～10kV 配电装置一般采用机械闭锁装置，35kV 及以上电压等级的配电装置，主要采用电气闭锁装置和微机防误闭锁装置。这里只介绍电气闭锁装置。

（1）电气闭锁装置　电气闭锁装置通常采用电磁锁实现操作闭锁。电磁锁的结构如图 6-35（a）所示，主要由电锁和电钥匙组成，电锁由锁芯 1、弹簧 2 和插座 3 组成。电钥匙由插头 4、线圈 5、电磁铁 6、解除按钮 7 和钥匙环 8 组成。在每个隔离开关的操动机构上装有一把电锁，全厂（站）备有两把或三把电钥匙作为公用。只有在相应断路器处于跳闸位置时，才能用电钥匙打开电锁，对隔离开关进行合、跳闸操作。

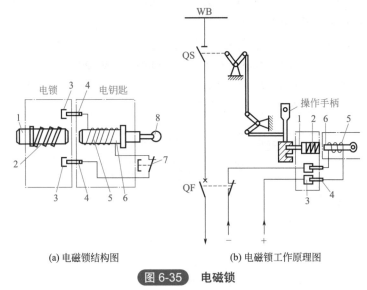

(a) 电磁锁结构图　　　　　　(b) 电磁锁工作原理图

图 6-35　电磁锁

1—锁芯；2—弹簧；3—插座；4—插头；5—线圈；6—电磁铁；7—解除按钮；8—钥匙环

电磁锁的工作原理如图 6-35（b）所示，在无跳、合闸操作时，用电锁锁住操动机构的转动部分，即锁芯 1 在弹簧 2 压力作用下，锁入操动机构的小孔内，使操作手柄不能转动。当需要断开隔离开关 QS 时，必须先跳开断路器 QF，使其辅助动断触点闭合，给插座 3 加上直流操作电源，然后将电钥匙的插头 4 插入插座 3 内，线圈 5 中就有电流流过，使电磁铁 6 被磁化吸出锁芯 1，锁就打开了，此时利用操作手柄，即可拉断隔离开关。隔离开关拉断后，取下电钥匙插头 4，使线圈 5 断电，释放锁芯 1，锁芯 1 在弹簧 2 压力作用下，又插入操动机构小孔内，锁住操作手柄。

需要合上隔离开关的操作过程与上述过程类似。

（2）电气闭锁电路

❶ 单母线隔离开关闭锁电路　单母线隔离开关闭锁电路如图 6-36 所示。图中，YA1、YA2 分别为隔离开关 QS1、QS2 电磁锁开关（钥匙操作）。闭锁电路由相应断路

器 QF 合闸电源供电。断开线路时，首先应断开断路器 QF，使其辅助动断触点闭合，则负电源接至电磁锁开关 YA1 和 YA2 的下端。用电钥匙使电磁锁开关 YA2 闭合，即打开了隔离开关 QS2 的电磁锁，拉断隔离开关 QS2 后取下电钥匙，使 QS2 锁在断开位置；再用电钥匙打开隔离开关 QS1 的电磁锁开关 YA1，拉断 QS1 后取下电钥匙，使 QS1 锁在断开位置。

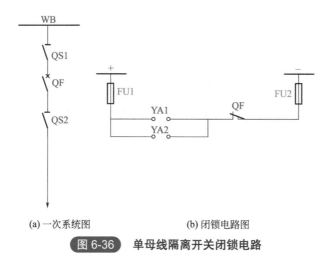

(a) 一次系统图　　　　　　　(b) 闭锁电路图

图 6-36　单母线隔离开关闭锁电路

❷ 双母线隔离开关闭锁电路　双母线系统，除了断开和投入馈线操作外，还需要进行倒闸操作。双母线隔离开关闭锁电路如图 6-37 所示。图中，M880 为隔离开关操作闭锁小母线。只有在母联断路器 QF 和隔离开关 QS1、QS2 均在合闸位置时，隔离开关操作闭锁小母线 M880 经隔离开关 QS2 的动合触点、隔离开关 QS1 的动合触点、母联断路器 QF 的动合触点才与负电源接通，即双母线并列运行时，M880 才取得负电源。

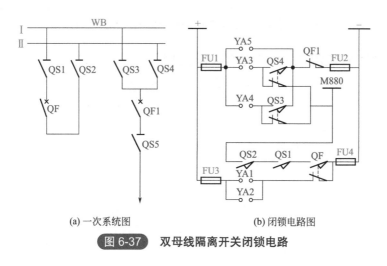

(a) 一次系统图　　　　　　　(b) 闭锁电路图

图 6-37　双母线隔离开关闭锁电路

### 三、信号回路

#### 1. 中央复归不重复动作的音响信号回路

中央复归不重复动作的音响信号回路接线简单，如图 6-38 所示。当发生某种事故（或故障）时，有关回路的信号继电器动作掉牌，点亮光字牌 1PLL ～ nPLL，显示事故（或故障）的性质（或对象），并启动信号继电器 KS，KS 的一对触点闭合，接通音响回路，值班人员听到音响信号后，按下音响解除按钮 SB_{AR}，中间继电器 KA 启动，其动断触点断开音响信号回路，解除音响信号；动合触点闭合使 KA 自保持，这种自保持一直持续到手动复归信号继电器 KS 为止，KA 复归，整个信号回路也回复到起始状态。因而，从按下 SB_{AR} 至复归 KS 的整个时间内，事故（或预告）音响信号不能重复动作。这种接线一般多用在接线简单、信号数量较少的小容量发电厂中。

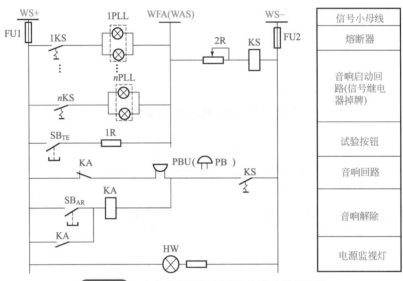

图 6-38　中央复归不重复动作的音响信号回路

#### 2. 中央复归可重复动作的事故音响信号回路

中央复归可重复动作的音响信号装置，都是由冲击继电器（信号脉冲继电器）来实现的，它是中央音响信号系统的关键元件。中央音响信号系统运行的好坏在很大程度上取决于冲击继电器的动作是否可靠。

下面介绍 BC-4 型冲击继电器构成的事故音响信号装置。

图 6-39 所示为采用 BC-4 型冲击继电器构成的事故音响信号装置原理图。BC-4 型冲击继电器是根据平均电流的变化而动作的，因此不容易受干扰因素的影响而拒动或误动。图中电阻 R3、R4，电容 C4，稳压管 VS1、VS2 组成简单的参数稳压电源；电阻 R0、R2，电容 C1、C2，电感 L，电位器 RP1、RP2 组成量测部分；小型继电器 K 及三极管 VT1、VT2 等组成出口部分。

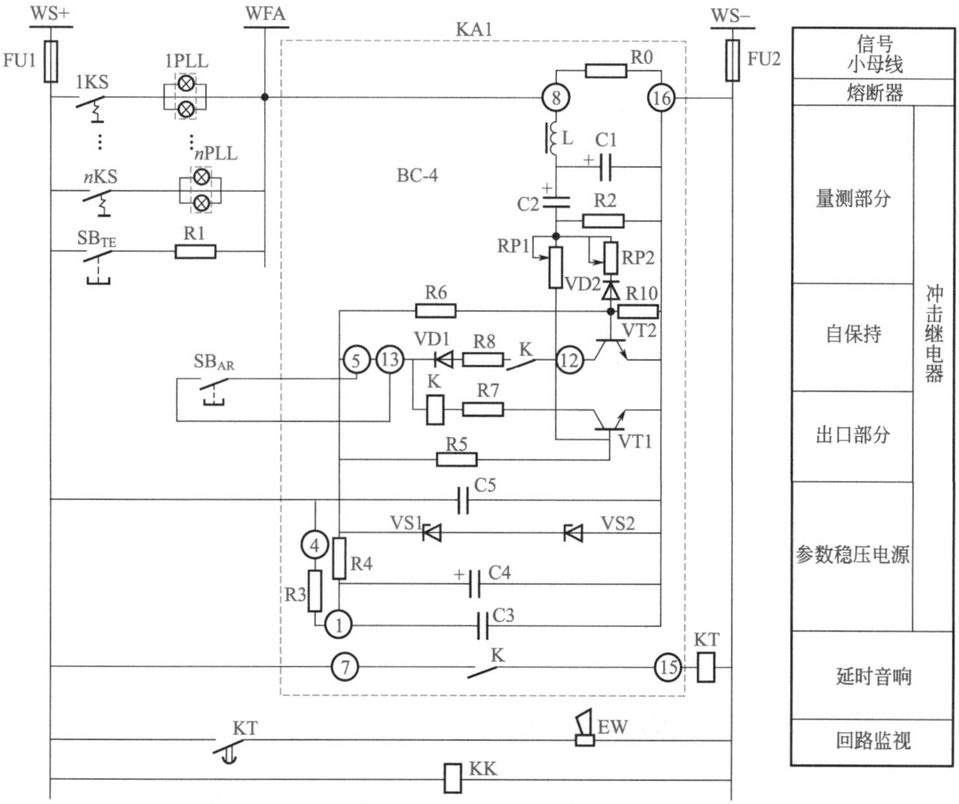

**图 6-39** BC-4 型冲击继电器构成的事故音响信号装置原理图

其动作过程如下：当光字牌接通时，电流流过 R0，在 R0 上形成一定电压 $U_{R0}$，于是电容 C1 通过电感 L 充电，电容 C2 通过 L 及电阻 R2 充电。由于电容 C1 充电回路的"时间常数"小，充电快，电压 $U_{C1}$ 上升快，而电容 C2 的充电回路"时间常数"大，充电慢，电压 $U_{C2}$ 上升慢。电阻 R2 上的压降 $U_{R2}$ 便是两者的电压差，即 $U_{R2} = U_{C1} - U_{C2}$。这一电压差 $U_{R2}$ 使正常处于截止状态的三极管 VT1 发生翻转，由截止变为导通，继电器 K 动作，触点闭合，启动后续元件。当电容充电过程结束时，两个电容均充电至稳定电压 $U_{R0}$，则两者电压差 $U_{R2} = 0$。但此时出口继电器 K 通过处于导通状态的三极管 VT2 实现了自保持（通过电阻 R6、R10 的固定分压，三极管 VT2 获得了正偏压，触点 K 闭合后，VT2 便饱和导通），故 K 一直保持吸合状态，尽管此时 VT1 已截止。

当光字牌断开时，动作过程则相反，R0 上的电压消失，C1、C2 放电。同理，C1 放电快，C2 放电慢，于是两者又形成了一个电压差 $U_{R2} = U_{C1} - U_{C2}$，显然这一电压差与上述光字牌接通时的电压差极性完全相反。这一电压差使 VT2 发生翻转，由导通变为截止，出口继电器 K 返回，实现了自动冲击复归。

多个光字牌连续接通或断开时，继电器重复动作过程与以上所述类似。随着光字牌的连续接通或断开，流过 R0 的平均电流和加在 R0 上的平均电压便发生阶跃式的递增或递减，而平均电压 $U_{R0}$ 发生一次阶跃式的递增或递减时，电容 C1、C2 则发生一次上述的充、放电过程，继电器便启动、复归。当光字牌数量不变时，平均电压则不变，C1、C2 上的电压也稳定，于是继电器的状态不改变，而不论此时已接通的光字牌数量有多少。

### 3. 信号回路监视

预告信号装置一般经独立的熔断器供电，有时设置与事故信号共用一组熔断器供

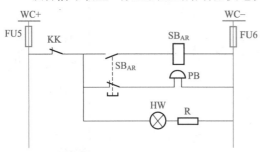

图 6-40　信号回路监视原理图

电。为了监视音响信号回路的完好性，通常设置如图 6-40 所示的信号回路监视。其工作原理为：当事故信号和预告信号回路失去电源，则回路监视继电器 KK 动作，其动断触点闭合，使白灯 HW 亮，电铃 PB 响。在处理回路故障时可操作音响信号解除按钮 $SB_{AR}$，消除音响信号；

但由于 $SB_{AR}$ 的线圈通电后自保持，此时白灯 HW 仍亮，直到故障处理好，KK 重新励磁，其动断触点断开，将 $SB_{AR}$ 的自保持解除，整个回路才复归。

### 4. 保护装置动作和自动重合闸装置动作信号

在发电厂中，装设有各种继电保护装置。继电保护动作后，除发出事故（或故障）音响信号，相应的光字牌点亮外，还有相应的信号继电器掉牌（或红色指示灯亮），需要值班人员手动复归。若不及时复归，另外有信号继电器掉牌（或红色指示灯亮），这时就会导致判断不正确。为提示值班人员及时将动作的信号继电器复归，对保护项目较多的发电厂，设置了"掉牌未复归"（或"信号未复归"）的光字牌信号。其原理如图 6-41 所示。

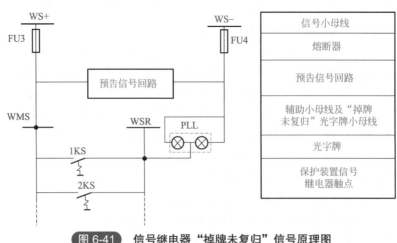

图 6-41　信号继电器"掉牌未复归"信号原理图

　　自动重合闸装置动作后，由灯光信号指示；控制屏上装有"自动重合闸动作"的光字牌信号。

　　自动重合闸 ARE 动作，若重合成功，不需要发出预告音响信号，所以"自动重合闸动作"光字牌不宜接至预告信号小母线 WAS，而是直接接至负信号电源小母线（WS−）上，如图 6-42 所示。

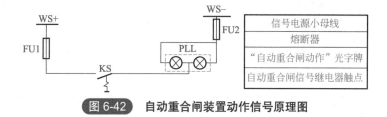

**图 6-42** 　自动重合闸装置动作信号原理图

# 第七章 电气二次回路的安装调试与运行维护

Chapter

## 第一节 电气二次回路的安装

### 一、布置二次回路元件时的基本要求

布置二次回路元件时主要有以下要求。

❶ 当有红、绿两个指示灯时，两个指示灯要水平安装在控制开关或操作按钮的上方，从操作位置的方向看去，表示主设备运行或处于合闸位置的红色指示灯布置在右侧，表示主设备未运行或处于跳闸位置的绿色指示灯布置在左侧。强电的两指示灯之间的距离应为 80 ～ 100mm。指示仪表应布置在操作面板的最上方。

❷ 根据操作方向布置。

a. 水平排列布置的按钮，合闸或启动的操作按钮应布置在最右端，跳闸或停止的操作按钮应布置在启动按钮的左侧，如果设备运转有方向或速度的不同操作，则"向上""向右"或"正转""高速"等按钮应布置在最右端。

b. 垂直排列的按钮应把"启动""向上""向右""正转""高速"按钮排列在最上面。按钮之间的距离应以 50 ～ 80mm 为适宜，按钮箱之间的距离宜为 50 ～ 100mm。当倾斜安装时，其与水平的倾角不宜小于 30°。紧急按钮应有明显标志。

❸ 如果 1 台设备有 2 个及以上的控制转换开关，例如有同期开关、远近控开关、联动开关的，应将控制跳、合闸的操作开关布置在最下方。

❹ 操作开关的安装和接线要做到，转动式操作的手柄，从操作人员的正面看，向右操作开关时（即顺时针操作）是合闸和设备运行操作，向左操作开关时（即逆时针操作）是跳闸和设备停止运行的操作；直线运动的手柄，向上操作是合闸操作，向下操作是分闸操作。

❺ 不允许将继电器、接触器的底座安装在与地面平行的平面上，必须安装在与地面成 90° 的垂直面上。交流控制继电器（例如 JZC 系列）和各种接触器

的触点应垂直安装。电气元件要安装在绝缘板或金属板上，不能安装在塑料板或木板上。

❻ 断路器、接触器等动力设备和继电器等控制设备一起安装在动力箱、柜上，空气断路器、熔断器等应安装在最上方，下面依次排列接触器、热继电器、控制继电器，最下方为端子排，端子离地面的距离不能小于350mm。

❼ 在只有二次元件的保护屏上，测量元件应布置在最上方，依次为逻辑元件、转换开关，最下面布置连接片。控制屏上应把控制回路熔断器布置在屏背面的上方，端子排布置在两侧或下方，但最低一个端子距离地面不应低于350mm。控制屏正面应将测量仪表布置在最上面，依次排列信号灯、转换开关、操作开关。

❽ 在继电保护和标准二次回路的屏、箱、柜上，各个电气元件之间应留有间隙，间隙不只是指元件裸露的电气接线端头之间的距离，还包括元件外壳与外壳之间的距离。两电气元件之间即使不存在短路等不安全因素，也不能靠得太近，否则会影响散热，给调试工作带来不便。机电元件继电器、接触器在用于机电设备控制时，在电气箱内可以靠近排列，但前提是符合最小安全距离的要求。电气控制元件之间的最小安全距离见表7-1。表中的电气间隙与爬电距离是不一样的，电气间隙是指两带电接线端之间的空气间隙，而爬电距离是指两带电导体之间的绝缘物的长度，实际就是一次系统中的绝缘材料的泄漏距离。所以爬电距离包括了电气元件自身构造中的绝缘部分，例如继电器的一对触点在未闭合时，触点的两端（包括固定在绝缘板上的两个接触片之间和两个接线端之间）经常处于带不同电位的状态，这两者之间的距离就是爬电距离。由于绝缘材料的性能和环境因素，不同电位的导电端之间的绝缘材料也可能发生被击穿的现象。

❾ 发热元件应安装在散热良好的地点，与其他元件之间应有足够距离，两个发热元件之间的连接线应采用耐热导线或裸铜线套瓷管。

表7-1 电气控制元件之间的最小安全距离　　　　　　　　　　　　单位：mm

| 额定绝缘电压 N | 额定电流 < 60A | | 额定电流 ≥ 60A | |
|---|---|---|---|---|
| | 电气间隙 | 爬电距离 | 电气间隙 | 爬电距离 |
| U < 60 | 2 | 3 | 3 | 4 |
| 60 < U < 250 | 3 | 4 | 5 | 8 |
| 250 < U < 380 | 4 | 6 | 6 | 10 |
| 380 < U < 500 | 6 | 10 | 8 | 12 |
| 500 < U < 660 | 6 | 12 | 8 | 14 |
| 交流 660 < U < 7500 | 10 | 14 | 10 | 20 |

续表

| 额定绝缘电压 /V | 额定电流＜60A | | 额定电流≥60A | |
|---|---|---|---|---|
| | 电气间隙 | 爬电距离 | 电气间隙 | 爬电距离 |
| 直流 660＜U＜800 | 10 | 14 | 10 | 20 |
| 交流 750＜U＜1140 | 14 | 20 | 14 | 28 |
| 直流 800＜U＜1200 | 14 | 20 | 14 | 28 |

## 二、配置熔断器

熔断器在配置时应遵循以下原则。

❶ 独立安装单位（电力工程一般以 1 台断路器作为 1 个独立安装单位）的操作电源应经过专门的熔断器或自动空气开关控制，组成 1 个独立的控制逻辑回路。

❷ 每个安装单位的保护逻辑回路和断路器控制回路可以合用一组熔断器。

❸ 对于双线圈跳闸的断路器（如 220kV 断路器）跳闸回路要安装双电源，两个电源分别组成两个独立的熔断器回路，各自连接一个跳闸线圈。

❹ 由 1 套保护装置控制多台断路器时（如变压器差动保护，双断路器接线方式的供电线路保护、母线保护等），断路器应设置独立的熔断器控制回路，同时，保护装置应当采用单独的熔断器保护并构成独立的保护逻辑回路。

❺ 由不同的熔断器组成的两套保护的直流逻辑回路之间不允许有任何电的联系。

## 三、选择电气二次回路电源电压

二次回路的工作电压不应超过 500V，可选直流 220V、110V、48V、24V 或交流 220V、127V、110V、48V 等。对于接线距离比较长的回路，如集中控制室至户外变电站，从电压降方面考虑，应采用电压等级较高的电源。而在集中控制室内一般应用 48V、24V 电源。对于环境较差、控制导线连接地点较多的机械设备，应采用经控制变压器的电压等级低的交流控制电源。

## 四、选择二次回路导线截面积

选择电气二次回路导线（包括电线和电缆）截面积时既要考虑导线引起的回路压降，也要考虑有一定的机械强度和绝缘水平。主要有以下方面。

❶ 在强电回路中，交、直流 220V 控制回路的连接导线应选择额定电压为 300/500V 的聚氯乙烯绝缘电线电缆或橡胶绝缘电线电缆；弱电回路（包括微机等电子电路的信号）可采用 300/300V 连接导线和电缆，如 PVVSP（300/300V）电缆。

❷ 盘内部分的连接应采用独股固定连接导线（即单股铜芯 BV 型），与配电盘的门等移动部位连接的要采用多股导线，但必须是固定连接的导线，例如 BVR 型多股铜芯固定连接导线。

❸ 电力工程电气二次回路应采用铜芯控制电缆和铜芯绝缘导线，其截面积在控制回路的强电回路中不小于 1.5mm²，最小不得小于 1mm²，在弱电回路中不小于 0.5mm²。

❹ 机械设备自动控制系统的电子电路、微机信号用连接电缆截面积不应小于 0.2mm²。

❺ 一般的电流回路中，导线截面积不小于 1.5mm²，最好选用 2.5mm² 的导线。高压设备（6kV 及以上）的电流回路应采用截面积为 2.5mm² 及以上的导线和电缆。

❻ 计量电能表电压回路导线截面积至少为 2.5mm²，对于输送电能容量大的，关系供电与用户利益公平的电能表，应实际测量电压互感器的压降并经过计算后选择相应截面积，大部分应在 4mm² 以上。

❼ 导线电压降应满足正常或事故时的要求，正常时导线电压降不应超过额定电压的 3%，控制回路操作母线至设备的电压降不应超过额定电压的 10%。

## 五、二次接线端子排在使用时应注意的问题

二次接线端子排在使用时应注意以下几点：

❶ 电力工程电气二次回路采用的接线端子排，包括螺钉和垫片，都应当是抗氧化的铜质材料制造的。

❷ 屏（台、盘、柜）内与屏（台、盘、柜）外的连接、屏（台、盘、柜）内部不同安装单位的连接必须经过端子排。

❸ 不同安装单位或装置的端子，应分别组成单独的端子排。

❹ 接到端子上的电缆应有标志。

❺ 注意跳、合闸回路端子应远离正电源端子，若相邻的则要加装空端子隔离。正、负电源之间也要加装空端子隔离。电压二次回路的各相电压之间最好有隔离措施。

❻ 各个控制和保护回路的端子排应以设备为单元分段集中布置，按自上而下的排列顺序一般为：交流电压回路、交流电流回路、保护正电源、操作正电源、信号正电源、信号输出回路、与其他保护或控制装置的联系回路或触点、保护负电源、操作负电源、信号负电源、保护输出分 / 合闸回路、其他弱电回路、备用端子。

❼ 回路电压超过 400V 的，端子板应有足够的绝缘强度，并涂上红色标志。

❽ 强电与弱电端子宜分开布置，如需要布置在一起，应采用空端子隔离开。

❾ 在断路器、互感器、变压器的气体继电器等处安装的二次接线端子，应能保证

在不断开一次设备的情况下，在这些二次回路上工作，且无触电的危险。

## 六、敷设二次回路连接电缆时应注意的问题

在敷设二次回路连接电缆时应注意以下几点：

❶ 在敷设控制电缆时，应充分利用自然屏蔽物的屏蔽作用，必要时，可与保护用电缆平行设置专用屏蔽线。

❷ 采用铝装铅包电缆或屏蔽电缆，屏蔽层应在两端接地。

❸ 弱电与强电不宜合用一根电缆。

❹ 电缆芯线之间的电容充放电过程中，可能导致保护装置误动时，应将相应的回路分开，使用不同电缆中的芯线，或采用其他措施。

❺ 保护用电缆与电力电缆不应同层敷设。

❻ 保护用电缆敷设路径，应尽可能离开高压母线及高频暂态电流的入地点，例如避雷器和避雷针的接地点、并联电容器等设备。

❼ 同一条电缆内不应有不同安装单位的电缆芯线。

❽ 对重要回路双重化保护的电流回路、电压回路、直流电源回路、双跳闸线圈的控制回路等，两套系统不应用同一根多芯电缆。

❾ 微机装置的交流电流、电压及信号回路应采用屏蔽电缆。屏蔽电缆应在两端同时接地；同一回路的各相电流、电压及中性线应当在同一根电缆内。

❿ 不允许把电缆的备用芯两端接地，防止产生干扰信号。

## 七、进行电气二次设备的屏、箱、盘、柜的接地

❶ 所有屏、箱、盘、柜的接地良好。屏、盘内应装设专用的截面积不小于 $100mm^2$ 的接地铜排，且应把全排所有屏的接地铜排连接在一起，在首、尾部均用引下线排与电缆层专用二次接地铜排连接。

❷ 可开闭的门应用足够截面积的裸铜软线与接地的金属构架可靠连接。如果采用导线接地，必须用截面积不小于 $25mm^2$ 的软铜导线。屏、箱、盘、柜本体与接地点之间的电阻不应大于 $0.1\Omega$。

❸ 二次设备接地线的连接方式，应能保证在某个二次回路工作需要断开接地线时，不影响其他回路的接地点。

## 八、并联使用电气元件时在元件上连接

并联使用电气元件时（如两个继电器并联、继电器线圈与电阻并联、电阻与电阻并联等），一定要在元件上直接连接，而不能在端子排上或通过其他接点连接，否则可能造成误动作。以图 7-1 为例，继电器线圈的并联电阻本应直接连接在继电器线圈接

线端上，但却与其他元件公共端连接后接到负电源，正常运行时并无问题，但如果连接负电源的 L 点与负电源断开，就产生如图中箭头所示的寄生回路，造成误动作。原因是此时继电器 KOF 线圈两端有 107V 的电压，为额定电压的 48.6%，KOF 的动作值小于该数值时就可以启动。这也是要求出口中间继电器动作值应当大于 50% 额定电压的原因。

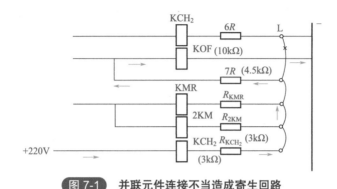

**图 7-1** 并联元件连接不当造成寄生回路

# 第二节 电气二次回路的试验

## 一、电气二次回路的绝缘试验

电气二次回路的绝缘试验包括绝缘电阻测量和耐压试验两部分。

### 1. 绝缘电阻测量

（1）绝缘电阻标准与测试周期

❶ 测量电气二次回路的强电回路时应使用 1000V 绝缘电阻表（兆欧表）。

❷ 新安装的电气二次回路的强电回路绝缘电阻值：室内不应低于 20MΩ；室外不应低于 10MΩ。

❸ 运行中的电气二次回路的强电回路绝缘电阻值不应低于 1MΩ，任何情况下不得低于 0.5MΩ。

❹ 新安装继电器元件单独测量的绝缘电阻，线圈之间阻值不应低于 10MΩ，对地绝缘和线圈对触点之间阻值不应低于 50MΩ。

❺ 绝缘电阻测量应在投产时、二次回路大修时和更换二次线时进行。

（2）绝缘电阻测量注意事项

❶ 在有电子电路的电气二次回路中，绝缘电阻试验时，必须把电子电路部分退出或短接后方能进行，否则测量电压会造成电子元件损坏。

❷ 电压二次回路绝缘电阻测量不包括电压互感器二次绕组，因为电压互感器的

一、二次绕组的绝缘电阻测量是作为一个整体由专门的电力设备绝缘专业按相关标准进行的，试验必须注意不能将测量电压加到电压互感器绕组中。

③ 对于电压二次回路、电流二次回路及控制回路，测量二次回路绝缘时都要注意断开回路中的接地点。

2. 耐压试验

① 二次回路耐压试验应在投产时、二次回路大修时和更换二次线时进行。

② 交流耐压试验电压为 1000V，试验时间为 1min。

③ 当回路绝缘电阻值大于 10MΩ 时，可采用 2500V 绝缘电阻表代替，试验时间为 1min。

④ 额定电压为 48V 及以下的设备可不进行交流耐压试验。

⑤ 电子元器件不得参与试验。切记试验加压时将电路中的电子元器件退出。

⑥ 聚氯乙烯控制电缆在进行交接试验的直流耐压试验时，所加电压为线芯对地电压的 4 倍，试验时间为 1min。

## 二、对二次回路试验电源的要求

### 1. 对二次回路试验电源的主要要求

① 交流电源的波形尽量接近正弦波。试验带速饱和元件的继电器应采用金阻或水电阻，其中，水电阻由于容量大并且容易获得而得到广泛应用。

② 交流电源宜采用线电压，感应型继电器和带速饱和元件的继电器必须为相电压。

③ 试验电源必须采用合适的断路器和熔断器保护。

④ 试验直流继电器时宜采用变电站或发电厂的蓄电池电源。使用整流电源一般应采用三相全波整流。若没有直流电源，且试验对波形有严格要求时，应采用汽车蓄电池。

### 2. 读取试验数据的注意事项

① 测量数据至少要重复测量三次，并且每一次的测量结果都在符合误差要求的范围内才能作为试验结果值采用。

② 保护继电器试验应采用 0.5 级仪表。

③ 试验继电器动作，继电器触点尽量采用实际使用的触点。

④ 继电器动作值试验的误差不应大于 ±3%。

## 三、区分需要调试和不需要调试就可投运的电气二次元件

所有电气二次元件都必须进行绝缘试验，但对于是否需要进行动作值试验，应根据元件所连接的回路确定。对于继电保护回路和电力系统自动装置，所有接在回路中

的电气测量元件和逻辑动作元件都必须进行电气动作特性试验，测量继电器还必须进行返回特性试验，而且这些继电器的动作值都是可调整的。如果是用于机电设备（例如机床）的控制回路，一般采用的交流中间继电器是不需要试验动作值的，可以在绝缘合格的情况下直接使用，但应通过进行传动试验检验其是否合格。

## 四、测量跳、合闸元件上的电压降及测量方法

测量跳、合闸元件上的电压降目的是检验跳闸线圈和合闸元件（合闸线圈或合闸接触器），在动作时线圈上的电压降不应低于额定电压的90%。对于新安装的设备，试验应在一次设备不带电的状态下进行，正常运行后就不必再做，因为该数据不会在运行中发生变化。测量时用高内阻的直流电压表分别接在跳、合闸线圈（合闸接触器）的两个接线端上。

❶ 测量合闸元件上的电压降时，用高内阻的直流电压表接在合闸接触器的两个接线端上，取下大电流的合闸熔断器或储能电动机的熔断器，在断路器处于合闸位置测量时，短接回路中的断路器辅助触点，分别从正电源侧接通每一路合闸回路，测量合闸接触器线圈上的电压降。

❷ 测量跳闸线圈上的电压降时，用高内阻的直流电压表分别接在跳闸线圈的两个接线端上。在断路器处于跳闸位置测量时，短接回路中的断路器辅助触点，分别从正电源侧接通每一路串联有其他线圈（如信号继电器）的跳闸回路，测量跳闸线圈上的电压降。

## 五、电流继电器动作电流值试验

电流继电器必须经过动作值与返回值的试验后才能投入使用，所以动作电流是最常进行的试验项目之一。动作电流试验的最基本条件是要能调节电流的大小。

❶ 图7-2（a）是采用可调的自耦变压器和变流器的试验电路，由于电流继电器的容量并不大，所以自耦调压器的容量不大，额定电流一般为1A（容量250V·A）即可。变流器实际是降压变压器，可采用安全灯变压器（行灯变压器），一次侧额定电压为220V，接自耦调压器的输出端；二次电压为24V（或36V、12V），接电流继电器。由于二次电压低、电流大，一般容量500V·A就能满足。该接线法的优点是能将电流继电器与交流220V电源隔离，提高安全性，且不需要大容量试验电源，十分方便。缺点是由于采用调压器和变压器等感性元件，输出电流的波形可能会畸变。该方法主要适用于试验对电源波形的要求不太严格时。

❷ 采用电阻调节电流的试验如图7-2（b）所示。这种接线的优点是电阻元件不会引起电源波形畸变，所以电流的波形不畸变，克服了采用调压器接线的缺点，因此在试验对电源的波形要求严格时，如变压器差动保护继电器，应当采用这种接线。但

该接线电源电流与继电器电流大小相同，一般电流继电器的动作值为 5 ～ 20A，电源容量也要能满足电流 20A 时波形不会畸变，所以需要较大容量的电源。同时，调节电阻必须满足电流的要求和调整要求，所以电阻的容量较大。因为如果电阻值不够大，即使将电阻值调节在最大位置通电，电流也无法从零调节；但如果电阻选得较大，则大电流（如 20A）下的电阻容量将很大，也是不现实的。所以在对电源波形要求严格的试验中，常采用一种"水电阻"的调节设备替代线绕电阻：一般采用一个350mm×250mm×200mm（长 × 宽 × 高）的绝缘水箱，在两端安装两个可调整距离的电极，就可实现电流调节。水电阻可以实现将电流从零调整至几十安培，当需要的电流较大时，可在水中放一些盐，加大水的导电性。

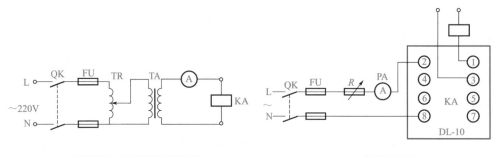

(a) 调压器与变流器配合调节电流　　　　　　　　(b) 电阻调节电流

图 7-2　电流继电器试验接线

这种接线法要注意的是，继电器与试验电源没有隔离，所以继电器的对地电压也是试验电源的电压，即交流 220V 电压。因此，试验中要特别注意安全。

## 六、进行交流电压元件动作值试验

以电压继电器为例，介绍交流元件动作值试验方法。

❶ 电压继电器试验接线如图 7-3 所示，电压应从零开始调节。电压继电器的电流值不大，所以试验需要的电源容量不大，电压继电器电压额定值一般在 160V 以下，可采用交流 220V 试验电源。试验接线与图 7-2 所示的调压器调节电压相同，调压器容量可以较小。也可以采用线绕电阻调节电压，即用可调整的电阻器代替图 7-2 中的自耦调压器，将电阻并联在试验电源上，将电阻的调整端与继电器连接以做到从零电压调起。不能采用电阻器与继电器串联的接线，试验回路必须有熔断器保护。电压表可以采用交流电压表，也可以采用交直流两用电压表，如果是继电保护继电器，电压表的准确级应为 0.5 级。

❷ 交流逻辑电压元件，如交流中间继电器、时间继电器的试验接线与电压继电器试验相同，既可采用调压器调压，也可采用电阻调压，但一般采用调压器更为方便。

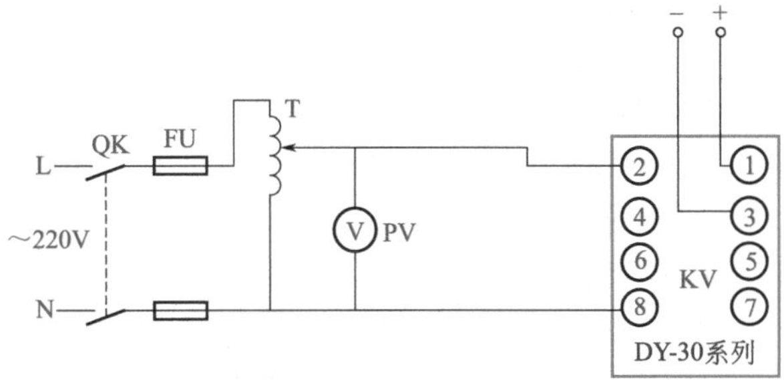

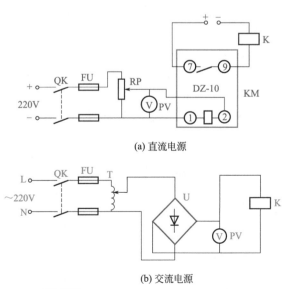

图 7-3   电压继电器试验接线

## 七、进行直流电压元件试验

❶ 采用直流电源试验直流电压元件  进行直流逻辑元件，如中间继电器、时间继电器、信号继电器及其他直流继电器中的电压动作返回值试验，如果试验电源为蓄电池直流电源，试验接线如图 7-4（a）所示。不能采用调压器，因为调压器只能用于交流回路。测量电压表可以采用直流电压表，也可以采用交直流两用电压表，如果是继电保护逻辑回路用继电器，电压表的准确级应为 0.5 级。

❷ 直流电压元件动作值试验也可采用如图 7-4（b）所示的方法，交流电源经整流后，采用调压器调整交流侧的电压，但测量电压表一定要接在直流侧。如果没有调压器，也可在直流侧用电阻调压，此时整流二极管的容量比交流调压时大很多，因为整流二极管的电流包括流过并联调节电阻的电流，此电流一般大于继电器线圈的电流。

(a) 直流电源

(b) 交流电源

图 7-4   直流电压型继电器的试验接线

## 八、进行直流电流元件试验

直流电流元件动作返回值试验有如图 7-5 所示的两种接线方法，两种方法对可调试验电阻器的阻值和容量的要求不同，但均需在继电器回路中串联一个限流电阻，以防止调节电阻时引起电源过载或短路。

采用如图 7-5（a）所示的试验接线，调节电阻器允许通过的电流要大于继电器电流线圈试验中的最大电流值。同时调节电阻器的电阻值要满足：当把电阻器调节到阻值最大的位置时，继电器线圈回路的电流应比继电器返回电流小。

采用如图 7-5（b）所示的试验接线，调节电阻器的容量时要考虑电阻器本身并联时的电流加上继电器电流，可以用简单的直流电路电阻串并联公式计算。这种接线时一定要串联附加限流电阻 R，否则无法平稳调整电流。

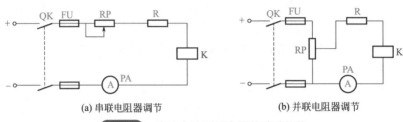

(a) 串联电阻器调节　　　　　　　　(b) 并联电阻器调节

图 7-5　直流电流型继电器的试验接线

## 九、进行带自保持的继电器动作试验

带自保持的继电器都是直流逻辑继电器，不论是电压动作电流保持，还是电流动作电压保持，其电压线圈和电流线圈的试验接线都与前述单线圈继电器相同，不同之处在于测量保持值的方法。动作线圈通电、继电器动作以后，在保持线圈上加上继电器电压（或电流）保持值，然后将动作线圈断电，检查继电器是否能保持，如果能保持，应减小保持电流，例如额定保持电流为 1A 的继电器，当通入 1A 电流时，继电器能保持，则把电流调至 0.9A，再重复上述试验，直至继电器不能保持为止。这样就可得到最小保持电流值。

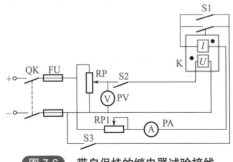

图 7-6　带自保持的继电器试验接线

试验带保持线圈的继电器必须按照继电器线圈标注的极性加电试验，如果极性接反，则动作磁通与保持磁通相互抵消，无法正确测量结果，具体连接如图 7-6 所示。当电压线圈标注的极性端加试验正电源时，电流线圈标注的极性端应当是直流电流的流入端，不论是电压动作电流保持，还是电流动作电压保持，试验接线相同。图中 S1 用于短接被测试继电器触点。如果继电器线圈是独立的，则可以不用 S1，S2 和 S3 分别控制电压线圈和电流线圈的接通和断开。

## 十、测试继电器的延时特性

（1）基本要求

❶ 测量时间继电器的动作延时特性最主要的是在给继电器线圈加动作电压的同时启动毫秒计开始计时，如图 7-7 中的控制开关 S。

❷ 测量时间继电器的返回延时特性最主要的是在断开继电器线圈电压的同时启动毫秒计开始计时。

❸ 注意开关 Q1 控制是毫秒计的启动计时，如果毫秒计需要工作电源，应当在继电器通电测试前合上毫秒计的电源，即闭合图 7-7 中的开关 Q2。因为数字毫秒表的工作电源和启动是两个不同部分。

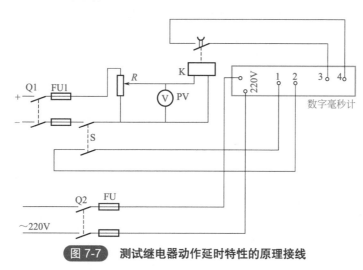

**图 7-7** 测试继电器动作延时特性的原理接线

❹ 图 7-7 所示的毫秒计有独立的工作电源，一般为交流 220V 市电。另外两对接外部触点的接线端子：一对是启动端子（图中的 1、2），连接到此端子的外部触点闭合时毫秒计开始计时；另一对是停止端子（图中的 3、4），连接到此端子的外部触点闭合时毫秒计停止计时。

（2）数字毫秒计应用 数字毫秒计功能较多，试验接线方便，主要体现在以下两点。

❶ 通过按键切换启动方式，使连接在毫秒计启动端子上的外部触点实现接通或断开启动毫秒计。连接在毫秒计停止端子上的外部触点，可以实现接通或断开停止毫秒计，这样就解决了需要把断开触点转换成接通触点的问题，使试验接线大大简化。由于外部触点闭合或断开都可以启动或停止毫秒计，所以延时动作的时间继电器不

论其是动合触点还是动断触点，都可以采用图 7-7 的接线方式。对于延时返回的继电器，只要在接线上使继电器先动作，然后在断开继电器线圈电压的同时启动毫秒计计时即可。

❷ 毫秒计端子可以接入有源触点或无源触点，还可以测量触点电压跃变，因此可以在不完全拆开继电器连接回路时试验。毫秒计允许接入的电压范围较广，如可连接的电压为 DC 36V ～ 250V（注意这不是两个接线柱之间的电压）。测量有源触点时，必须按说明书正确连接极性，否则无法正确测量。

## ■ 十一、方向继电器试验时的接线

方向继电器的试验接线如图 7-8 所示。特点是继电器不但需要接入电压和电流两个电气量，而且其中一个要能变化相位，一般都采用移相器（图中的 BP）进行移相。但移相器只能移相，不能调节电压，所以仍然需要调压器 TR 调压。图中接触器 KM 的作用是使继电器的电流和电压同时加入或断开。方向继电器试验中主要注意相位表 P 和继电器 KW 的接线端极性不能有错，否则试验结果就完全相反了。

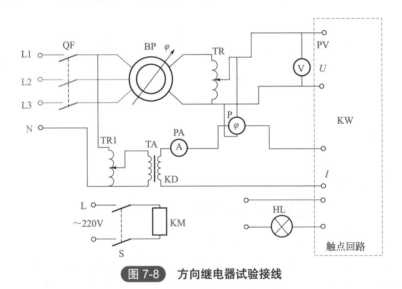

图 7-8　方向继电器试验接线

## ■ 十二、测量三相电压的相序

测量相序时应采用相序表。常用相序表有机电式（TG1 型）和多种型号的电子（数字）式相序表，图 7-9 是一种电子式相序表。机电式相序表使用如图 7-10 所示，使用时先将 U、V、W 三相电压按表上的指示标记连接好（有的表用 A、B、C 顺序表示），然后按下按键（位于侧面），表就可以旋转指示相序，如果旋转方向与表盘上的箭头指示（顺时针方向）一致，说明是正相序，如果反方向旋转，说明是负相序。

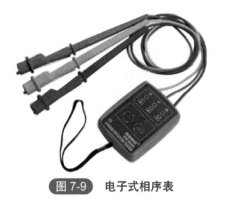

图 7-9　电子式相序表

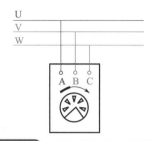

图 7-10　机电式相序表应用接线

数字式相序表同样按相序表上的标记用表棒接通被测量的 U、V、W 三相电压，数字式相序表具有缺相指示，面板上有 3 个红色发光二极管分别指示对应接入的三相电压 U、V、W（即 L1、L2、L3），当某一相的电压未接通时，对应的指示灯不亮。采用声光作相序指示，当被测量的三相电压相序正确，与正相序对应的绿色指示灯亮；当被测量的三相电压相序不正确，与逆相序对应的红色指示灯亮，蜂鸣器发出报警声。

但要注意，正相序并不表示该电压一定是按 U、V、W 排列的，只表示三相按相序表上的标记所连接的导线电压的顺序是正相序，也就是说，在相序表上所连接的三相电压可能是 U、V、W，也可能是 V、W、U，还可能是 W、U、V，负相序原理同上。所以，相序表只能指示相序而不能指示具体相别。

## 十三、使用相位表测量电流二次回路和电压二次回路

相位表需要接入二次电压和二次电流，所以也称为相位伏安表，分为机电式和数字式两种。常用的机电式相位表一次只能接入一路电压和一路电流，并且电流和电压都需要用表上的接线端子接线，由于电流回路在接线时需要将原来保护的电流回路断开后再串入相位表电流线圈，所以电流回路在接线时一定要防止造成电流回路开路。同时注意电压极性和电流极性不能接错。但极性是相对的，测量保护时，一般都是将电压接线固定不变，测量中改变电流接线，应注意先后接入的电流极性应一致。

数字式相位表都是钳形表。图 7-11 是一种数字式相位表，有三个电流卡钳，可以同时测量三路电流和两路电压。电流的测量方法和钳形电流表一样，只要把二次回路的电流线夹入钳口即可，不需要断开电流线连接，所以很方便和安全。测量时把夹线钳和相位表的本体通过插孔与专用导线连接在一起，除可以测量电压和电流之间的相位外，还可以测量两个电流之间的相位差和两个电压之间的相位差。

测量时特别需要注意的是卡钳夹入时的正反面方向，若电流卡钳一正一反接入，会造成指示电流相位相差 180°。

第一章
第二章
第三章
第四章
第五章
第六章
第七章
第八章
第九章
第十章
第十一章
第十二章

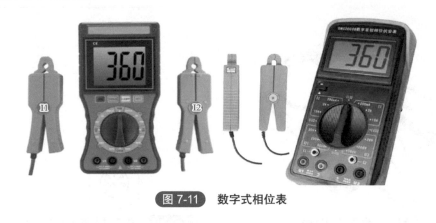

图 7-11　数字式相位表

### 十四、通电流测量电动机差动保护的正确性的接线

　　高压电动机的差动保护可以通过通入一次电流测量其接线的正确性。测量接线如图 7-12 所示，适用于额定电压为 6kV 的高压电动机。测量时给电动机通入三相 380V 电源，此时根据电动机的容量不同，小容量（几百千瓦）的电动机可能缓慢旋转，大容量的电动机也可能不旋转。由于高压电动机的阻抗都很大，所以不论旋转或不旋转，电动机一般不会过电流，电流的大小则根据电动机的容量不同（阻抗不同）而不同。例如某型号的 2000kW 电动机通 380V 电源时的电流约为 62A，4000kW 的电动机通 380V 电源时的电流约为 155A，均未达到额定运行电流，但已经满足测量差动保护相量的要求。试验中要注意电动机的电流不能超过其额定电流，而且 380V 电源的容量要满足要求。

　　测量在保护安装处进行，可将相位表的电压线接好后固定不变，然后在图 7-12 中的 1、2、3、4 点处分别用电流卡钳测量电动机 U 相和 W 相进线端和中性点的电流互感器的四个电流进行比较。

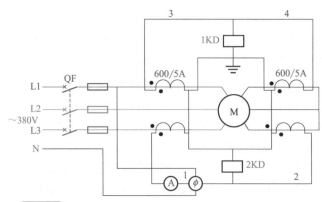

图 7-12　通一次电流测量电动机差动保护接线的正确性

### 十五、进行纵联差动保护带负荷试验

发电机、变压器、电动机以及母线的差动保护在投入运行前都必须带负荷测量各电流之间相位关系和测量差电流（差电压）值。用钳形电流表在保护盘最靠近保护装置的端子处分别测量差动保护各侧的电流数值大小是否符合计算值。用钳形相位表测量各侧电流相位，并绘制出六角图。测量时，相位表的电压接入固定不变的电压，然后将相位表电流卡钳分别卡入各侧电流回路导线，依次测量三相电流。测量差动继电器上的差电压（即不平衡电压）应当很小，应为毫伏级。测量时应断开差动保护的出口连接片。测量必须在一定负荷电流下进行，若负荷电流太小则测量的数据不准确。在断开保护出口连接片的情况下，可短接一侧的任何一相电流（将该相二次电流在端子处接地）检查继电器动作。另外还必须测量各中性线的电流，以确定回路的完好性。

## 第三节 电气二次回路的运行

正规的二次回路接线主要负荷（如继电器跳闸线圈等）的两个接线端中均有一端直接接到负电源上。电气二次回路运行时的注意事项可扫二维码学习。

# 电气控制回路实操

## 一、发电机的电流互感器配置

图 8-1 是一发电机变压器组（200～300MW）的电压互感器和电流互感器及保护配置，具体每台机组不完全相同，但基本原则是一样的。

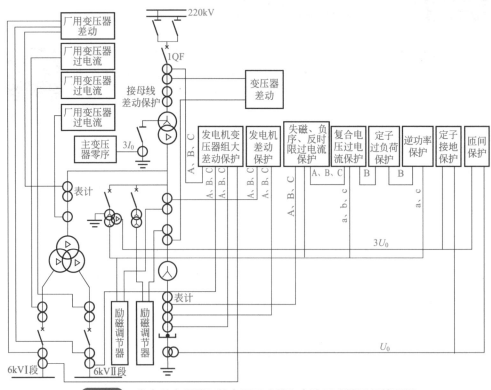

图 8-1　发电机变压器组的电压互感器和电流互感器及保护配置

❶ 中型以下发电机一般都至少装设 4 组电流互感器，分别装在出线端和中性点端。大型发电机在中性点端和出线端各串联 4 组电流互感器。

❷ 发电机变压器组在升压变压器的高压侧装设 5 ～ 6 组电流互感器。实际上110kV 及以上的室外电流互感器都是单相瓷箱式，每台电流互感器内都包括多个不同准确级的互感器。

❸ 发电机的三相全部装设电流互感器，因发电机属于重要设备，不采用两相式接线。

❹ 发电机的过电流保护要接在发电机中性点侧的电流互感器上，这样可以更全面地保护发电机，防止内部故障，例如，在发电机并网前，发电厂内部的故障只有中性点的电流互感器才能测量到。

❺ 电流互感器保护的范围要尽量大，多套保护的电流互感器要采用交叉使用的方式。以图 8-1 为例，在发电机与变压器之间的连接回路上，发电机差动保护电流互感器在主接线的变压器侧，而变压器差动保护电流互感器靠近发电机侧。在变压器与母线之间的回路上，变压器差动保护的电流互感器靠近母线侧，母线保护的电流互感器靠近变压器侧。再如，厂用变压器差动保护的 6kV 侧，应采用尽量靠近 6kV 母线的电流互感器，而 6kV 段的过电流保护，则采用尽量靠近变压器处的电流互感器。这样交叉后，在某些区域保护是重叠的，不会留下保护的空白点。

❻ 发电机自动调整励磁装置的电流互感器要装设在发电机的出线侧，这样在发电机内部故障时，自动调节励磁装置不会因电流变化而自动调节，可以减轻内部故障对发电机的损伤。

## 二、发电机的电压互感器配置

发电机的电压互感器配置仍以图 8-1 为例介绍。

❶ 中型发电机一般在出线端装设两组电压互感器，其中一组电压互感器供保护和测量仪表回路使用，其二次绕组应有能测量三相相电压和相间电压的绕组，额定相电压应为 $100/\sqrt{3}$ V，同时有开口三角绕组可测量零序电压，额定电压为 100/3V；另一组电压互感器用于发电机的自动励磁调节装置，额定相电压为 100V（线电压为 $100×\sqrt{3}$ V）。

❷ 大型发电机装设三组电压互感器，两组应有开口三角绕组，另一组专供励磁调节装置的为双绕组。

❸ 大型发电机的两套自动励磁调节装置应分别连接在两组电压互感器上。

❹ 发电机与变压器之间无断路器时，是否在变压器高压侧装设电压互感器，应根据主接线确定，分以下两种情况：一是发电厂内无变电站即无高压母线，发电机变压器组直接与线路连接，就需要在升压变压器高压侧断路器（即发电机的出口断路器）的线路侧装设电压互感器，以用于发电机的同期并列；二是升压变压器直接连接到本厂变电站的高压侧母线，则可不装设电压互感器，发电机并列可通过高压母线上的电压互感器进行。

### 三、微机备用电源自动投入装置应接入的开关量

### 四、微机备用电源自动投入装置的组成

### 五、普通重合闸回路的动作过程

PDF 文件　　　　　视频讲解

### 六、变压器差动保护的应用特点

❶ 安装差动保护的为容量 6.3MV·A 及以上的电力变压器，变压器常采用 Yd11（或 YNd11）接线。升压变压器的高压侧三相绕组接成星形，低压侧三相绕组接成三角形。如果变压器差动保护的高、低压侧三相电流互感器都接成星形，就会因两侧电流相位不同而在二次回路产生差电流，这是不允许的。解决办法为变压器电流互感器一次绕组为星形连接时，二次绕组采用三角形连接；一次绕组为三角形连接的，二次绕组采用星形连接，如图 8-2 所示。这样差动保护回路中的两侧电流相位就一致了。但电流互感器二次侧接线方式的不同又会产生由接线系数不同带来的电流不平衡问题，所以有时还需要在一侧（三绕组变压器可能需要在两侧）装设补偿变流器以平衡差动保护各侧的电流。

❷ 微机保护可以在微机保护装置内部实现电流互感器相位的补偿，所以采用微机保护的 Yd11 变压器，两侧的电流互感器都可以采用同样的星形连接方式。

❸ 变压器高、低压侧的电压不同，电流数值也不同，但一次回路的电流肯定是平衡的。可是电流互感器的一次电流不可能按变压器的额定电流制造，因此，二次电流可能不同，这个问题是发电机、电动机保护所不存在的。解决方法是在一侧电流互感器上加装补偿变流器，补偿变流器采用自耦变流器，即图 8-2 中的 TA。补偿变流器一般装在小电流侧，即把小电流变换为大电流。

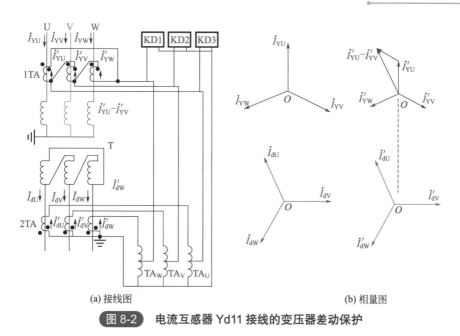

(a) 接线图　　　　　　　　　(b) 相量图

**图 8-2　电流互感器 Yd11 接线的变压器差动保护**

④ 变压器在空载投入电网时会产生很大的励磁涌流,有的可达到 8 倍的变压器额定电流。如果速动的差动保护按躲过该电流整定,则保护的动作值过大,保护会因灵敏度不够而在故障时无法动作。因此,变压器的差动保护都要采用特别的方法,使保护继电器在出现励磁涌流时不动作,具体可通过差动继电器实现,如采用带速饱和变流器、二次谐波制动、鉴别波形间断角大小等原理。

## 七、变压器的零序过电流、过电压保护方式

在中性点直接接地的电网中,可能有多台变压器并列运行,根据运行方式,在同一时间段,安排部分变压器中性点接地运行,如图 8-3 所示,变压器 T1 和 T2 均在运行状态,T1 中性点接地,T2 中性点不接地。为了很好地保护变压器,保护采用以下两种不同方式。

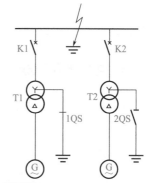

**图 8-3　中性点直接接地系统中变压器的接地运行方式**

① 对于全绝缘的变压器,如果双母线系统发生单相接地短路,中性点接地运行的变压器的中性点会流过短路电流,所以该变压器零序保护动作,跳开母联断路器,以缩小故障范围,然后跳开本变压器的断路器,切除短路电流。这样,其他中性点不接地的变压器将由于系统中性点失去接地而引起零序电压升高,此时母线的零序过电压保护动

作，跳开其他所有变压器，动作逻辑如图 8-4 所示。

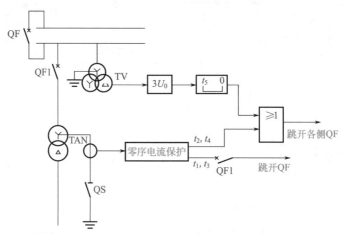

图 8-4　中性点接地与不接地变压器的零序保护配合原理

❷ 分级绝缘的变压器绕组的绝缘水平等级是不同的，靠近中性点的绝缘水平比绕组端部的绝缘等级要低，所以分级绝缘变压器不允许过电压，本身应装设完善的零序过电流和零序过电压保护。并且变压器的中性点在投入运行前必须直接接地，投入运行后如果需要将某台变压器的中性点接地断开（在有其他变压器中性点接地的情况下），必须投入变压器零序过电压保护，并动作于跳闸。在系统发生单相接地短路时，中性点接地运行的变压器的中性点会流过短路电流使该变压器的零序电流保护动作，动作的零序电流保护应首先由短时限跳开其他不接地运行的变压器，然后再由长时限跳开接地运行的变压器，切除短路电流，防止出现过电压造成分级绝缘变压器的绝缘损坏。

## 八、电力电容器组应配置的保护

### 1.电力电容器组可配置的通用保护

（1）电流速断保护　为防止电容器与断路器之间的连接回路及电容器内部故障引起的短路，电容器组要装设电流速断保护。电流速断保护的动作值按躲过断路器的充电电流整定，一般可取 4～5 倍的电容器额定电流值，同时校验电容器处发生两相短路时，在最小短路电流下的灵敏度应大于 2，保护作用于跳开断路器。

（2）定时限过电流保护　电网中出现的高次谐波可能导致电力电容器过负荷（过电流），所以应装设过电流保护动作于跳闸上。定时限过电流保护按躲过电容器组的额定电流整定，可整定为 1.8 倍额定电流，动作时限一般为 0.2s，保护的灵敏度应大于 1.25～1.5。如果每相电容器在 3 组以下，则应校验保护与分组熔断器的保护特性能否配合。

（3）反时限过电流保护　反时限过电流保护可整定为 1.8 倍额定电流动作跳闸，动作时限可按 2 倍动作电流时限 1s 整定。

（4）电流互感器二次电流直接跳闸过电流保护　将断路器的跳闸线圈直接串联在电流互感器的二次回路中。跳闸线圈的动作电流可按 2.5 倍额定电流整定。

（5）接地保护　当电容器组连接的 6 ～ 10kV 电压系统的单相接地电流大于 20A 时，就应当装设保护电容器单相接地的零序电流保护。动作值可按 20A 整定，在 0.5s 内跳开断路器。

（6）过电压保护　当电力电容器组中发生故障的电容器切除到一定数量时，仍然运行的电容器端电压可能会超过 1.1 倍的额定电压，此时保护应将整组电力电容器断开。

（7）母线失压的欠电压保护　在电容器连接的母线电压严重降低时作用于断路器跳闸。

### 2. 电容器组专用保护

（1）横差保护　用于双三角形接线的电力电容器组横联差动保护，如图 8-5 的一次回路接线中的 3TA ～ 8TA 和继电器 3KA、4KA、5KA 组成的电流二次回路。每相有 2 个分支，在每相的每个分支上都装设 1 个电流互感器，每相电容器组 2 个分支装设 1 个横联差动保护继电器。当 2 个分支的电容器都良好时，2 个分支中电流的数值是一样的。由于每相电容器的 2 个分支的电流互感器二次侧连接成横差接线方式，所以横差保护继电器中流过的是 2 个分支的差电流。正常情况下横联差动继电器线圈中无电流（只有少量不平衡电流）。如果其中 1 个分支的电容器短路损坏，必然使该分支电流互感器电流增加，则差动电流回路的平衡状态被破坏，横差保护继电器中会流过电流而动作。

（2）零序电压保护　用于单星形接线的电力电容器组，保护原理如图 8-5 所示。保护的测量电压为三相的 3 个电压互感器二次绕组连接成的开口三角输出的不平衡电压，如果电容器组中的多台电容器发生故障，会引起电容器组的端电压变化，电压互感器的开口三角绕组就有电压输出使保护继电器 1KV 动作。

（3）零序电流保护　常用于容量较小的三角形连接的电容器组，保护原理如图 8-5 所示，三相电流互感器连接成零序过滤器方式与保护继电器 7KA 连接。

（4）电流平衡保护　用于双星形接线的电力电容器组，如图 8-5 左下方所示。即把 2 个星形连接的电容器中性点之间通过一个电流互感器（图中的 TA）连接起来。工作原理是在正常运行时，2 组对称的电容器组之间或者 1 组平衡的三相电容器组的三相之间电流基本上是平衡的，当 1 台或多台电容器故障时，平衡被破坏，平衡保护继电器 8KA 中流过电流而动作，跳开断路器将电容器切除。动作电流可按星形连接电容器组的一相电容器的额定电流的 15% 整定，动作时间可取 0.15 ～ 0.2s 或 1 个中间继电器的延时。

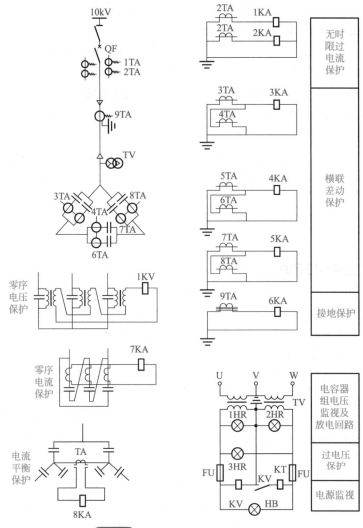

图 8-5　电力电容器组保护原理图

## 九、电力电抗器应配置的保护

　　6 ～ 10kV 电网的并联电抗器用于补偿高压输电线路的电容和吸收其无功功率，防止电网轻负荷时因容性功率过多引起电压升高，并且可以降低电力系统的操作过电压，避免发电机带空载长线路时电压升高。并联电抗器由高压断路器控制，必须装设继电保护装置，以保护电抗器内部短路、断路器与电抗器连接回路之间的短路，以及电抗器单相接地、过电压、过负荷等。并联电抗器的控制回路和保护回路与其他电气设备，如电动机的电力线路基本相同。

　　并联电抗器一般装设的保护有差动保护、电流速断保护、过电流保护。差动保护电流回路的接线与电动机差动保护相同，也是通过在电抗器电源侧和中性点侧装设电流互感器实现的。电流速断保护、过电流保护采用断路器处的电流互感器。

## 十、直流控制电源的高压电动机二次回路构成

## 十一、交流控制电源的高压电动机二次回路的特点

# 第九章 架空线路及电力电缆的安装、运行与故障处理

## 架空线路的分类、构成及导线等材料

　　架空输电线路主要由避雷线、导线、金具（包括线夹等）、绝缘子、杆塔（包括电杆和铁塔）、拉线和基础等元件组成，如图 9-1 所示。架空线路的分类、构成及导线等材料的正确选用可扫二维码详细学习。

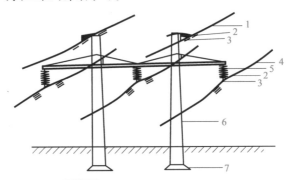

图 9-1　架空输电线路的组成元件

1—避雷线；2—防振锤；3—线夹；4—导线；5—绝缘子；6—杆塔；7—基础

## 架空线路的安装要求

### 一、10kV 及以下架空线路导线截面的选择

　　在选择输电线路和配电线路导线截面时，应满足以下四个原则。10kV 及以下架空线路导线截面的选择步骤如下。

#### 1. 选择的原则

　　架空线路导线截面的选择都需要符合经济电流密度、电压损失、运行温度和机械强度四个方面的要求。但这四个要求不是平行的，对不同类型的架空线路有不同的优先要求，在下面介绍这四个条件时，将会进一步说明。

（1）经济电流密度　电流密度指的是单位导线截面所通过的电流值，其单位是 A/mm$^2$。

经济电流密度是指通过各种经济、技术方面的比较而得出的最佳的电流密度，采用这一电流密度可节约投资，使线路电能损耗、维护运行费用等综合效益为最佳。

我国现在采用的经济电流密度值见表 9-1。

表9-1　经济电流密度　　　　　　　　　　　　　　　　　　　单位：A/mm$^2$

| 导线材质 | 年最大负荷利用时长 | | |
|---|---|---|---|
| | 3000h 以下 | 3000～5000h | 5000h 以上 |
| 铜线 | 3.00 | 2.25 | 1.75 |
| 铝线 | 1.65 | 1.15 | 0.90 |

对高电压远距离输电线路，要首先依照经济电流密度初步确定导线截面，然后再以其他条件进行校验。

（2）电压损失　要保证线路上的电压损失不大于规定的指标。架空线路的导线具有直流电阻、分布电容和分布电感，总之具有阻抗。线路越长，阻抗越大。交流电流从导线上流过时就产生电压损失（电压降），线路上传送的功率越大，电流就越大，电压损失也就越大，线路传送功率（kW）与线路长度（km）的乘积叫"负荷距"，很明显，限制电压损失也就限制了负荷距。

为了保证向用户提供电能的电压质量，设计规范规定 3～10kV 架空配电线路允许的电压损失不得大于变电站出口端额定电压的 5%，3kV 以下的线路则不得大于 4%。

电压损失是配电线路选择导线截面的首要条件。

（3）运行温度　发热导线的运行温度不应超过规定的温度，这一条件又称为发热条件。

在一定的外部条件（环境温度 +26℃）下，导线不超过允许的安全运行温度（一般规定为 +70℃）时，导线允许的载流量叫作导线的安全载流量。

表 9-2 列出了部分铝绞线的技术数据，其中也包含其安全载流量。

表9-2　部分铝绞线的技术数据

| 导线型号 | 计算截面/mm$^2$ | 线芯结构股×每股直径/mm | 外径/mm | 直流电阻/（Ω/km） | 重量/（kg/km） | 计算拉断力/kgf[1] | 安全载流量/A |
|---|---|---|---|---|---|---|---|
| LJ-16 | 15.89 | 7×1.70 | 5.1 | 1.98 | 43 | 257 | 83 |
| LJ-25 | 24.48 | 7×2.11 | 6.3 | 1.28 | 66 | 400 | 109 |
| LJ-35 | 34.36 | 7×2.50 | 7.5 | 0.92 | 94 | 555 | 133 |
| LJ-50 | 49.48 | 7×3.00 | 9.0 | 0.64 | 135 | 750 | 166 |
| LJ-70 | 68.90 | 7×3.54 | 10.6 | 0.46 | 188 | 990 | 204 |
| LJ-90 | 93.30 | 19×2.50 | 12.5 | 0.34 | 257 | 1510 | 244 |

[1] kgf（千克力）就是公斤力，1 千克 ≈ 9.8 牛顿。

对于用电设备的电源线及室内配线，首先要根据导线的安全载流量初步选出导线的截面。

（4）机械强度　架空线路的导线要承受导线自重、环境温度及运行温度变化产生的应力、风力、覆冰重力等各种因素而不能断裂，即具有一定机械强度，为此规程规定了架空配电线路的导线最小截面，选用导线时不得小于表9-3所列数值。

表9-3　架空配电线路导线最小截面积　　　　　　　　　　　　　　单位：mm$^2$

| 导线种类 | 10kV | | 1kV 及以下 |
|---|---|---|---|
| | 居民区 | 非居民区 | |
| 铝绞线（LJ） | 35 | 25 | 25 |
| 钢芯铝绞线（LGJ） | 25 | 25 | 25 |
| 铜线（TJ） | 16 | 16 | 4.0 |

对于小负荷距的架空线路，选择导线截面时，需要特别注意机械强度问题。

### 2. 架空配电线路导线截面选择的步骤

首先，按给定的电压损失数值通过计算得出导线截面积。第二步，进行发热条件的计算，这需要先算出该线路的额定负荷电流，再将此计算值与初步选定的导线的安全载流量相比较，当线路外部条件与安全载流量的条件不符时，要对安全载流量加以修正，修正系数可查有关手册。如果修正后的安全载流量不小于线路额定负荷电流的计算值，则发热校核通过。第三步，进行机械强度的校验，往往选用的导线截面积不小于规程规定的最小截面积即可。

## 二、架空线路导线的连接

架空线路导线的连接有如下规定：不同金属、不同规格、不同绞向的导线严禁在一个档距（相邻两杆塔之间的水平距离）内连接，在一个档距内，每根导线不应超过一个接头，接头距导线的固定点不应小于0.5m。

架空线路导线的连接方法主要采用钳压接法，对于独股铜导线以及多股铜绞线还可以采用缠接法，拉线也可以采用这种方法；对于引线、引下线如果遇到铜、铝导线之间的连接问题可用下面所述方法连接。

### 1. 钳压接法

（1）准备工作　根据导线的规格选择相应的连接管，不要加填料，将导线端用绑线扎紧后锯齐，用汽油清洗导线连接部分及连接管内壁，清洗长度应为连接管长度的1.25～2倍；在清洗部分涂上中性凡士林，用细钢丝刷刷洗，刷去已脏的凡士林，重涂洁净的凡士林，将连接导线分别从连接管两端穿入，使导线端露出管口20mm，如果是钢芯铝绞线，两导线间还要夹垫铝垫片。根据导线规格选用相应的横具装于压接钳上。

（2）压接　将导线连接处置于压接钳钳口内进行压接，要使连接管端头的压坑恰在导线端部那一侧。压接顺序通常由一端起，两侧交错进行，但对于钢芯Q6绞线则要由中间压起。导线钳压压口数及压后尺寸见表9-4，压按顺序举例如图9-2所示。

表9-4　导线钳压压口数及压后尺寸

| 导线截面 /mm² | | 35 | 50 | 70 | 95 | 120 | 150 | 185 | 240 |
|---|---|---|---|---|---|---|---|---|---|
| 压口数 | 铝铜线 | 6 | 8 | 8 | 10 | 10 | 10 | 10 | 12 |
| | 钢芯铝绞线 | 14 | 16 | 16 | 20 | 24 | 24 | 26 | 2×24 |
| 压后尺寸 /mm | 铝线 | 14 | 16.5 | 19.5 | 23 | 26 | 30 | 33.5 | — |
| | 钢芯铝绞线 | 17.5 | 20.5 | 25 | 29 | 33 | 36 | 39 | 43 |
| | 铜线 | 14.5 | 17.5 | 20.5 | 24 | 27.5 | 31.5 | — | — |

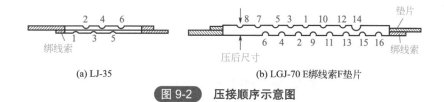

(a) LJ-35　　　　　　　(b) LGJ-70 E绑线索F垫片

图 9-2　压接顺序示意图

（3）检查　压接后管身应平直，否则要进行校直，连接管压后不得有裂纹，否则要锯掉重做，连接管两端处的导线不应有"灯笼""抽筋"等现象，连接管两端涂防潮油漆。导线连接处测得的直流电阻值不能大于同长度导线的阻值。钳压接法接触电阻小、抗拉力大、操作方便，被广泛使用。

### 2. 缠接法

具体缠接方法分为独股导线的缠接和绞线的缠接，往往都借助于导线本身相互缠绕，其缠接长度根据不同对象（如导线、拉线、弓子线等）有着不同的要求。

### 3. 铜、铝导线的连接

铜、铝导线直接连接，有潮气时，形成电池效应，产生电化学腐蚀，致使连接处接触不良，接触电阻增大，在运行中发热，加速电化学腐蚀，直至断线，引发事故。因此，铜、铝导线不要直接连接，而要通过"铜铝过渡接头"进行连接。这种接头是用闪光焊或摩擦焊等方法焊成的。一半是铜，一半是铝的连接板或连接管应用时，铜导线要接铜质端，铝导线要接铝质端。

## ■ 三、导线在电杆上的排列方式

对于三相四线制低压线路，常都采用水平排列，如图9-3（a）所示。由于中性线的电流在三相对称时为零，而且其截面积也较小，机械强度较差，所以中性线一般架设在靠近电杆的位置。如果线路一侧附近有建筑物时，中性线应架在此侧。

对于三相三线制高压线路，即可采用三角形排列，如图9-3（b）、（c）所示；也可以水平排列，如图9-3（a）所示。

多回路导线同杆架设时，可采用三角、水平混合排列，如图9-3（d）所示；也可垂直排列。电压不同的线路同杆架设时，电压高的线路要架设在上面，电压低的线路则架设在下面。

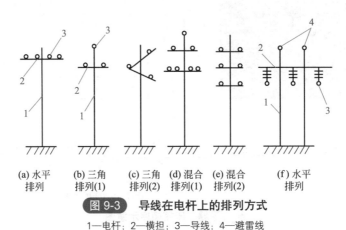

(a) 水平排列　(b) 三角排列(1)　(c) 三角排列(2)　(d) 混合排列(1)　(e) 混合排列(2)　(f) 水平排列

图 9-3　导线在电杆上的排列方式

1—电杆；2—横担；3—导线；4—避雷线

## 四、10kV 及以下架空线路导线固定的要求

### 1. 导线固定在绝缘子上的部位

（1）针式绝缘子　对于直线杆，高压导线要固定在绝缘子顶槽内，低压导线固定在绝缘子颈槽内，对于角度杆，转角在30°及以下时，导线要固定在绝缘子转角外侧的颈槽内。轻型承力杆，电杆两侧本体导线要根据绝缘子外侧颈槽找直，中间的本体导线按中间绝缘子右侧颈槽找直（面向电源侧），本体导线在绝缘子固定处不应超出角度（如图9-4所示）。

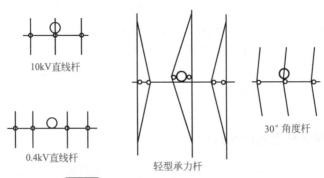

10kV直线杆

0.4kV直线杆

轻型承力杆

30°角度杆

图 9-4　导线在绝缘子上固定的俯视图

（2）悬式绝缘子　导线固定在绝缘子下面的线夹上。

（3）蝶式绝缘子　导线装在绝缘子的腰槽内。

#### 2. 导线在绝缘子上的固定方法

❶ 裸铝绞线及钢芯铝绞线在绝缘子上固定前应加裹铝带（护线条），裹铝带的长度，对针式瓷瓶不要超出绑扎部分两端各50mm，对悬式绝缘子要超出线夹或心形环两端各50mm，对蝶式绝缘子要超出接触部分两端各50mm。

❷ 导线在针式瓷瓶上固定采用绑扎法。用与导线材质相同的导线或特制绑线将导线绑扎在瓷瓶槽内。如果是绑扎高压导线要绑成双十字，而低压导线则可绑成单十字。

❸ 导线在蝶式绝缘子上固定时可采用绑扎法，绑扎长度视导线规格而定，一般为150～200mm。也可采用并沟线夹固定。

❹ 导线在悬式绝缘子上固定都采用线夹，例如悬垂线夹、螺栓型耐张线夹等。

❺ 弓子线的连接和弓子线与主干线的连接，一般采用线夹，如并沟线夹、耐张线夹等。也可采用绑扎法，绑扎长度视导线材质及规格而定，如铝绞线截面积为35mm²及以下为150mm。

### 五、10kV及以下架空线路同杆架设时横担之间的距离及安装要求

同杆架设的双回路或多回路，横担间的垂直距离不应小于表9-5所列数值。

表9-5　同杆架设线路横担之间的最小垂直距离　　　　　　　　　　　单位：mm

| 上下横担的电压等级/kV | | 直线杆 | 分支或转角杆 |
|---|---|---|---|
| 10 | 10 | 800 | 500 |
| 10 | 0.4 | 1200 | 1000 |
| 0.4 | 0.4 | 600 | 300 |

必须注意，只有属于同一电源的高、低压线路，才能同杆架设。高、低压线路同杆架设时，高压线路应在上层；低压动力线路和照明线路同杆架设时，动力线应在上层；电力线路与弱电线路同杆架设时，电力线路应在上层。

导线采用水平排列时，上层横担距杆顶距离，往往不小于0.3m。

10kV及以下线路的横担，直线杆应装于受电侧，90°转角及终端杆，应装在拉线侧。

横担安装应平直，误差不应大于下列数值：

水平上下的歪斜为30mm，横担线路方向的扭斜为50mm。

横担规格的选用，应按照受力情况确定，一般不小于50mm×50mm×6mm的角钢。

由小区配电室出线的线路横担，角钢规格不应小于65mm×65mm×6mm。

## 六、10kV 及以下架空线路的档距、弧垂及导线的间距

相邻两杆塔之间的水平直线距离叫作档距。档距应根据导线对地距离、电杆高度和地形特点确定，一般采用下列数值：

高压配电线路，城市 40 ～ 50m，城郊及农村 60 ～ 100m；低压配电线路，城市 40 ～ 50m，城郊及农村 40 ～ 60m。

高、低压同杆架设的线路，档距应满足低压线路的技术要求。

弧垂又称弛度，是指在平坦地面上相邻两杆塔上，导线悬挂高度相同时，导线最低点与两悬挂点间连线的垂直方向的距离。

弧垂是电力线路的重要参数，它不但对应着导线使用应力的大小，而且也是确定电杆高度、导线对地距离的主要依据。弧垂过大，大风时易造成相邻两导线间的碰撞短路，弧垂过小，在气温急剧下降时容易造成断线事故。

在选定了导线的型号、规格，选定了档距，确定了导线受力大小及周围气温条件后，查阅相关手册上的弧垂设计图表，就可准确地确定弧垂的大小。

导线间距，是指同一回路的相邻两条导线之间的距离，由于导线是固定在绝缘子上的，因此导线间距要由绝缘子之间的距离来保证。

导线间距与线路的额定电压及档距有关，电压越高或者档距越大，导线间距也要越大。

规程规定：在无特殊设计的情况下，10kV 线路导线间距不能小于 0.8m，1kV 以下线路不能小于 0.4m，靠近电杆的两导线水平距离不小于 0.5m。

## 七、架空线路的交叉跨越及对地面的距离

高压配电线路不应跨越屋顶为易燃材料做成的建筑物，对非易燃屋顶的建筑物应尽量不跨越，如需跨越时，需征求有关部门同意，导线对建筑物的距离不应小于表 9-6 列出的数值。

表 9-6　导线对建筑物的最小距离　　　　　　　　　　　　　　　　　　单位：m

| 线路电压 /kV | 1 及以下 | 6 ～ 10 | 35 |
|---|---|---|---|
| 最大弧垂下，对建筑物的垂直距离<br>最大风偏下，边线对建筑物的距离 | 2.5<br>1 | 3<br>1.5 | —<br>3 |

导线距树木的距离不得小于表 9-7 所列数值。

表 9-7　导线距树木的最小距离　　　　　　　　　　　　　　　　　　单位：m

| 线路电压 /kV | 1 及以下 | 6 ～ 10 |
|---|---|---|
| 最大弧垂下的垂直距离<br>最大风偏下的水平距离 | 1<br>1 | 1.5<br>2 |

线路交叉时，电压高的在上，低的在下。电力线路与同级电压、低级电压或弱电线路交叉跨越的最小垂直距离不应小于表 9-8 所列数值。

表9-8　电力线路与同级电压、低级电压、弱电线路交叉跨越的最小垂直距离

| 线路电压 /kV | 1 及以下 | 6 ～ 10 | 35 |
|---|---|---|---|
| 垂直距离 /m | 1 | 2 | 2 |

电力线路与弱电线路交叉时，为减少前者对后者的干扰，应尽量垂直交叉跨越，如果受条件限制做不到时，也应满足这样的要求：对一级（极为重要的）弱电线路交叉角不小于 45°，对二级（比较重要的）弱电线路交叉角不小于 30°，对一般弱电线路则不作限制。

导线对地面的距离，在导线最大弧垂下不应小于表 9-9 所列数值。

表9-9　导线在最大弧垂时对地面的最小距离　　　　　　　　单位：m

| 线路电压 /kV<br>线路经过地区 | 1 及以下 | 5 ～ 10 | 35 ～ 110 |
|---|---|---|---|
| 居民区 | 6 | 6.5 | 7 |
| 非居民区 | 5 | 5.5 | 6 |
| 交通困难地区 | 4 | 4.5 | 5 |

## 八、电杆埋设深度及电杆长度的确定

电杆埋设深度，应根据电杆长度、承受力的大小及土质情况来确定。一般 15m 及以下的电杆，埋设深度为电杆长度的 1/6，但最浅不应小于 1.5m；变台杆不应小于 2m；在土质松软、流沙、地下水位较高的地带，电杆基础还要做加固处理。

一般电杆埋设深度可参照表 9-10 的数值。

表9-10　电杆埋设深度

| 杆长 /m | 8.0 | 9.0 | 10.0 | 11.0 | 12.0 | 13.0 | 15.0 |
|---|---|---|---|---|---|---|---|
| 埋设深度 /m | 1.5 | 1.6 | 1.7 | 1.8 | 1.9 | 2.0 | 2.3 |

电杆长度的选择要考虑横担安装位置，高、低压横担间的距离，导线弧垂、导线对地面的允许垂直距离和电杆埋深等因素。

一般电杆长度可由下式确定：

$$L=L_1+L_2+L_3+L_4+L_5$$

式中　$L$——电杆长度；

　　　$L_1$——横担距杆顶距离；

　　　$L_2$——上、下层横担之间的距离；

　　　$L_3$——下层线路导线弧垂；

　　　$L_4$——下层导线对地面最小垂直距离；

　　　$L_5$——电杆埋设深度。

式中各项，其单位皆为 m。

由于长度 9m 及以上的电杆，埋深为杆长的 1/6，所以上式中可用 $L/6$ 代替 $L_5$，于是可换算为下式：

$$L=\frac{6}{5}\left(L_1+L_2+L_3+L_4\right)$$

选择电杆长度时，先通过该式计算，得到结果再结合现有电杆产品的规格，才能确定所用电杆长度。

## 九、10kV 及以下架空线路拉线安装的规定

### 1. 拉线的安装方向

拉线应根据电杆的受力情况装设。终端杆拉线应与线路方向对齐；转角杆拉线应与线路分角线对齐；防风拉线应与线路垂直。

### 2. 拉线使用的材料及端部连接方式

一般拉线可采用直径 4mm 的镀锌铁线且不能小于 3 股绞合制作，底把股数要比上把多 2 股。端部设心形环，用自身缠绕法连接。

承力大的拉线使用截面积不小于 25mm² 的钢绞线或直径不小于 16mm 的镀锌拉线棒。端部连接可采用 U 形卡子、花篮可调螺钉或可调式 U 形线夹、楔形线夹等。

### 3. 拉线安装的要求

拉线与电杆的夹角不应小于 45°，当受环境限制时，不应小于 30°。

拉线上端在电杆上的固定位置应尽量靠近横担。

受环境限制采用水平拉线时（如图 9-5 所示），需要装设拉桩杆，拉桩杆应向线路张力反方向倾斜 20°，埋深不应小于拉桩杆长的 1/6，水平拉线距路面中心不能小于 6m，拉桩坠线上端位置距拉桩杆顶应为 0.25m，距地面不应小于 4.5m，坠线引向地面与拉桩杆的夹角不应小于 30°。

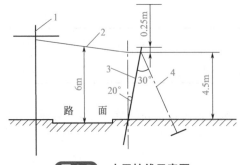

图 9-5　水平拉线示意图

1—电杆；2—水平拉线；3—拉桩杆；4—坠线

242

钢筋混凝土杆一般不装设拉线绝缘子。

## 第三节 架空线路的检修

## 第四节 电力电缆

## 第五节 电力电缆线路安装的技术要求

### 一、电缆线路安装的一般要求

#### 1. 电缆敷设前的检查

❶ 核对电缆的型号规格是否与设计要求相符，长度要适当，既要尽量避免中间接头，又不要使截下的剩余部分过短而无法利用。

❷ 检查外观有无损伤，油浸纸绝缘电缆是否有渗漏油缺陷。

❸ 摇测相间及对电缆金属包层（如铅包、铝包、铠装等）的绝缘电阻值应符合如下要求：6～10kV 电缆，用 2500V 兆欧表摇测，在 20℃时，不低于 400MΩ（参考值）；1kV 及以下电缆，用 1000V 兆欧表，在 20℃时，不低于 10MΩ。

❹ 做直流耐压和泄漏电流试验，试验性质属交接试验。对于 10kV 电缆：油浸纸绝缘时，试验电压为 50kV，持续 10min；有机绝缘时（聚氯乙烯、交联乙烯等），试验电压为 25kV，持续 15min。泄漏电流不平衡系数一般不大于 2，如小于 20μA 时不做规定。

#### 2. 敷设过程中的一般要求

❶ 不能在低温环境下敷设电缆，否则会损伤电缆绝缘。若必须敷设，则应采用提高周围温度或通以低压电流的办法使其预热，但严禁用火焰直接烘烤。35kV·及以下

纸绝缘或全塑电缆，施工的最低温度不能低于0℃。

❷ 敷设电缆时应防止电缆扭伤及过分弯曲，电缆弯曲的曲率与电缆外径的比值不能小于下列规定：油浸纸绝缘多芯电力电缆，铅包时为15倍，铝包时为26倍；塑料绝缘电缆，铠装为10倍，无铠装为6倍。

❸ 电缆敷设应留有适当空间，以防电缆受机械应力时，造成机械损伤。此外，为了便于维修，当电缆遭受外力破坏以致必须做一中间接头时，电缆裕度将补偿截去的一段长度。需留空间的场所有垂直面引向水平面处、电缆保护管出入口处、建筑物伸缩缝处以及长度较长的电缆线路处，有条件时可沿路径做蛇形敷设。

❹ 电缆在可能受到机械损伤的处所应采取保护措施，如在引入、引出建筑物处，隧（沟）道处，穿过道路、铁路处，引出地面以上2m处，人易接触的外露部分处等。

❺ 在电缆的两端及明敷设时，进出建筑物和交叉、拐弯处，应当悬挂标记牌，标明回路编号、电缆的型号规格及长度。

❻ 根据防火要求，有麻被护层的电缆进入室内电缆沟后，应将麻被护层剥除。

### 3. 有关距离的规定

❶ 直埋电缆详见表9-11。

表9-11　直埋电缆与管道等接近及交叉时的距离　　　　　　　　　　　　单位：m

| 类别 | 接近距离 | 交叉时垂直距离 |
| --- | --- | --- |
| 电缆与易燃管道 | 1 | 0.5 |
| 电缆与热力狗（管道） | 2 | 0.5 |
| 电缆与其他管道 | 0.5 | 0.25 |
| 电缆与建筑物 | 0.6 | — |
| 10kV电缆与相同电压等级的电缆及控制电缆 | 0.1 | 0.5 |
| 不同使用部门的电缆（含通信电缆） | 0.5 | 0.5 |

电缆与管道，沟道上、下相互交叉处应采用机械保护或者隔热措施，采用的保护、隔热材料应在交叉处需要向外两侧延伸，在此情况下，表9-11中的距离可适当缩小。

❷ 沟道内电缆沟道内电缆应敷设在支架上，电压等级高的敷设在上层。沿电缆走向，相邻支架间水平距离宜为1～1.5m；上、下相邻支架的垂宜距离应为0.15m，35kV的为0.2m。敷设在支架上的电力电缆和控制电缆应分层排列，同级电压的电力电缆，其水平净距为35mm；高、低压电力电缆，其水平净距为150mm。

### ■ 二、直埋电缆的安装要求

电力电缆的敷设方式有多种，一般采用直埋方式，因此，将直埋电缆的安装要求介绍如下：

❶ 电缆选型　应选用铠装和有防腐保护层的电力电缆。

❷ 路径选择　电缆不得经过含有腐蚀性物质（如酸、碱、石灰等）的地段。如果必须经过时，应采用缸瓦管、水泥管等对电缆加以保护。电缆不允许平行敷设在各种管道的上面或下面。

❸ 电缆的埋设　埋设深度一般不小于 0.7m，农田中不小于 1m，35kV 及以上的也不小于 1m，若不能满足上述要求时，应采取保护措施。电缆上、下要均匀铺设100mm 细砂或软土，垫层上侧应用水泥盖板或砖衔接覆盖。回填土时应去掉大块砖、石等杂物。

❹ 中间接头　电缆沿坡敷设时，中间接头应保持水平，多条电缆同沟敷设时，中间接头的位置要前后错开。

❺ 标桩宜埋电缆在拐弯、接头、交叉、进出建筑物等处，应设明显的方位标桩，长的直线段应适当增设标桩，标桩露出地面以 150mm 为宜。

❻ 保护管　保护管长度在 30m 以下者内径不能小于电缆外径的 1.5 倍，超过 30m者不应小于 2.5 倍。

❼ 直埋电缆自土沟引入隧道、人井及建筑物时，应穿入管中，并在管口加以堵塞，以防漏水。

## 三、电缆线路竣工后的验收

电缆线路竣工后，由电缆线路的设计、安装、运行部门共同组织验收。检查、验收的主要内容和要求是：

❶ 根据运行需要，测量电缆参数、电容、直流电阻及交流阻抗。

❷ 电缆各芯导体必须完整连续、无断线。

❸ 电缆应按交接试验标准，摇测绝缘电阻值并做直流耐压试验，并应符合要求。

❹ 具备完整的技术资料：电缆制造厂试验合格证、交接试验单、电缆线路实际路径平面图，建筑工图等技术资料。

## 四、电缆线路的运行与维护

由于电缆故障不易直接巡查，寻测困难，故应加强运行管理，运行工作应以巡视、测量和检查等为主。

电缆线路的巡视内容如下：

❶ 电缆线路的巡视周期为：直接埋地的电缆，每季度巡视一次，明设或敷设在电缆沟中的电缆，半年巡视一次，遇有植树、雷雨季节和电缆附近有土建工程施工时，应特殊巡视。

❷ 电缆沟盖是否损坏，沟内的泥土及杂物是否清除干净。

❸ 室内外、沟内的明设电缆的支架及卡子是否完整、松动。

❹ 电缆的标示牌、标桩是否清楚、完整。

❺ 测定电缆的负荷及电缆表面温度。

❻ 电缆与道路、铁路等交叉处的电缆是否损伤。

❼ 电缆线路面是否正常，有无挖掘痕迹，路面有无严重冲刷和塌陷现象。

❽ 引出地面的电缆保护管是否完好。

❾ 线路路径上是否堆放笨重物体，以及有无倾倒腐蚀性液体的痕迹。

❿ 电缆头终端头瓷套管是否清洁，有无裂纹或放电痕迹。

⓫ 电缆的接地线是否完好。

⓬ 电缆头的封铅是否完好。

⓭ 测量绝缘电阻，10kV 以下的电缆可用 1000V 兆欧表测定。测出的数值与前次相比，并在同一温度下比较，当下降 30% 以上或春季低于 400MΩ，冬季低于 1000MΩ 时应做泄漏试验，合格后方可运行。

## 第六节 电缆线常见故障及处理

### 一、电缆线的故障及处理

#### 1. 外力损伤

在电缆的保管、运输、敷设和运行过程中可能遭受外力损伤，尤其是已运行的直埋电缆，在其他工程的地面施工中易遭损伤。这类事故往往占电缆事故的 50%。遭到破坏的电缆只得截断，做好中间头再连接起来。

为避免这类事故，除加强电缆保管、运输、敷设等各环节的工作质量，最主要的是严格执行动土制度。

#### 2. 电缆绝缘击穿以及铅包疲劳、龟裂、胀裂

电缆本身质量差，可以加强敷设前对电缆的检查；电缆安装质量或环境条件很差，如安装时局部电缆受到多次弯曲，弯曲半径过小，终端头、中间头发热导致附近电缆段过热，周围电缆密集不易散热等，可以通过抓好施工质量来解决；运行条件不当，如过电压、过负荷运行，雷电波侵入等，则需加强巡视检查、改善运行条件来及时解决这类问题。

#### 3. 保护层腐蚀

这是由于地下杂散电流的电化学腐蚀或非中性土壤的化学腐蚀所致。解决方法是，在杂散电流密集区安装排流设备，当电缆线路上的局部土壤含有损害电缆铅包的

化学物质时，应将这段电缆装于管子内，并用中性土壤作电缆的衬垫及覆盖，还要在电缆上涂以沥青。

## 二、终端头及中间接头的故障及处理

### 1. 户外终端头浸水爆炸

原因是施工不良，绝缘胶未灌满。要严格执行施工工艺规程，认真验收，加强检查和及时维修。对已爆炸的终端头要截去重做。

### 2. 户内终端头漏油

原因是多方面的：

❶ 终端头做好后安装接线时，引线多次被弯曲、扭转导致终端头内部密封结构损坏。

❷ 终端头施工质量差，密封处理不严格。

❸ 长期过负荷运行，电缆温度升高，内部油压过大。终端头漏油，会使电缆端部浸渍剂流失干枯，热阻增加，绝缘加速老化，易吸收潮气，从而造成热击穿。

发现终端头渗漏油时应加强巡视，严重时应停电重做。

如果电缆中间接头施工时绝缘材料不洁净、导体压接不良、绝缘胶灌充不饱满等，也可能引起绝缘击穿事故。

# 第十章 电力电容器

## 第一节 电力电容器的结构与补偿原理

### 一、电力电容器的种类

电力电容器的种类很多，按其运行的额定电压，分为高压电容器和低压电容器，额定电压在 1kV 及以上的称为高压电容器，1kV 以下的电容器称为低压电容器。

在低压供电系统中，应用最广泛的是并联电容器（也称为移相电容器），本章以并联电容器为主要学习对象。

### 二、低压电力电容器的结构

低压电力电容器主要由芯子、外壳和出线端等几部分组成。芯子由若干电容元件串、并联组成，电容元件由金属箔（作为极板）与绝缘纸或塑料薄膜（作为绝缘介质）叠起来，一起卷绕后和紧固件经过压装而构成，并浸渍绝缘油。电容极板的引线经串、并联后引至出线瓷套管下端的出线连接片。电容器的金属外壳用密封的钢板焊接而成，外壳上装有出线绝缘套管、吊攀和接地螺钉，外壳内充以绝缘介质油。出线端由出线套管、出线连接片等元件构成。

### 三、电力电容器的型号

电力电容器的型号含义按照以下方式表示：

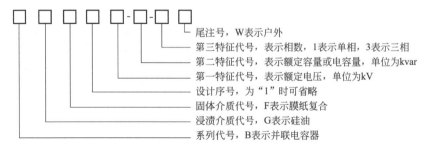

尾注号，W表示户外
第三特征代号，表示相数，1表示单相，3表示三相
第二特征代号，表示额定容量或电容量，单位为kvar
第一特征代号，表示额定电压，单位为kV
设计序号，为"1"时可省略
固体介质代号，F表示膜纸复合
浸渍介质代号，G表示硅油
系列代号，B表示并联电容器

举例如下：

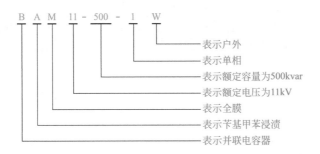

当电容器在交流电路中使用时，常用其无功功率表示电容器的容量，单位为乏（var）或千乏（kvar）；其额定电压用 kV 表示，通常有 0.23kV、0.4kV、6.3kV 和 10.5kV 等。

## 四、并联电容器的补偿原理

在实际电力系统中，异步电动机等感性负载使电网产生感性无功电流，无功电流产生无功功率，引起功率因数下降，使得线路产生额外的负担，降低线路与电气设备的利用率，还增加线路上的功率损耗、增大电压损失、降低供电质量。

从前面的交流电路内容的学习中我们知道，电流在电感元件中做功时，电流超前于电压 90°；而电流在电容元件中做功时，电流滞后于电压 90°；在同一电路中，电感电流与电容电流方向相反，互差 180°，如果在感性负载电路中有比例地安装电容元件，使感性电流和容性电流所产生的无功功率可以相互补偿。因此在感性负荷的两端并联适当容量的电容器，利用容性电流抵消感性电流，将不做功的无功电流减小到一定的范围内，这就是无功功率补偿的原理。

## 五、补偿容量的计算

补偿容量计算公式如下：

$$Q_c = P \left( \sqrt{\frac{1}{\cos^2 \varphi_1} - 1} - \sqrt{\frac{1}{\cos^2 \varphi_2} - 1} \right)$$

式中　$Q_c$——需要补偿电容器的无功功率；

$P$——负载的有功功率；

$\cos \varphi_1$——补偿前负载的功率因数；

$\cos \varphi_2$——补偿后负载的功率因数。

## 六、查表法确定补偿容量

电力电容器的补偿容量可根据表 10-1 进行查找。

表10-1　每千瓦有功功率所需补偿容量　　　　　　　　　　　单位：kvar/kW

| 改进前的功率因数 | 改进后的功率因数 | | | | | | | | | | | |
|---|---|---|---|---|---|---|---|---|---|---|---|---|
| | 0.8 | 0.82 | 0.84 | 0.85 | 0.86 | 0.88 | 0.9 | 0.92 | 0.94 | 0.96 | 0.98 | 1 |
| 0.4 | 1.54 | 1.6 | 1.65 | 1.67 | 1.7 | 1.75 | 1.81 | 1.87 | 1.93 | 2 | 2.09 | 2.29 |
| 0.42 | 1.41 | 1.47 | 1.52 | 1.54 | 1.57 | 1.62 | 1.68 | 1.74 | 1.8 | 1.87 | 1.96 | 2.16 |
| 0.44 | 1.29 | 1.34 | 1.39 | 1.41 | 1.44 | 1.5 | 1.55 | 1.61 | 1.68 | 1.75 | 1.84 | 2.04 |
| 0.46 | 1.18 | 1.23 | 1.28 | 1.31 | 1.34 | 1.39 | 1.44 | 1.5 | 1.57 | 1.64 | 1.73 | 1.93 |
| 0.48 | 1.08 | 1.12 | 1.18 | 1.21 | 1.23 | 1.29 | 1.34 | 1.4 | 1.46 | 1.54 | 1.62 | 1.83 |
| 0.5 | 0.98 | 1.04 | 1.09 | 1.11 | 1.14 | 1.19 | 1.25 | 1.31 | 1.37 | 1.44 | 1.53 | 1.73 |
| 0.52 | 0.89 | 0.94 | 1 | 1.02 | 1.05 | 1.1 | 1.16 | 1.21 | 1.28 | 1.35 | 1.44 | 1.64 |
| 0.54 | 0.81 | 0.86 | 0.91 | 0.94 | 0.97 | 1.02 | 1.07 | 1.13 | 1.2 | 1.27 | 1.36 | 1.56 |
| 0.56 | 0.73 | 0.78 | 0.83 | 0.86 | 0.89 | 0.94 | 0.99 | 1.05 | 1.12 | 1.19 | 1.28 | 1.48 |
| 0.58 | 0.66 | 0.71 | 0.76 | 0.79 | 0.81 | 0.87 | 0.92 | 0.98 | 1.04 | 1.12 | 1.2 | 1.41 |
| 0.6 | 0.58 | 0.64 | 0.69 | 0.71 | 0.74 | 0.79 | 0.85 | 0.91 | 0.97 | 1.04 | 1.13 | 1.33 |
| 0.62 | 0.52 | 0.57 | 0.62 | 0.65 | 0.67 | 0.73 | 0.78 | 0.84 | 0.9 | 0.98 | 1.06 | 1.27 |
| 0.64 | 0.45 | 0.5 | 0.56 | 0.58 | 0.61 | 0.66 | 0.72 | 0.77 | 0.84 | 0.91 | 1 | 1.2 |
| 0.66 | 0.39 | 0.44 | 0.49 | 0.52 | 0.55 | 0.6 | 0.65 | 0.71 | 0.78 | 0.85 | 0.94 | 1.14 |
| 0.68 | 0.33 | 0.38 | 0.43 | 0.46 | 0.48 | 0.54 | 0.59 | 0.65 | 0.71 | 0.79 | 0.83 | 1.08 |
| 0.7 | 0.27 | 0.32 | 0.38 | 0.4 | 0.43 | 0.48 | 0.54 | 0.59 | 0.66 | 0.73 | 0.82 | 1.02 |
| 0.72 | 0.21 | 0.27 | 0.32 | 0.34 | 0.37 | 0.42 | 0.48 | 0.54 | 0.6 | 0.67 | 0.76 | 0.96 |
| 0.74 | 0.16 | 0.21 | 0.26 | 0.29 | 0.31 | 0.37 | 0.42 | 0.48 | 0.54 | 0.62 | 0.71 | 0.91 |
| 0.76 | 0.1 | 0.16 | 0.21 | 0.23 | 0.26 | 0.31 | 0.37 | 0.43 | 0.49 | 0.56 | 0.65 | 0.85 |
| 0.78 | 0.05 | 0.11 | 0.16 | 0.18 | 0.21 | 0.26 | 0.32 | 0.38 | 0.44 | 0.51 | 0.6 | 0.8 |
| 0.8 | — | 0.05 | 0.1 | 0.13 | 0.16 | 0.21 | 0.27 | 0.32 | 0.39 | 0.46 | 0.55 | 0.75 |
| 0.82 | — | — | 0.05 | 0.08 | 0.1 | 0.16 | 0.21 | 0.27 | 0.34 | 0.41 | 0.49 | 0.7 |
| 0.84 | — | — | — | 0.03 | 0.05 | 0.11 | 0.16 | 0.22 | 0.28 | 0.35 | 0.44 | 0.65 |
| 0.85 | — | — | — | | 0.03 | 0.08 | 0.14 | 0.19 | 0.26 | 0.33 | 0.42 | 0.62 |
| 0.86 | — | — | — | — | | 0.05 | 0.11 | 0.17 | 0.23 | 0.3 | 0.39 | 0.59 |
| 0.88 | — | — | — | — | — | | 0.06 | 0.11 | 0.18 | 0.25 | 0.34 | 0.54 |
| 0.9 | — | — | — | — | — | — | | 0.06 | 0.12 | 0.19 | 0.28 | 0.49 |

## 第二节　电力电容器的安装

### 一、安装电力电容器的环境与技术要求

❶ 电容器应安装在无腐蚀性气体及无蒸汽，没有剧烈震动、冲击、爆炸、易燃等危险的安全场所。电容器室的防火等级不低于二级。

❷ 装于户外的电容器应防止日光直接照射，装在室内时，受阳光直射的窗户玻璃应涂成白色。

❸ 电容器室的环境温度应满足制造厂家规定的要求，一般规定为 $-35 \sim +40℃$。

❹ 电容器室每安装 100kvar 的电容器应有 $0.1m^2$ 以上的进风门和 $0.2m^2$ 以上的出风口，装设通风机时，进风口要开向本地区夏季的主要风向，出风口应安装在电容器组的上端。进、排风机宜在对角线位置安装。

❺ 电容器室可采用天然采光，也可用人工照明，不需要装设采暖装置。

❻ 高压电容器室的门应向外开。

❼ 为了节省安装面积，高压电容器可以分层安装于铁架上，但垂直放置层数应不多于三层，层与层之间不得装设水平层间隔板，以保证散热良好。上、中、下三层电容器的安装位置要一致，铭牌面向通道。

❽ 两相邻低压电容器之间的距离不小于 50mm。

❾ 每台电容器与母线相连的接线应采用单独的软线，不要采用硬母线连接的方式，以免安装或运行过程中对瓷套管产生装配应力，损坏密封造成漏油。

❿ 电容器安装之前，要分配一次电容量，使其相间平衡，偏差不超过总容量的 5%。装有继电保护装置时，还应满足运行平衡电流误差不超过继电保护动作电流的要求。

⓫ 安装电力电容器时，电气回路和接地部分的接触面要良好。因为电容器回路中的任何不良接触，均可能产生高频振荡电弧，造成电容器的工作电场强度增高和发热损坏。

⓬ 安装电力电容器时，电源线与电容器的接线柱螺钉必须要拧紧，不能有松动，以防松动引起发热而烧坏设备。

⓭ 应安装合格的电容器放电装置，电容器组与电网断开后，极板上仍然存在电荷，两出线端存在一定的残余电压。由于电容器极间绝缘电阻很高，自行放电的速度会很慢，残余电压要延续较长的时间，为了尽快消除电容器极板上的电荷，对电容器组要加装与之并联的放电装置，使其停电后能自动放电。低压电容器可以用灯泡或电动机绕组作为放电负荷。放电电阻阻值不宜太高。不论电容器额定电压是多少，在电容器从电网上断开 30s 后，其端电压应不超过特低安全电压，以防止电容器带电荷再次合闸和运行值班人员或检修人员工作时，触及有剩余电荷的电容器

而发生危险。

## 二、电力电容器搬运的注意事项

❶ 若将电容器搬运到较远的地方，应装箱后再运。装箱时电容器的套管应向上直立放置。电容器之间及电容器与木箱之间应垫松软物。

❷ 搬运电容器时，应用外壳两侧壁上所焊的吊环，严禁用双手抓电容器的套管搬运。

❸ 在仓库及安装现场，不允许将一台电容器置于另一台电容器的外壳上。

## 三、电容器的接线

单相电力电容器外部回路一般有星形和三角形两种连接方式。单相电容器的接线方式应根据其额定电压与线路电压的额定电压确定接线方式，当电容器的额定电压与电网额定电压相等时，应将电容器连接为三角形并接于电网中。当电容器的额定电压低于电网额定电压时，应将电容器连接为星形，经过串、并联组合后，再按三角形或星形并接于电网中。

为获得良好的补偿效果，在电容器连接时，应将电容器分成若干组后再分别接到电容器母线上。每组电容器应能分别控制、保护和放电。电容器的接线方式有低压集中补偿［如图10-1（a）所示］、低压分散补偿［如图10-1（b）所示］和高压补偿［如图10-1（c）所示］。

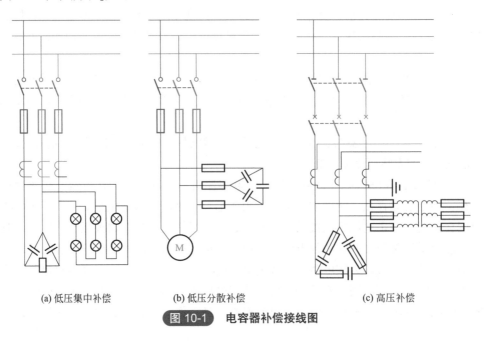

(a) 低压集中补偿　　　　(b) 低压分散补偿　　　　(c) 高压补偿

图 10-1　电容器补偿接线图

　　电容器采用三角形连接时，任何一个电容器击穿都会造成三相线路中两相短路，短路电流有可能造成电容器爆炸，这是非常危险的，因此，高压电容器组宜接成中性点不接地星形，容量较小（45kvar 及以下）时宜接成三角形，低压电容器组应接成三角形。

## 第三节　电力电容器的安全运行与故障排查

第一章
第二章
第三章
第四章
第五章
第六章
第七章
第八章
第九章
第十章
第十一章
第十二章

# 第十一章 接地、接零及防雷保护与操作

## 第一节 接地与接零

### 一、接地的概念及分类

电力供电系统为了保证电气设备的可靠运行和人身安全，无论是发电、供（输）电、变电还是配电都需要有符合规定的接地。所谓接地就是将用电设备、防雷装置等的某一部分通过金属导体组成接地装置与大地的任何一点进行良好的连接。与大地连接的点在正常情况下都是零电位。

按电力供电系统的中性点运行方式不同，接地可分两类：一类是三相电网中性点直接接地系统，另一类是中性点不接地系统。目前在我国三相三线制供电电压为 35kV、10kV、6kV、3kV 的高压配电线路中，常采用中性点不接地系统；三相四线制供电电压为 0.4kV 的低压配电线路，采用中性点直接接地系统，如图 11-1 所示。在上述供电系统中接用的电气设备，凡因绝缘损坏而可能呈现对地电压的金属部位，都应接地，否则，该电气设备一旦漏电会对人有致命的危险。

接地的电气设备，因绝缘损坏而造成相线与设备金属外壳接触时，其漏电电流通过接地体流散。因为球面积与半径的平方成正比，所以半球形面积随着远离接地体而迅速增大，与半球形面积对应的土壤电阻值将随着远离接地体而迅速减小。电流在地中流散时，所形成的电压降距接地体愈近就愈大，距接地体愈远就愈小。一般当距接地体大于 20m 时，地中电流所产生的电压降已接近于零值。因此，零电位点通常指距接地体 20m 之外处，但理论上的零电位点将是距接地体无穷远处（如图 11-2、图 11-3 所示）。

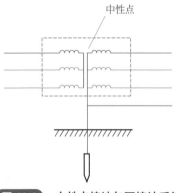

中性点

图 11-1 中性点接地与不接地系统

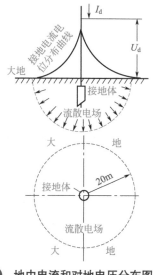

**图 11-2** 地中电流和对地电压分布图

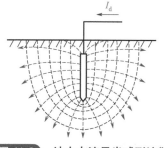

**图 11-3** 地中电流呈半球形流散

### 1. 接地装置

电气设备接地引下导线和埋入地中的金属接地体组的总和称为接地装置。通过接地装置使电气设备接地部分与大地有良好的金属连接。图 11-4 所示为接地装置示意图。

接地体又可称为接地极，指埋入地中直接与土壤接触的金属导体或金属导体组，是接地电流流向土壤的散流件。利用地下金属构件、管道等作为接地体的称为自然接地体，按设计规范要求埋设的金属接地体称为人工接地体。

接地线是指电气设备及需要接地的部位用

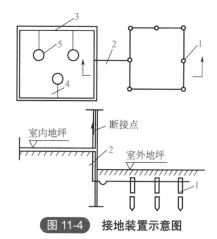

**图 11-4** 接地装置示意图

1—接地体；2—接地引下线；3—接地干线；
4—接地分支线；5—被保护电气设备

金属导体与接地体相连接的部分，是接地电流由接地部位流向大地的途径。接地线中沿建筑物表面敷设的共用部分称为接地干线，电气设备金属外壳连接至接地干线的部分称为接地支线。

### 2. 接地电阻、接地短路电流

接地装置的接地电阻是指接地线电阻、接地体电阻、接地体与土壤之间的过渡电阻和土壤流散电阻的总称。工频接地电阻，指工频电流从接地体向周围的大地流散时，土壤所呈现的电阻。接地电阻的数值等于接地体的电位与通过接地体流入地中电流的比值。

$$R_{jd} = \frac{U_{jd}}{I_{jd}}$$

第一章
第二章
第三章
第四章
第五章
第六章
第七章
第八章
第九章
第十章
第十一章
第十二章

式中　$R_{jd}$——工频接地电阻，Ω；

　　　$U_{jd}$——接地装置的对地电压，V；

　　　$I_{jd}$——通过接地体的地中电流，A。

从带电体流入地中的电流即为接地电流。接地电流有正常工作接地电流和故障接地电流。正常工作接地电流指正常工作时通过接地装置流入地下，借大地形成工作回路的电流，例如在三相线路中性点接地系统中，如果三相负载不平衡，就会有不平衡电流通过接地装置流入地下。故障接地电流是指系统发生故障时出现的接地电流。

电力供电系统一相故障接地，就会导致系统发生短路，这时的接地电流叫作接地短路电流，例如在三相四线制（380/220V）中性点直接接地系统中，发生一相接地时的短路电流。在高压系统中，接地短路电流有可能很大，接地短路电流在500A及以下的，称作小接地短路电流系统；接地短路电流大于500A的，则称作大接地短路电流系统。

### 3. 接触电压、跨步电压

（1）接触电压　是指人站在漏电设备附近，手触及漏电设备的外壳，人所接触的

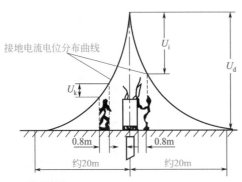
接地电流电位分布曲线

图 11-5　跨步电压和接触电压示意图

两点（手与脚）之间的电位差。接触电压的大小与人距离接地短路点的距离有关，人距离接地短路点愈远时，接触电压愈大；人距离接地短路点愈近时，接触电压愈小（如图11-5所示）。

（2）跨步电压　人体站在有接地短路电流流过的大地上，加于两脚之间的电位差称为跨步电压 $U_k$。如图11-5所示，人体愈接近故障点（短路接地点），跨步电压就愈大；人体愈远离接地故障

点，跨步电压就愈小。

### ■ 二、接地的种类

（1）工作接地　电力供电系统中，为保证系统安全运行，需要将电气回路中某一点接地（如电力变压器中性点接地），称为工作接地。

（2）保护接地　为防止电气设备因绝缘损坏使人体遭受触电危险而装设的接地体，称为保护接地。如电气设备正常情况下不带电的金属外壳及构架等接地即属于保护接地。

（3）保护接零　为防止电气设备因绝缘损坏而使人体遭受触电危险，将电气设备在正常情况下不带电的金属部分与电网的零线相连接，称为保护接零。

（4）重复接地　在低压三相四线制采用保护接零的系统中，为了加强接零的安全

性，在零线的一处或多处通过接地装置与大地连接，称为重复接地。

工作接地、保护接地、保护接零、重复接地如图 11-6 所示。

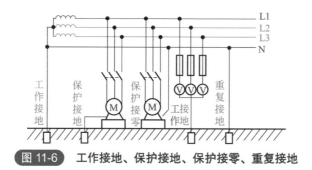

图 11-6　工作接地、保护接地、保护接零、重复接地

## 三、电气设备接地的故障分析

在电力供电系统中常用的电气设备，凡因绝缘损坏而可能呈现对地电压的金属部位均应接地，否则将会对人体产生致命的危险。现分析如下：

### 1. 三相三线制中性点不接地系统电气设备接地故障分析

三相三线制中性点不接地系统，电网各相对地是绝缘的，该电网所接用的电气设备，如果采取保护接地，当电气设备一相绝缘损坏而漏电使金属外壳带电时，操作人员误触及漏电设备，故障电流将通过人体和电网与大地间的电容（绝缘电阻视为无穷大）构成回路（如图 11-7 所示）。其接地电流的大小将与电容的大小及电网对地电压的高低成正比，线路对地电容越大，电压越高，触电的危险性越大。

若漏电设备已采取保护接地措施时，此时故障电流将会通过接地体流散，流过人体的电流仅是全部接地电流中的一部分（如图 11-8 所示）。

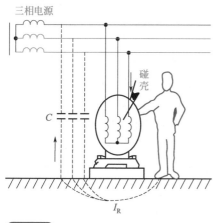

图 11-7　不接地电网单相触电示意图

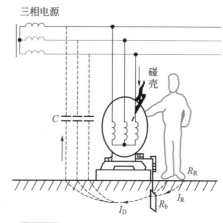

图 11-8　不接地电网中的设备有保护接地而漏电时的示意图

$$I_R = \frac{R_b}{R_b + R_R} I_D$$

式中　$I_R$——流过人体的电流；

　　　$I_D$——接地电流；

　　　$R_b$——接地电阻；

　　　$R_R$——人体电阻。

　　由上式可见，接地电阻 $R_b$ 越小，则通过人体的电流也越小。因此，只要控制接地电阻值在一定范围内，就能减轻对人体造成的伤害。

### 2. 三相四线制中性点直接接地系统电气设备接地故障分析

　　低压三相四线制采用变压器中性点接地的电网中，电气设备不采取任何保护接地或接零的措施时，一旦电气设备漏电，人体误触及漏电设备外壳时，对人体是很危险的。因为漏电设备外壳对地呈现的电压，将是电网的相电压，接地电流通过人体电阻 $R_R$ 与变压器工作接地电阻 $R_b$ 组成串联电路（如图 11-9 所示），可见通过人体的接地电流很大，对人体造成的伤害也大。

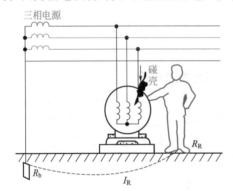

$$I_R = \frac{U}{R_R + R_b}$$

式中　$I_R$——通过人体接地电流；

　　　$U$——漏电设备外壳对地电压（220V）；

　　　$R_R$——人体电阻值；

　　　$R_b$——变压器中性点接地电阻值。

**图 11-9**　三相四线制中性点接地系统中，人触及未采取措施的漏电设备金属外壳时的示意图

　　变压器中性点的工作接地电阻，一般规定在 4Ω 及以下，而人体电阻若取 800Ω 时，通过上式可求得通过人体的电流为：

$$I_R = \frac{U}{R_R + R_b} = \frac{220}{800+4} = 0.274（A）= 274（mA）$$

　　一般情况下通过人体的电流超过 50mA 时，心脏就会停止跳动，有致命的危险。所以上述情况中的 274mA 足以致命，为此在中性点接地系统中的电气设备，一般情况下不带电的金属外壳必须采取保护接地或保护接零的安全措施。

　　若漏电设备已采用保护接地时，则人体电阻和保护接地电阻呈并联形式，由于人体电阻远大于保护接地电阻值，所以，其故障接地电流绝大部分从接地电阻上通过，减轻了对人体伤害程度，如图 11-10 所示。现假设工作接地电阻和保护接地电阻都为 4Ω 时，电气设备一相绝缘损坏，外壳电位升高到相电位，故障电流通过保护接地电阻 $R_d$ 和工作接地电阻 $R_b$ 回到变压器中性点，其间的电压为相电压 220V，则故障接地电流为：

$$I_d = \frac{U}{R_b+R_d} = \frac{220}{4+4} = 27.5 \text{（A）}$$

此时，人体接触电压为：

$$U_R = I_d R_d = 27.5 \times 4 = 110 \text{（V）}$$

通过的人体电流为：

$$I_R = \frac{U_R}{R_R} = \frac{110}{800} = 0.1375 \text{（A）} = 137.5 \text{（mA）}$$

通过上述分析可知，中性点直接接地的电网常常采用保护接地，比没有保护接地时触电的危险性有所减小，但其通过人体的接地故障电流仍然有可能大于致命的危险电流（50mA）。因此在三相四线制中性点直接接地的低压配电系统中，电气设备如果采用接地保护，根据目前国际 IEC 标准应附加装设漏电电流动作保护器。

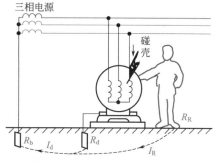

图 11-10　中性点接地电网时，人体触及漏电设备金属外壳的示意图

若电气设备已采用接零保护时，当电源的某相与金属外壳相碰时，即形成金属性单相短路，其故障电流很大，使电路中的保护装置（熔断器或自动空气断路器等）动作，将故障设备从电网中切除，来消除人身触电的危险。

# 第二节　接地方式的应用与安装

在 10kV、0.4kV 供用电系统中，为保证电力供电系统及电气设备的正常运行和人身安全，防护接地措施有工作接地、保护接地、保护接零、重复接地等。

## 一、工作接地的应用

电力供电系统中，电力变压器绕组的中性点接地，避雷器的引出线端接地等均属于工作接地（如图 11-11 所示）。

10kV 配电线路，属于高压三相三线制中性点不接地系统，通过电力变压器变为 0.4kV（380/220V）电压等级的

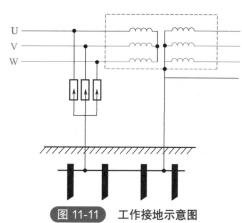

图 11-11　工作接地示意图

三相四线制方式向用电系统进行供电。国家有关规范规定，电力变压器 0.4kV 电压侧的三相绕组的中性点应进行工作接地。上述三相四线制供电系统，中性点直接接地有两方面作用。

(1) 防止高压窜入低压系统的危险　如果该中性点不进行工作接地，如果变压器高、低压绕组间绝缘击穿损坏，则高电压窜入低压侧系统中，有可能造成低压电气设备绝缘击穿及人身触电事故。工作接地后，能够有效地限制系统对地电压，减少高压窜入低压的危险，当高压窜入低压时，低压中性点对地电压为：

$$U_0 = I_{gd} R_0$$

式中　$I_{gd}$——高压系统单相接地短路电流；

$R_0$——变压器中性点接地电阻。

规程规定 $U_0 \leqslant 120V$，要求工作接地电阻 $R_0 \leqslant \dfrac{120}{I_{gd}}$（$\Omega$）。

对于 10kV 中性点不接地高压电网，单相接地短路电流通常不超过 30A。因此规定配电变压器中性点接地电阻 $R_0 \leqslant 4\Omega$。

(2) 减轻一相接地故障时的危险　若中性点没有进行工作接地，一旦发生一相导线接地故障时，则中性线对地电压变为接近相电压的数值，使所有接零设备的对地电压均接近相电压，触电危险性大。同时其他非接地两相的对地电压也可能接近线电压，使单相触电的危险程度加大。采用工作接地后，如果发生一相导线接地故障时，接零设备对地电压：

$$U_0 = I_d R_0 \approx \frac{R_0}{R_0 + R_d} U$$

式中　$U_0$——零线对地电压；

$I_d$——接地短路电流；

$R_0$——中性点接地电阻；

$R_d$——接地故障点的接地电阻。

根据上式，只要控制 $R_0$ 不超过规定值（$R_0 \leqslant 4\Omega$），就可以把零线对地电压 $U_0$ 限制在某一安全范围之内。

## 二、保护接地的应用

保护接地是一种重要的技术安全措施，无论在高压或低压系统、交流或直流系统以及在防止静电方面等，都得到了广泛的应用。在电力供电系统中，保护接地主要用于三相三线制电网，在三相三线制中性点不接地系统中，如果电气设备因绝缘损坏而使金属外壳带电时，人体误触及设备外壳，电流就会通过人体与大地和电网之间的阻抗（对地电容和绝缘电阻并联阻抗）构成回路，造成触电危险。在 1000V 以下三相中性点不接地系统中，一般情况时，这个回路电流不大，但是如果电网对地绝缘电阻过低或电网系统很大、线路较长（电容电流大），就可能造成触电致命的危险。

对于 1000V 以上的高压电网，其对地电压高，系统对地电容大，因此，触及单相漏电设备时，足以使人因触电产生致命危险。如图 11-11 中，我们把各相对地绝缘电阻视为无穷大，并假设各相对地容抗相等，则通过数学计算可得，通过人体的单相触电电流：

$$I_R = \frac{3U}{3R_R - jX}$$

其有效值：

$$I_R = \frac{3U\omega C}{\sqrt{9R_R^2\omega^2C^2+1}}$$

上式表明，在这类电网中，线路对地电容越大、电压越高，触电危险性往往就越大。

当漏电设备采用了保护接地措施后，漏电设备对地电压主要取决于保护接地电阻的大小，只要适当控制 $R_d$ 的大小，就能将漏电设备的对地电压限制在安全范围以内。这时，人误触漏电设备时，由于人体电阻与接地电阻是并联关系，而人体电阻比保护接地电阻大几百倍，所以流过人体的电流是流过保护接地体的电流的几百分之一，保护人身安全。

### 三、保护接零的应用

保护接零在中性点直接接地，电压为 380/220V 的三相四线制配电系统中，得到广泛的应用。它是一种重要的安全技术措施。设计规范规定，在电压为 1000V 以下的中性点直接接地的电气装置中，电气设备的外壳，除另有规定外，一定要与电气设备的接地中性点有金属连接，即保护接零。若电气设备在运行中发生某相带电部位碰连设备外壳时，通过设备外壳形成相线对零线的单相短路，短路电流瞬间使保护装置（熔断器、自动空气断路器）动作，切断故障设备电源，消除了触电的危险。为确保接零保护的安全可靠，在实施中应满足下列技术要求：

❶ 保护接零措施只适用于三相四线制中性点直接接地系统（如图 11-12 所示）。
❷ 采用保护接零时，要确保零线连接不中断，零线上不得装接开关或熔断器。
❸ 采用保护接零时，零线在规定的位置要进行重复接地。
❹ 采用保护接零时，为保证自动切除线路故障段，接地线和零线的截面要能够保证在发生单相接地短路时，低压电网任一点的最小短路电流，不应小于最近处熔断器熔体额定电流的 4 倍（Q-1、Q-2、G-1 级爆炸危险场所内为 5 倍）或不应小于自动开关瞬时或短延时动作电流的 1.5 倍。接地线和零线在短路电流下，应符合热稳定的要求。三相四线制系统主干零线的截面，不得小于相线截面的二分之一。

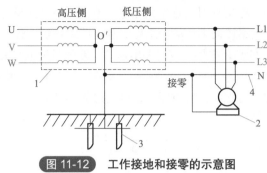

**图 11-12** 工作接地和接零的示意图

1—变压器；2—电动机；3—接地装置；4—零线；O′—零点

❺ 接用电设备的保护零线应有足够的机械强度，应尽量按 IEC 标准选择零线的截面和材质，架空敷设的保护零线应选用截面不小于 $10mm^2$ 的铜芯线，穿管敷设的保护零线应选用截面不小于 $4mm^2$ 的铜芯线。若采用铝芯线，截面应按高一个等级选择。

❻ 为提高保护接零的可靠性，有条件的应采用 IEC 标准中的 TN-S 系统接零保护方式，即将 380/220V 供电系统中的工作零线（中线）和保护零线分开，采用三相五线制供电方式，将电气设备的外壳和专用保护零线相连接。

❼ 在同一台变压器供电的三相接零保护系统中，不能将一部分电气设备的接地部位采用保护接零，而将另一部分电气设备的接地部位采用保护接地。因为，在同一个接零系统中，如果采用保护接地的电气设备，一旦发生绝缘损坏而漏电时（熔体及时熔断），接地电流通过大地与变压器工作接地形成回路，使整个零线上出现危险电压，从而使所有采用保护接零的电气设备的接地部位电位升高，容易造成人身伤亡（如图 11-13 所示）。

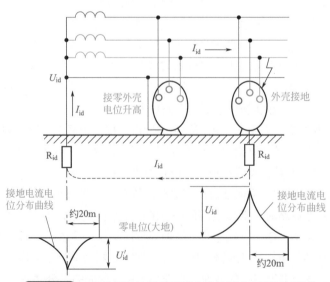

**图 11-13** 部分设备接地部分设备接零的危险性原理图

❽ 单相三线式插座上的保护接零端，在使用零线保护时，不准与工作零线端相连接。工作零线与保护零线应分别敷设。这样，可以防止零线与相线偶然接反而发生电气设备金属外壳带电的危险，也可防止零线松脱、断落时电气设备金属外壳带电的危险。

## 四、重复接地的应用

在采用接零保护的系统中，可以将零线的一处或多处通过接地装置与大地做再次连接，称为重复接地。

### 1. 重复接地的作用

重复接地是确保接零保护安全、可靠的重要措施，它的具体作用如下。

（1）降低漏电设备金属外壳的对地电压　用电设备因绝缘损坏而漏电时，在线路保护装置还没有切断电源的情况下，经故障设备外壳通过零线的短路电流，由于零线阻抗的存在产生电压降，设备对地电压升高，零线阻抗愈大，设备对地电压愈高。这个电压通常要高出安全电压（50V）很多，威胁人身安全。当采用重复接地后，使短路电流形成两个回路，一部分通过零线构成回路，另一部分经重复接地通过大地到工作接地构成回路。这样就减少了通过零线的短路电流，降低了零线阻抗电压降，也就降低了漏电设备对地电压，从而减轻了触电的危险性。

（2）减轻零线发生断线故障时的触电危险　采用接零保护的用电设备，当零线一旦发生断线故障时，则断线故障点之后采用接零保护的用电设备，也已失去接零保护的作用。一旦某一设备发生外壳漏电故障，会使所有接零设备的金属外壳带电，对地电压接近于相电压，严重威胁人身安全。零线采用重复接地后，那么零线断线故障点之后的用电设备，仍有相当于保护接地的安全措施。

（3）减轻零线断线时，由于三相负荷不平衡造成中性点严重偏移，使负荷中性点出现对地电压　在中性点直接接地的系统中，规程规定，由于三相负荷不平衡引起的中性线电流，不得超过变压器额定线电流的25%。在正常零线完好的情况下，零线起到平衡电位的作用，三相不平衡电流，只在零线上产生很少的电压降，中性点对地电位很低。当零线发生断线时，三相不平衡电流无路可回，中性点向负荷大的方向偏移，三相负荷电压不平衡，零线可能呈现对地电压，电压之大小与三相负荷不平衡程度成正比，若极端不平衡，其对地电压将会造成有人身触电危险的数值。采用重复接地后，一旦零线断线，三相不平衡电流通过重复接地与电源构成回路，就能减轻中性点位移所造成的危险。

### 2. 重复接地的具体技术要求

❶ 交流电气设备的重复接地应充分利用自然接地体接地，例如金属井管、钢筋混凝土构筑物的基础、直埋金属管道（易爆、易燃气体或液体管道除外），当自然接地体

的接地电阻符合要求时，可以不设人工接地体，但发电厂、变电站和有爆炸危险的场所除外。

❷ 变、配电所及生产车间内部最好采用环网形重复接地（如图 11-14 所示），这样可以降低设备漏电时周围地面的电位梯度，使跨步电压和接触电压变小，减轻触电后的危险程度。零线与环网接地装置最少应有两点连接（相隔最远处的两对应点），而且车间接地网周围边长超过 400m 者，每 200m 应有一点连接。

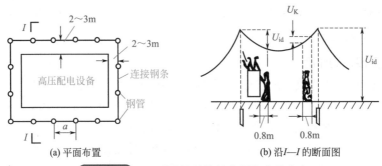

(a) 平面布置　　　　　(b) 沿 I—I 的断面图

图 11-14　环路式接地体的布置和电位分布

❸ 每一重复接地电阻，不得超过 10Ω。

❹ 采取保护接零的零线在下列各处应当进行重复接地：

a. 在电源处，架空线路干线和分支线的终端以及沿线每千米处，零线应该重复接地。

b. 电缆和架空线，在引入车间或大型建筑物内的配电柜等处零线应该重复接地。

c. 金属管配线时，应将金属管和零线连接在一起，并做重复接地，各段金属管不应该中断金属性连接（丝扣连接的金属管，应在连接管箍的两侧用不小于 $10mm^2$ 的钢线跨接）。

d. 塑料管配线时，在管外应敷设不小于 $10mm^2$ 的钢线与零线连接在一起，并做重复接地。

e. 金属铠装的低压电缆外皮应与零线相连接，并做好重复接地。

f. 高压架空线路与低压架空线路同杆架设时，同杆架设段的两端低压零线应做重复接地。

g. 在同一零线保护系统中，重复接地点往往不应少于三处。

## ■ 五、接地电阻值的要求

### 1. 高压电气设备的保护接地电阻

（1）大接地短路电流系统　在大接地短路系统中，由于接地短路电流很大，接地装置常采用棒形和带形接地体联合组成环形接地网的形式，以均压的措施达到降低跨步电压和接触电压的目的，一般要求接地电阻 $R_{jd} \leqslant 0.5\Omega$。

（2）小接地短路电流系统　当高压设备与低压设备共用接地装置时，要求在设备发生接地故障时，对地电压不超过 120V，要求接地电阻

$$R_{jd} \leqslant \frac{120}{I_{jd}} \leqslant 10\Omega$$

其中，$I_{jd}$ 为接地短路电流的计算值（A）。

当高压设备单独装设接地装置时，对地电压可放宽至 250V，要求接地电阻

$$R_{jd} \leqslant \frac{250}{I_{jd}} \leqslant 10\Omega$$

### 2. 低压电气设备的保护接地电阻

在 1kV 以下中性点直接接地与不接地系统中，单相接地短路电流往往都很小。为使漏电设备外壳对地电压不超过安全范围，要求保护接地电阻 $R_{jd} \leqslant 4\Omega$。

## 六、接地体选用和安装的一般要求

❶ 交流电力设备的接地装置，应充分利用自然接地体，一般可利用：

a. 敷设在地下直接与土壤接触的金属管道（易燃、易爆性气体、液体管道除外）、金属构件等。

b. 金属桩、柱与大地有良好接触。

c. 有金属外皮的直埋电力电缆。

d. 混凝土构件中的钢筋基础。

❷ 自然接地体的接地电阻，如符合设计要求时，一般可不再另设人工接地体（变、配电设备装置接地网除外）。

❸ 直流电力回路不应利用自然接地体，直流回路专用的人工接地体不应与自然接地体相连接。

❹ 交流电力回路同时采用自然、人工两种接地体时，应设置分开测量接地电阻的断开点，自然接地体应不少于两根导体在不同部位与人工接地体相连接。

❺ 车间接地干线与自然接地体成人工接地体连接时，不能少于两根导体在不同地点连接。

❻ 人工接地体一般选用镀锌钢材（圆钢、扁钢、角钢、钢管）垂直敷设或水平敷设，水平敷设接地体埋深不能小于 0.6m，垂直敷设的接地体长度不应小于 2.5m。为减少相邻接地体的屏蔽作用，垂直接地体的间距不能小于其长度的 2 倍，水平接地体的相互间距根据具体情况确定，一般不应小于 5m。

❼ 接地体埋设位置应距建设物不小于 3m，并注意不应在垃圾、灰渣等地段埋设。经过建筑物人行通道的接地体，应采用帽檐式均压带做法。

⑧ 变、配电所的接地装置，应敷设以水平接地体为主的接地网。

⑨ 接地装置的导体截面应符合热稳定和均压的要求，且不应小于表 11-1 的要求。

表 11-1　接地装置导体最小截面

| 种　类 | 规格及单位 | 接地线 | | 接地干线 | 接地体 |
|---|---|---|---|---|---|
| | | 裸导线 | 绝缘线 | | |
| 圆钢 | 直径 /mm | — | — | 8 | 8 |
| 扁钢 | 截面 /mm² | 24 | — | 24 | 48 |
| | 厚度 /mm | | | | 4 |
| 角钢 | 厚度 /mm | 3 | — | 3 | 4 |
| 钢管 | 管壁厚壁 /mm | | | | 3.5 |
| 铜 | 截面 /mm² | 4 | | | |
| 铁线 | 直径 /mm | 4 | 2.5（护套线除外） | — | — |

## 七、接地线选用和安装的一般要求

接地线有人工接地线和自然接地线两种，具体的选用和安装的一般要求如下。

❶ 交流电气装置的接地线，应尽量利用金属构件、钢轨、混凝土构件的钢筋、电线管及电力电缆的金属外皮等，但必须保证全长有可靠的金属性连接。

❷ 不能利用有爆炸危险物质的管道作为接地线，在爆炸危险场所内的电气设备应根据设计要求，设置专门的接地线，该接地线若与相线敷设在同一保护管内时，应具有与相线相等的绝缘水平。此时爆炸危险场所内的金属管道、电缆的金属外皮与设备的金属外壳和构架都必须连接成连续整体，采取接地。

❸ 金属结构件作为自然接地线时，用螺栓或铆钉紧固的接缝处，应用扁钢跨接。作为接地干线的扁钢跨接线，截面不小于 100mm²，作为接地分支跨接线时，不应小于 48mm²。

❹ 利用电线管本体作为接地线时，钢管管壁厚度不应小于 1.5mm²，在管接头及分线盒处都应焊加跨接线。钢管直径在 40mm 以下时，跨接线应采用 6mm 圆钢；钢管直径为 50mm 以上时，应采用 25mm×4mm 的扁钢。

❺ 电力电缆金属外皮作为接地线时，接地线卡箍以及电缆与金属支架固定卡箍均应衬垫铅带，卡接处应擦干净，保证紧固接触可靠，所用钢件应采用镀锌件。

❻ 人工接地线一般采用钢质的，但移动式电力设备的接地采用钢接地线有困难时除外。接地线截面要符合载流量、短路时自动切除故障段及热稳定的要求，且不应小于表 11-1 的要求。在地下不得利用铝导体作为接地线或接地体。

⑦ 不得使用蛇皮管、管道保温层的金属护网以及照明电缆铅皮作为接地线。但这些金属外皮应保证其全长有完好的电气通路并接地。

⑧ 室内接地线可以明敷设或采用暗敷设。

明敷设时应符合下列基本要求。

a. 接地干线沿墙距地面的高度通常不小于 0.2m；

b. 支持卡子距离墙面不应小于 10mm，卡子间距不应大于 1m，分支拐弯处不应大于 0.3m；

c. 跨越建筑物伸缩缝时，应留有适当裕度，或采用软连接，穿越建筑物处应采取保护措施（通常采用加保护管）。

接地线也可以采用置于混凝土或墙体内暗敷设的方式，但接地干线的两端都应有外露部分，根据需要，沿干线可设置接地线端子盒，供连接及检测使用。

## 八、接地线连接的一般要求

❶ 接地装置的连接应可靠，接地线应为整根或采用焊接的方式。接地体与接地干线的连接应当留有测定接地电阻值的断开点，此点采用螺栓连接。

❷ 接地线的焊接，应采用搭接焊，其搭接长度，扁钢应为宽度的两倍，应有三个邻边施焊，圆钢搭接长度为直径的六倍，应在两侧面施焊。焊缝应平直无间断，无夹渣和气泡，焊接部位在清理焊皮后应涂刷沥青防腐。

❸ 无条件焊接的场所，可考虑用螺栓连接，但必须保证其接触面积，螺栓应采用防松垫圈及采用可靠的防锈措施。

❹ 接地线与电气设备连接时，采用螺栓压接，每个电气设备都应单独与接地干线相连接，严禁在一条接地线上串接几个需要接地的设备。

## 九、人工接地体的布置方式

### 1. 垂直人工接地体的布置

在普通沙土壤地区（土壤电阻率 $\rho \leqslant 3 \times 10^4 \Omega \cdot cm$），由于电位分布衰减较快，可采用以棒形垂直接地体为主的棒带接地装置。垂直接地体常采用的规格有：直径为 48 ～ 60mm 的镀锌钢管，或 40mm×40mm×4mm ～ 50mm ×50mm×5mm 的镀锌角钢以及直径为 19 ～ 25mm 的镀锌圆棒。垂直接地体长度为 2 ～ 3m。接地体的布置根据安全、技术要求，要因地制宜，可以组成环形、放射形或单排布置。环形布置时，环上不能有开口端，为了减小接地体相互间的散流屏蔽作用，相邻垂直接地体之间的距离不能小于 2.5 ～ 3m，垂直接地体上端采用扁钢或圆钢连接一体，上端距地面不小于 0.6m，通常取 0.6 ～ 0.8m，常用几种垂直接地体布置形式如图 11-15 所示。

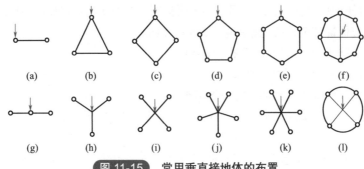

图 11-15 常用垂直接地体的布置

成排布置的接地装置，在单一小容量电气设备接地中应用较多（例如小容量配电变压器接地）。表 11-2 列出单排人工接地装置在不同土壤电阻率情况下的接地电阻值，可供参考。

表 11-2 单排人工接地装置在不同土壤电阻率情况下的接地电阻值

| 型式 | 简图 | 材料尺寸 /mm 及用量 /m | | | | 土壤电阻率 /Ω·m | | |
|---|---|---|---|---|---|---|---|---|
| | | 圆钢 $\phi 20$ | 钢管 $\phi 50$ | 角钢 $50\times50\times5$ | 扁钢 $40\times4$ | 100 | 250 | 500 |
| | | | | | | $I$ 频接地电阻 /Ω | | |
| 单根 | | 2.6 | 2.5 2.5 | | | 30.2 37.2 32.4 | 75.4 92.9 81.1 | 151 186 162 |
| 2 根 | | | 5.0 5.0 | | 5 5 | 10.0 10.5 | 25.1 26.2 | 50.2 52.5 |
| 3 根 | | | 7.5 7.5 | | 10 | 6.65 6.92 | 16.6 17.3 | 33.2 34.6 |
| 4 根 | | | 10.0 10.0 | | 15 | 5.08 5.29 | 12.7 13.2 | 25.4 26.5 |
| 5 根 | | | 12.5 12.5 | 20.0 30.0 | | 4.18 4.35 | 10.5 10.9 | 20.9 21.8 |
| 6 根 | | | 15.0 15.0 | 25.0 25.0 | | 3.58 3.73 | 8.95 9.32 | 17.9 18.6 |
| 8 根 | | | 20.0 20.0 | 35.0 35.0 | | 2.81 2.93 | 7.03 7.32 | 14.1 14.6 |
| 10 根 | | | 25.0 25.0 | 45.0 45.0 | | 2.35 2.45 | 5.87 6.12 | 11.7 12.2 |
| 15 根 | | | 37.5 37.5 | 70.0 70.0 | | 1.75 1.82 | 4.36 4.56 | 8.73 9.11 |
| 20 根 | | | 50.0 50.0 | 95.0 95.0 | | 1.45 1.52 | 3.62 3.79 | 7.24 7.58 |

### 2. 水平接地体的布置

在多岩以及土壤电阻率较高（$3 \times 10^4 \Omega \cdot cm \leqslant \rho \leqslant 5 \times 10^4 \Omega \cdot cm$）的地区，因地电位分布衰减较慢，接地体适合采用水平接地体为主的棒带接地装置。水平接地体通常采用 40mm×4mm 镀锌扁钢或直径为 $\phi 12 \sim 16mm$ 的镀锌圆钢，可以组成放射形、环形或成排布置，水平接地体应埋设于冻土层以下，一般深度为 $0.6 \sim 1m$，扁钢水平接地体应立面竖放，可减小电阻。常用的几种水平接地体布置形式，如图 11-16 所示。

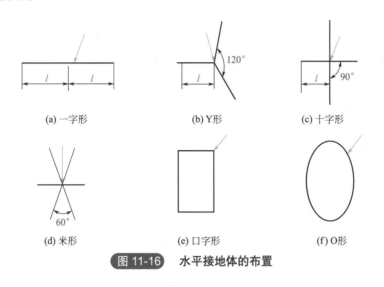

(a) 一字形　　　　　　(b) Y形　　　　　　(c) 十字形

(d) 米形　　　　　　(e) 口字形　　　　　　(f) O形

**图 11-16** 水平接地体的布置

## 十、土壤高电阻率地区降低接地电阻的技术措施

土壤电阻率较高（$\rho > 5 \times 10^4 \Omega \cdot cm$）地区，多出现于山洞或近山区变、配电工程中。为降低接地电阻，目前大致有以下技术措施。

### 1. 增设接地体的总长度

应用增加垂直接地体长度（深埋）或增加水平接地体延伸长度的方法。由经验可知，通常水平延伸效果较好些，但是对于山地多岩、深岩地区效果都不明显。

### 2. 在原接地体周围进行换土

利用电阻率较低的土壤（如黏土、黑土）代替接地体周围的土壤，具体做法如图 11-17 所示。

### 3. 对接地体周围土壤进行化学处理

在接地体周围土壤中渗入炉渣（煤粉炉渣）、木炭、氮肥渣、电石渣、石灰、食盐等。由于这种方法所使用的渗渣法具有腐蚀性，并且容易流失，因此在永久性工程中不适宜使用，只能是在不得已情况下的临时措施。

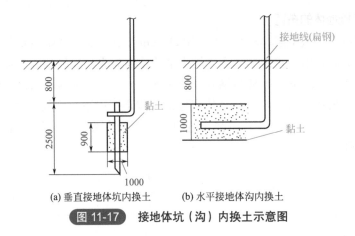

(a) 垂直接地体坑内换土　　(b) 水平接地体沟内换土

**图 11-17** 接地体坑（沟）内换土示意图

### 4. 利用长效降阻剂

在接地体周围埋置长效固化型降阻剂，用来改善接地体周围土壤（或岩石）的导电性能，使接地体通过降阻剂的分子和离子作用形成高渗透区，可以与大地紧密结合降低土壤电阻，使接地体得到保护而不被氧化腐蚀，达到延年长效的目的。

　**第三节**　雷电对人身及设备安全的危害

　**第四节**　架空线路及变压器的防雷措施

# 第十二章 高压电工操作技术

## 第一节 绝缘电阻的测试方法

### 一、变压器、电压互感器绝缘电阻的测试

#### 1. 测试项目及标准

变压器、电压互感器绝缘电阻测试的项目及合格标准是相同的。

测试项目是高压绕组对于低压绕组与外皮间的绝缘电阻；低压绕组对于高压绕组与外皮间的绝缘电阻。

测试合格的标准是：

❶ 这次测得的绝缘电阻值与上次测得的数值换算到同一温度下相比较，这次的数值与上次数值相比不得降低 30%。

❷ 一次侧额定电压为 10kV 的变压器、电压互感器，其绝缘电阻的最低合格值和温度有关，可参照表 12-1。

表 12-1 变压器绝缘电阻与测试时温度的关系

| 温度 /℃ | 0 | 20 | 30 | 40 | 50 | 60 | 70 | 80 |
|---|---|---|---|---|---|---|---|---|
| 绝缘电阻 $R_{60}$/MΩ | 450 | 300 | 200 | 130 | 90 | 60 | 40 | 25 |

❸ 吸收比 $R_{60}/R_{15}$，在 10 ~ 30℃时应为 1.3 及以上。

#### 2. 使用器材

❶ 10kV 的变压器及电压互感器要选用 2500V 的兆欧表；

❷ 裸导线若干米，用来短接各相连接点以及作为屏蔽用导线（绕在瓷套管的绝缘瓷裙上）；

❸ 带绝缘柄的电工工具，放电棒。

### 3. 接线方法

如图 12-1 所示，其中（a）图为摇测高压绕组对低压绕组以及外皮（以下简称对地）的接线图，（b）图为摇测低压绕组对高压绕组及外皮的接线图。

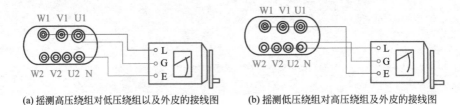

(a) 摇测高压绕组对低压绕组以及外皮的接线图　　(b) 摇测低压绕组对高压绕组及外皮的接线图

**图 12-1　变压器及互感器绝缘电阻测试接线图**

为防止摇测时瓷套管表面漏电电流影响到测试结果，可在泄漏电流经过的各个途径上，即在各有关瓷套管的绝缘瓷裙上用裸导线缠绕几匝之后再用绝缘导线接在兆欧表的 G（屏蔽）接线柱上。

### 4. 操作步骤

❶ 将瓷套管擦干净，并检查兆欧表；

❷ 按照上述接线图接线；

❸ 两人操作，一人转动兆欧表手柄，另一人用绝缘物将 L 端测试线挑起。将兆欧表摇至 120r/min，指针指向 ∞；

❹ 将 L 测试线接在变压器出线端（又称连接点）。在 15s 时读取一数 $R_{15}$，在 60s 时再读一数 $R_{60}$，记录摇测数据；

❺ 撤出 L 测试线再停摇；

❻ 必要时用放电棒将变压器绕组对地进行放电；

❼ 再摇测另一项目；

❽ 记录变压器温度；

❾ 摇测工作全部结束以后，拆下相间短路线，恢复原状。

### 5. 安全注意事项

❶ 已运行的变压器或者电压互感器，在摇测前，必须严格执行停电、验电、挂地线等规定。还要将高、低压两侧的母线或导线拆除。

❷ 必须两人或者两人以上来完成上述操作。

## ▪ 二、并联电容器绝缘电阻的测试

### 1. 测试项目及标准

测试项目仅有极对壳一项（电容器三个连接点，单相为两个连接点用导线连在一起作为一方，外壳作为另一方）。

额定电压在 1kV 及以下的并联电容器，摇测时使用 1000V 或有 1000MΩ、2000MΩ、3000MΩ 刻度线的 500V 的兆欧表；额定电压在 3kV 及以上的，则使用 2500V 的兆欧表。

不管低压电容器还是高压电容器，其绝缘电阻的最低合格值都是一样的，旧规程中对交接试验和预防性试验其最低合格值不同，前者为 2000MΩ，后者为 1000MΩ。新规程则都规定为 3000MΩ。

### 2. 使用器材

❶ 兆欧表一只，额定电压为 1000V 或 2500V 的；

❷ 放电棒两根；

❸ 低压的或高压的一副绝缘手套，低压绝缘手套摇测低压电容器用，高压绝缘手套摇测高压电容器用；

❹ 放电灯，将两只同功率的 220V 的白炽灯串联，两端引线的端部线芯裸露，用于低压并联电容器的放电；

❺ 裸导线，用于连接已彻底放过电的各电极；

❻ 绝缘棒或电工带绝缘手柄的工具，用来支持兆欧表 L 极引出的测试线的测试端；

❼ 电工工具，用来拆、装导线的连接点。

### 3. 接线图

如图 12-2 所示。

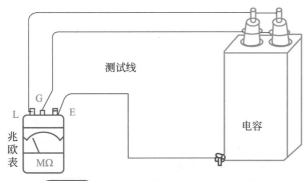

测试线

电容

L  G  E

兆
欧
表

MΩ

图 12-2 并联电容器绝缘电阻测试接线图

### 4. 操作步骤

❶ 被测电容器经过停电、验电后，还要进行人工放电，首先是逐极对壳放电，其次进行极间放电。放电可用放电棒进行，单极对地放电用一根放电棒就可以了，极间放电则要用两根分别接地的接地棒。人工放电必须充分、反复进行，直到没有放电的火花和声响为止。一旦放完电立即用裸导线将各极连在一起。

❷ 检查兆欧表。

❸ 两人操作，将兆欧表摇至 120r/min，表针指向∞。然后将 L 测试线牢触电容器电极，在 120r/min 摇速下经 1min 读数。

❹ 离开 L 测试线再停摇。

❺ 将电容器进行极对壳放电。

❻ 记录电容器温度数值。

❼ 测试完毕，拆除极间短路线，恢复原状。

### 5. 安全注意事项

❶ 两人操作，电容器的接线，拆线需要戴绝缘手套；

❷ 摇测前、摇测后都要进行彻底的放电；

❸ 为了保证兆欧表的安全，一定要做到摇起来再触接 L 测试线，读数后先分开 L 测试线再停摇；

❹ 对于放电装置已失效的电容器，停电后有可能储有较多的残余电荷，在进行极间人工放电时，要通过电阻进行，以限制放电电流过大，然后再甩掉电阻直接短路放电，进行彻底放电；

❺ 放电时勿在电容器出线螺杆上进行，以免放电火花击坏螺纹。

## 三、阀型避雷器绝缘电阻的测试

### 1. 测试项目及标准

在 10kV 配电设备装置中，目前主要使用 FS 和 FZ 两种型号的避雷器。FS 是火花间隙无并联电阻的阀型避雷器，绝缘电阻一般在 10000MΩ 以上，最低不能低于 5000MΩ，线路用避雷器最低不能低于 2500MΩ。通过绝缘电阻测试来判断避雷器是否由于密封不良而引起内部受潮。FZ 型避雷器是火花间隙带有并联电阻的阀型避雷器，通过绝缘电阻进行测试，除检查内部是否受潮外，还能检查并联电阻有无断裂、老化现象。如果受潮则绝缘电阻显著下降，若并联电阻断裂、老化，则绝缘电阻会比正常值大得多。FZ 型避雷器绝缘电阻的最低合格值不作具体规定，只能是相同规格型号的避雷器相互比较，或与前一次测量值进行比较。测试的绝缘电阻值，实际是并联电阻本身的阻值，此电阻值受温度影响而变化，其温度在 5 ～ 35℃ 范围内阻值变化较小，因此要求摇测时室温不能低于 5℃。

### 2. 使用器材

❶ ZC 系列，额定电压为 2500V，量限为 10000MΩ 以上的兆欧表一只；

❷ 测试使用绝缘棒一套；

❸ 接地用多股软铜芯线（截面为 4 ～ 6mm² 塑料或其他绝缘、铜芯导线）若干米。

### 3. 接线图

如图 12-3 所示。

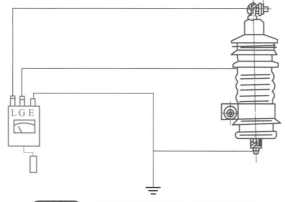

**图 12-3** 阀型避雷器绝缘电阻测试接线图

### 4. 操作步骤

① 将避雷器停止运行，停电拆除电源侧连线；

② 用干净布将瓷套擦干净；

③ 将兆欧表置于水平位置，并检查兆欧表的完好情况（外观检查及开路、短路试验）；

④ 按图 12-3 接线；

⑤ 转动摇表至额定转速（120r/min），当指针稳定后读取数值；

⑥ 拆除连线，测试完毕。

如避雷器进行工频放电试验，在工频放电前、后，均需测试绝缘电阻。

### 5. 安全注意事项

① 必须在停电的情况下测试，测试工作中应注意保持与带电设备的安全距离；

② 测试绝缘电阻不合格的避雷器，不允许再投入运行，应进一步检查；

③ 测试时为减少瓷件表面泄漏电流的影响，可用软裸导线在瓷套裙部缠绕几圈（靠近测量部位的上瓷裙处），并且用绝缘导线引接于兆欧表的屏蔽（G）端上。

## 四、母线系统绝缘电阻的测试

### 1. 测试项目及标准

10kV 配电设备装置母线系统绝缘电阻的测试，除变压器、油浸电抗器、电压互感器、避雷器以及进出线电缆外，可将同一系统的断路器、隔离开关和电流互感器一起进行摇测。通常在母线系统耐压试验前、后分别测量并加以比较。由于绝缘电阻值

第一章

第二章

第三章

第四章

第五章

第六章

第七章

第八章

第九章

第十章

第十一章

第十二章

与母线系统的大小有关，所以对绝缘电阻合格值标准不作规定，根据经验长度小于10m的母线系统，在交接试验中各相对地及相间绝缘电阻不应小于500MΩ，在耐压试验前、后不应有明显差别。运行中预防性试验，母线各相对地及相间绝缘电阻一般最低不能小于300MΩ并应与交接试验及历年大修前后的绝缘电阻值进行比较。

### 2.使用器材

❶ ZC系列（ZC-7或ZC30-1等）携带型兆欧表一块，额定电压为2500V或5000V，最大量限为10000MΩ以上；

❷ 专用测试绝缘棒一套；

❸ 接地用多股软铜芯塑料或者其他绝缘导线（截面为4～6mm²）若干米。

### 3.接线方法

如图12-4所示。

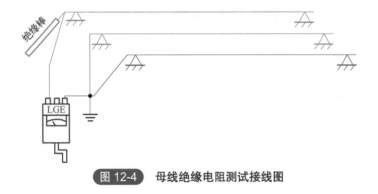

**图12-4** 母线绝缘电阻测试接线图

### 4.操作步骤

❶ 执行停电安全技术措施，确保母线系统确实无电；

❷ 拆除被试母线系统所有对外连线（包括进线和出线电缆头）；

❸ 应用干燥、清洁、柔软的布擦净瓷瓶和绝缘连杆等表面的污垢，应及时用去垢剂洗净瓷瓶表面的积污；

❹ 兆欧表水平放置，接线前先做仪表外观检查及开路和短路试验，确认兆欧表完好；

❺ 按图12-4接线，转动兆欧表达额定转速至120r/min，待指针指向∞时，用测试绝缘棒，将兆欧表L测试线接至被测母线上，转速保持不变，待读数稳定，读取绝缘电阻值之后首先断开L线，然后再将兆欧表停止转动，以免母线系统分布电容在测量时所充的电荷经兆欧表放电而损坏兆欧表；

❻ 利用放电棒，对被测母线进行放电；

❼ 按上述操作步骤分别测量L1对L1+L3及地，L2对L1+L3及地，L3对L1+L2及地的三相母线绝缘电阻值，如摇测的绝缘电阻值过低或三相严重不平衡时，应进行

母线分段、分柜的解体试验，找出绝缘不良部分。

### 5. 安全注意事项

❶ 摇测母线系统绝缘必须是在断开所有母线电源的情况下进行（进线电源电缆必须停电）；

❷ 分段母线摇测绝缘电阻，如果一段母线已正式送电，需对另一段母线测试绝缘时，在它们之间的距离只有一个隔离开关相隔离的情况下，不能进行测试工作；

❸ 每次摇测完毕后应充分放电，此项操作应使用绝缘工具（如绝缘放电棒、绝缘钳等），不得用手直接接触放电导线；

❹ 阴雨潮湿的气候及环境湿度太大时，不能进行测试，测试环境温度一般不应低于5℃；

❺ 每次测试应使用相同型号及规格的兆欧表。

## ▪ 五、电力电缆绝缘电阻的测试

### 1. 摇测项目及合格标准

摇测相间及对地（铅包、铝包、金属铠装即为地）的绝缘电阻值，即 U—V、W、地，V—U、W、地，W—U、V、地，共三次。

电缆的绝缘电阻值与电缆芯线的截面积、电缆长度等因素有关，因而对其合格值难以规定统一的标准。在实践中，经常根据以下标准作为合格的参考依据：

❶ 长度在 500m 及以下的 10kV 电力电缆，用 2500V 兆欧表摇测，在电缆温度为 +20℃时，其绝缘电阻值一般不应低于 400MΩ。实际温度不是 +20℃时，应将测出的数值换算到 +20℃时的数值。

❷ 三相之间，绝缘电阻值应比较一致，若不一致，则不平衡系数不得大于 2.5。

❸ 测定值与上次测定的数值，换算到同一温度下，其值不能下降 30% 以上。

### 2. 使用器材

❶ 2500V 兆欧表一只（带有测试线）；

❷ 放电棒两根；

❸ 绝缘手套一副；

❹ 裸铜线一段。

### 3. 接线方法

如图 12-5 所示。

### 4. 安全注意事项

❶ 被测试电缆停止运行，并且可靠地脱开电源，并经验电无误后，必须进行对地和相间反复

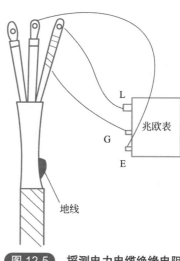

**图 12-5** 摇测电力电缆绝缘电阻

第一章
第二章
第三章
第四章
第五章
第六章
第七章
第八章
第九章
第十章
第十一章
第十二章

的放电。每测试完一项也必须进行彻底放电。

❷ 电缆的另一端也必须做好安全措施，不要使人接近被测电缆，更不能造成反送电事故。

❸ 为保证人身安全，测试工作最少由两人进行，做可能接触电缆的工作，必须戴绝缘手套。

❹ 为保证仪表安全，要做到兆欧表 L 端子引线，在表摇至 120r/min 后，再接被测电缆芯线，撤开此引线后方可停止摇动手柄。

## 第二节 断路器导电回路电阻的测试方法

测试断路器每相导电回路电阻值是断路器安装、检修、质量验收的一项重要环节。断路器导电回路电阻过大，容易使断路器在通过正常工作电流时发热，在通过故障短路大电流时影响切断性能。

### 一、准备工作

❶ 对于新装断路器，首先查阅生产厂家说明书及出厂试验证明资料，了解断路器主要技术性能和导电回路电阻值，对于检修后的断路器，要查明上一次检修后的测试结果，便于结合实际进行比较。

❷ 在现场再次检查仪表和导线是否完好，仪表要放平稳，导线截面保证足够大，接触要良好。

❸ 检查被测断路器上下左右环境情况，确保无误后，清除断路器连接点油污，确保无碳化物。

### 二、标准

常用的 10kV 断路器，每相导电回路电阻值，参见表 12-2。

表 12-2 断路器一相导电回路电阻值

| 断路器型号 | 额定电流 /A | 接线电阻 /μΩ | 断路器型号 | 额定电流 /A | 接线电阻 /μΩ |
|---|---|---|---|---|---|
| SN1-10 | 400/600 | 95 | SN10-10 I | 600 | 100 |
| SN2-20 | 600/1000 | 75 | SN10-10 II | 1000 | 50 |
| SN3-10 | 2000/3000 | 26/16 | DN1-10 | 200 | 350 |
| SN4-10 | 4000/5000 | 50/60 | DN1-10 | 400/600 | 180/150 |
| SN4-10G | 5000/6000 | 20 | ZN-10 | 1000 | 80 |

续表

| 断路器型号 | 额定电流/A | 接线电阻/μΩ | 断路器型号 | 额定电流/A | 接线电阻/μΩ |
|---|---|---|---|---|---|
| SN5-10 | 600 | 100 | ZN-10 | 600 | 100 |
| SN6-10 | 600/100 | 80 | ZN4-10/1000-16 | 1000 | 100 |
| SN8-10 | 600/1000 | 100 | | | |

## 三、使用器材

断路器导电回路接触电阻应采用直流双臂电桥测试比较准确。

❶ 直流双臂电桥。

❷ 测试用导线以及接线工具。

## 四、采用直流双臂电桥测试断路器接触电阻的接线方法

接线方法如图 12-6 所示。

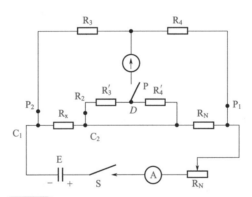

**图 12-6** 双臂电桥测试断路器接触电阻的接线

P—检流计；$R_x$—被测接触电阻；$P_1$、$P_2$—电压接头；$C_1$、$C_2$—电流接头；$R_N$—标准电阻

## 五、操作步骤

❶ 使断路器处于合闸状态；

❷ 按图纸接线；

❸ 按电桥说明书规定的方法逐步进行测试；

❹ 如有必要，可分、合断路器，测得三次数据，取平均值。

## 六、注意事项

❶ 测试前，检查并确认断路器调度编号无误，断路器主回路不带电。

② 测试后，测试用导线及时摘除，断路器应恢复原来位置。

③ 如果采用电流表、电压表法测试，应注意必须在电流回路接通后再接入电压表。在测试过程中，应注意防止断路器突然分闸，避免损坏电压表（毫伏表）。

## ▶ 七、处理

经过测试比较，如发现断路器导电回路接触电阻过大，要及时认真处理。处理时注意：

❶ 对于触头麻点及表面烧损痕迹，可用细锉或零号细砂纸磨光，如烧损严重，应考虑更换触头。

❷ 触头弹簧压缩力要均衡，压缩力不够大的要更换。

❸ 与触头连接的各相关零件，应当安装牢固、紧密。

❹ 动静触头中心，要与生产厂家要求保持一致。

## 第三节 | 接地电阻和土壤电阻率的测量方法

### ▶ 一、接地电阻的测量

#### 1. 准备工作
❶ 将被测的设备与电源断开然后做好相应的安全措施。

❷ 准备常用的工具和材料。

❸ 准备好接地电阻测试仪和附件。

❹ 选适当的位置按要求距离打好接地电阻测试仪的钢钎（辅助极）。

❺ 将被测设备的接地线拆下来进行测量。

❻ 接地电阻测试仪进行短路试验（将 C、P、E 用铜线短接起来摇动仪表手把，检查表针偏转角度）用来证实测试仪完好。

#### 2. 使用器材
❶ ZC-8 型或 ZC-29 型接地电阻测试仪一台。

❷ 辅助接地钢钎两根（仪器本身附带）。

❸ 塑料绝缘软铜线三根，分别为 40m、20m 和 5m，分三种颜色（红、黄、黑）。

❹ 电工使用的工具和锤子。

#### 3. 标准
（1）电力供电系统中常用接地装置的工频接地电阻

❶ 保护接地应在 4Ω 及以下；

❷ 工作接地应在 4Ω 及以下；

❸ 重复接地应在 10Ω 及以下。

（2）防雷保护的接地装置工频接地电阻

❶ 独立避雷针 10Ω 及以下；

❷ 架空避雷线，根据土壤电阻率的不同，分别为 10 ~ 30Ω 及以下；

❸ 变、配电所母线上阀型避雷器的接地线 5Ω 及以下；

❹ 变电站架空进线段上的管型避雷器应在 10Ω 及以下；

❺ 低压进户线绝缘子铁脚接地的接地线 30Ω 及以下；

❻ 烟囱或水塔上避雷针的接地引下线接地电阻值应在 10 ~ 30Ω 及以下。

### 4. 接线

接地电阻的测量时接线如图 12-7 所示。

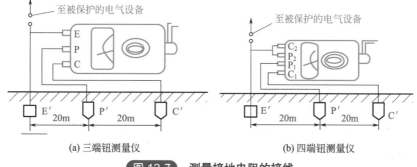

(a) 三端钮测量仪　　　　　(b) 四端钮测量仪

图 12-7　测量接地电阻的接线

### 5. 测试步骤

❶ 按图接线，放置接地电阻测试仪，调整机械调零旋钮，使检流计指针指在中心线 0 位上；

❷ 检查测试线并要求分布于一条直线上测试探针深度是否满足其长度的 $\frac{1}{3}$ ~ $\frac{1}{2}$；

❸ 选择适当倍率，转动测量标度盘的同时摇动手把，观测指针偏转角度，当指针近于 0 位时，以 120r/min 的转速摇动手把，调节测量标度盘，使指针指到零位；

❹ 读数，将测量标度盘的指示值乘以倍率就得到被测接地装置的接地电阻值；

❺ 拆除测量线，恢复接地装置的连接线，检查是否接触良好，收好测试仪准备下次测量用。

### 6. 安全注意事项

❶ 严禁带电测试接地装置的接地电阻值；

❷ 测量时，测试用探针要选择土壤较好的地段，如测量时发现表针指示不稳，可适当调整埋入地中的探针（辅助极钢钎）的深度，或在地中浇入适量的水，假如无效

说明该地下有其他管道或电缆应另选合适的地段；

③ 接地电阻测试仪不准开路摇动手把，否则将损坏接地电阻测试仪。

## 二、土壤电阻率的测量

### 1.准备工作
① 检查接地电阻测试仪外观是否良好；

② 准备必要的工具、材料，例如锤子、铁锹等；

③ 对接地电阻测试仪进行短路试验，证明良好即可使用。

### 2.使用器材
① 适当长度的测试线；

② 钢钎四根；

③ 接地电阻测试仪（应使用有四个接线端钮的）；

④ 电工常用的工具，有钳子、螺丝刀等。

### 3.标准
土壤电阻率与接地装置的接地电阻值的要求有关，接地装置的接地电阻在10Ω以下或接地装置的接地电阻在20Ω以下，土壤电阻率为（5 ～ 10）×10$^2$Ω·m；接地装置的接地电阻在30Ω以下，土壤电阻率为20×10$^2$Ω·m。

### 4.接线方法
测量土壤电阻率按图12-8所示接线。

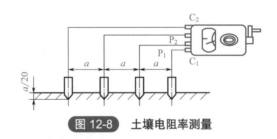

图 12-8　土壤电阻率测量

### 5.操作步骤
测量土壤电阻率时，将被测地区沿直线埋入地下四根探针（辅助极钢钎），相互之间的距离为 $a$，探针的埋入深度为距离 $a$ 的1/20。

具体测量方法与测量接地电阻时相同。

被测地区的平均电阻率，可按下式计算：

$$\rho=2\pi aR$$

式中　$\rho$——实测土壤电阻率，Ω·m；

$\pi$——圆周率;

$R$——接地电阻测试仪的读数,$\Omega$;

$a$——四探针之间的距离,m。

### 6. 安全注意事项

在测试仪未接线时,不能手摇接地电阻测试仪的手把,测试时应将表放平,否则影响测量的准确度。

## 第四节 高压系统接地故障的处理

10kV 系统多为不接地系统,在变、配电所中常常都装有绝缘监察装置。这套装置是由三相五柱式电压互感器、电压表、转换开关、信号继电器组成。

### 一、单相接地故障的分析判断

❶ 10kV 系统发生一相接地时,接在电压互感器二次开口三角形两端的继电器发出接地故障的信号。值班人员根据信号指示应迅速判明接地发生在哪一段母线,在母联断路器处于合闸的状态下,可以考虑断开母联断路器,并通过电压表的指示情况,判明接地发生在哪一相。

❷ 当系统发生单相接地故障时,故障相电压指示会有所下降,非故障相电压指示升高,电压表指针随故障发展而左右摆动。

❸ 弧光性接地,接地相电压表指针摆动较大,非故障相电压指示升高。

### 二、处理步骤及注意事项

#### 1. 处理步骤

❶ 查找接地,原则上首先检查变、配电所内设备状况是否发生异常,判明接地点部位。检查的重点是有无瓷绝缘损坏、小动物电死后未移开以及电缆终端头有无击穿现象等。

❷ 变、配电所内未查出故障点,随后可通过试拉各路出线断路器的方法,查找出线故障。试拉路时,可根据现场规程的规定,首先试拉不重要的出线,对重要负荷尽可能采取倒路方式,维持运行。

❸ 如试拉出线断路器时,发现故障发生在电缆出线,可采用电桥环线法接线以及直流冲击法进行查找接地点。

❹ 如试拉出线断路器,发现接地故障发生在出线架空线上,可派人沿线查找,以便快速处理。

## 2. 注意事项

① 查找接地故障时，禁止用隔离开关直接断开故障点。

② 查找接地故障时，必须由两人协同进行，并穿好绝缘靴，戴绝缘手套，需要使用绝缘拉杆等安全用具，防止跨步电压伤人。

③ 系统接地时间，原则上不应超过 2h，否则，有可能烧毁电压互感器。

④ 发现接地故障应马上报告供电局。

⑤ 通过拉路试验，确认与接地故障无关的回路应恢复运行，而故障路必须待故障消除后方可恢复运行。

Chapter

附录

# 电工证考试精选试题与答案解析

---

附录一 电工作业证考试精选试题与答案解析

---

附录二 电工作业操作证复审精选试题与答案解析

---

附录三 电工职业资格证精选试题与答案解析

# 参考文献

[1] 孙玉倩. 轻松掌握高压电工技能. 北京：化学工业出版社，2014.

[2] 张伯龙. 高压电工技能快速学. 北京：化学工业出版社，2017.

[3] 陈铁华. 高压电工400问. 北京：化学工业出版社，2016.

[4] 张振文. 电工手册. 北京：化学工业出版社，2018.

[5] 白公，苏秀龙，霍建生，等. 电工入门. 北京：机械工业出版社，2012.

[6] 国家安全生产监督管理总局职业安全技术培训中心. 电工作业. 北京：中国三峡出版社，2005.

## 高压电工上岗考证视频教程二维码清单

- 6页 – 识别继电器触点符号
- 21页 – 6~10kV 线路继电保护原理接线图
- 22页 – 二次接线的展开接线图
- 25页 – 端子排图
- 29页 – 电力系统中性点运行方式
- 31页 – 低压配电的 TN 系统
- 31页 – 低压配电的 TT 系统
- 32页 – 低压配电的 IT 系统
- 54页 – 安全绳的使用
- 54页 – 导线手压线钳的接线使用方法
- 54页 – 登高脚扣的使用
- 54页 – 电工安全带的使用
- 54页 – 钳形电流表的使用
- 54页 – 视频电工工具的使用
- 54页 – 数字万用表的使用
- 54页 – 压线钳的使用
- 54页 – 指针万用表的使用
- 120页 – 变压器的并列运行
- 120页 – 变压器的检修与验收
- 135页 – 电压互感器的接线方案
- 136页 – 电流互感器的接线方案
- 202页 – 电动操动隔离开关控制过程
- 202页 – 气动操动机构隔离开关控制过程
- 225页 – 电气二次回路的运行
- 228页 –1– 普通重合闸回路的动作过程
- 228页 –2– 普通重合闸回路的接线与操作
- 228页 – 微机备用电源自动投入装置的组成
- 228页 – 微机备用电源自动投入装置应接入的开关量
- 233页 – 交流控制电源的高压电动机二次回路的特点
- 233页 – 直流控制电源的高压电动机二次回路构成
- 234页 – 架空线路的分类、构成及导线等材料
- 243页 – 电力电缆
- 243页 – 架空线路的检修
- 253页 – 电力电容器的安全运行与故障排查
- 270页 – 架空线路及变压器的防雷措施
- 270页 – 雷电对人身及设备安全的危害